广东省人文社会科学重点研究基地——广东海洋大学海洋经济与管理研究中心、应用经济学重点学科经费，农林经济管理重点学科基金及广东茂名滨海新区养殖水域滩涂规划项目资助出版

粤琼桂三省区海洋产业布局研究

——粤琼桂三省区"十三五"海洋经济规划部分成果汇萃

朱坚真　刘汉斌　周珊珊　　著

U0202275

海洋出版社

2021年·北京

图书在版编目(CIP)数据

粤琼桂三省区海洋产业布局研究：粤琼桂三省区"十三五"海洋经济
规划部分成果汇萃 / 朱坚真，刘汉斌，周珊珊著.
— 北京：海洋出版社，2021.12
ISBN 978-7-5210-0865-4

Ⅰ. ①粤⋯ Ⅱ. ①朱⋯ ②刘⋯ ③周⋯ Ⅲ. ①海洋开发－产业发展－
研究－中南地区 Ⅳ. ①P74

中国版本图书馆 CIP 数据核字(2021)第 258264 号

责任编辑：赵　武	发 行 部：（010）62100090　62100072（邮购）
责任印制：安　淼	总 编 室：（010）62100034
排　　版：海洋计算机图书输出中心　晓　阳	网　　址：www.oceanpress.com.cn
	承　　印：鸿博昊天科技有限公司
出版发行：海洋出版社	版　　次：2021 年 12 月第 1 版第 1 次印刷
地　　址：北京市海淀区大慧寺路 8 号	开　　本：787mm×1092mm　1/16
邮政编码：100081	印　　张：14.75
经　　销：新华书店	字　　数：320 千字
技术支持：（010）62100052	定　　价：98.00 元

本书如有印、装质量问题可与发行部调换

粤琼桂三省区海洋产业布局研究

——粤琼桂三省区"十三五"海洋经济规划部分成果汇萃

编 委 会

主　编：朱坚真

副主编：刘汉斌　周珊珊　张彤彤　何梦羽

编制者：朱坚真　刘汉斌　周珊珊　司俊霄　杨　锐

　　　　李蓝波　乔俊果　李飞星　金　洁　张　靳

　　　　李倩玮　谭诗蔚　刘毅瑶　田　旭　吕子霖

　　　　姚仕喜　郭见昌　张君丽　张彤彤　王继全

　　　　何梦羽　肖　荆　宋逸伦　石　歌　张　帅

序

张宏声（中国太平洋学会会长）

《粤琼桂三省区海洋产业布局研究——粤琼桂三省区"十三五"海洋经济规划部分成果汇萃》，是广东省人文社会科学重点研究基地——广东海洋大学海洋经济与管理研究中心专兼职研究人员和粤琼桂三省区海洋管理部门工作者共同完成的阶段性科研成果，是在《中共中央关于制定国民经济和社会发展第十三个五年规划的建议》背景下完成的粤琼桂三省区海洋经济规划中的部分成果汇萃。

她从一个侧面反映了广东海洋大学科研与教学人员和粤琼桂三省区海洋管理部门工作者为建设中国特色社会主义海洋事业的共同心愿，是新阶段落实中共中央、国务院"一带一路"建设的具体内容，标志着我国已进入海洋经济新时代。粤琼桂三省区坚持"蓝色崛起"战略，按照"海陆统筹、梯度发展、特色鲜明、适度超前"的发展要求，以海洋经济综合示范区建设为平台，发挥海洋区位优势，挖掘海洋资源潜力，优化海洋经济结构，转变海洋经济发展方式，提高海洋经济核心竞争力，实现海洋强省、海洋强区、海洋强市目标。遵循创新发展、集约发展、联动发展、绿色发展和共享发展等基本理念，围绕本地区"十二五"海洋经济发展的主要成就与不足，编制规划符合当地实际的"十三五"海洋经济，及时调整"十三五"海洋经济发展重心。

2015年来，全国围绕《中共中央关于制定国民经济和社会发展第十三个五年规划的建议》，广东、海南、广西等省区海洋管理部门在总结"十二五"海洋经济发展经验教训基础上提出"十三五"海洋经济发展的总体规划，包括对"十二五"海洋经济发展经验教训的把握；对海洋经济、海洋产业、海洋管理的基本概念、范畴、内容的理解和把握；对"十三五"海洋经济发展的指导思想、基本原则、总体目标、具体做法等的理解和把握；对海洋经济空间布局、海洋产业布局等的把握；对加快海洋经济发展所需配套的海洋管理法规、条例和政策的理解和把握；对海洋经济发展专题规划与其他相关规划的相互衔接的把握等等。经过近两年的不断实地调研、会议讨论、专家论证、理论探索、征求各方意见后进行反复修改，终于形成了官方文件付诸实施。

通过2015—2017年的粤琼桂三省区海洋经济规划实践与理论探索，有关科研教学工作者和海洋管理部门工作者不断丰富和完善了海洋经济、海洋管理相关理论和政策法规，相继提出了海洋经济、海洋管理的法规、条例和政策。然而，许多问题有待我们进一步深化。比如说，省市海洋管理的基本概念是什么？其包括的范围和内容有哪些？海洋管理的手段有哪些？海洋管理的政策措施有哪些？目前海洋管理部门和学术界仍众说纷纭。一般而论，海洋管理被看作是将某一海域的海洋资源、海况及人类活动加以统筹考虑的特定空间的管理活动，随着海洋科技尤其是海洋高新技术产业的迅猛发展，人们对海洋开发利用实践活动不断加强，海洋管理的内容有了很大的扩展。随着海洋管理层次与类型的不断拓展，海洋管理拓展到领海、毗连区、专属经济区、大陆架、用于国际航行的海峡、群岛水域等等，并以此为据制定了一系列区域性海洋法律制度，形成自己的海洋管理体系。所以说，传统海洋管理与现代海洋管理在内容、对象、方法和特征上有许多不同。传统海洋管理，是指国家海洋行政机构对海洋的管理，是单纯的行政管理。随着时代发展，我们开发利用和保护海洋的程度与规模不断扩大，对海洋的依赖日益增加，且由于海洋生态系统的特殊性、海洋比陆地有更多的不可抗力，因而决定了海洋管理的复杂性、多样性和系统性。近百年海洋环境日益恶化，生态资源逐步枯竭、海洋灾害发生频率不断增加等现象足以说明，现代海洋管理必须突破传统海洋管理的局限，有更高的要求和标准。现代意义上的海洋管理，必须是海洋综合管理，它是整个海洋事业发展的基础。通过行政、法律、群众团体、舆论、经济等途径，对海洋区划、规划、计划、科学研究、调查分析、开发利用、生产活动进行组织、领导、指挥和调控，从而保证有效地维护海洋权益和秩序，合理开发利用海洋资源，切实保护海洋生态环境，实现海洋资源、环境、生态系统之间的可持续利用及海洋事业永续发展。

广东海洋大学和海洋出版社将粤琼桂三省区"十三五"海洋经济规划部分成果汇萃成书，旨在为长期从事海洋管理学教学、科研和管理的工作者提供基础研究、应用研究材料，让大家越来越认识到海洋经济管理的复杂性、多样性和系统性，专业化系统化学习模式是十分必要和重要的。

是为序。

目　　录

第三篇　广东海洋产业布局研究

第四篇 广西海洋产业布局研究

第一篇

粤琼桂三省区海洋产业布局的宏观背景

第一章 我国海洋经济发展回顾与展望

第一节 我国海洋经济"十二五"回顾

"十二五"期间，沿海地区将全面深化改革贯穿于海洋经济、海洋产业与生态环境发展的全过程，认真落实《中华人民共和国海洋事业发展第十二个五年规划》《中华人民共和国海域使用管理法》《中华人民共和国海岛保护法》《中华人民共和国海洋环境保护法》《中华人民共和国渔业法》，形成了海洋第一、二、三产业在内的完整海洋产业体系，在海洋经济发展、海洋环境保护及海洋综合管理等方面成效显著。

一、主要成就

（一）海洋经济总量持续增长

"十二五"时期，我国海洋经济发展迅速，海洋生产总值占全国生产总值的比重约 10%，海洋产业规模不断扩大。海洋产业总产值从 2011 年的 45 496 亿元增长到 2015 年的 64 669 亿元，年均增长 9.19%，高于同期全国国内生产总值的增长率。

（二）海洋产业发展迅猛，结构优化，成为全国经济增长的"蓝色引擎"

"十二五"期间，海洋支柱产业不断增强，传统海洋产业得到巩固，新兴海洋产业加快形成和发展，产业结构日趋完善。2015 年，海洋第三产业增加值为 33 885 亿元。海洋第一产业产值比重由 2011 年的 5.24% 下降到 2015 年的 5.1%，第二、三产业产值比重调整至 42.5% 和 52.4%。5 年间海洋产业结构出现较大调整，主导产业由第一产业向二、三产业转移，其中以临海工业、港口运输业、滨海旅游业最为明显。

1. 海洋第一产业尤其是海洋渔业持续稳定增长

"十二五"期间大力发展"深蓝渔业"，海洋渔业总产值从 2011 年的 3287 亿元增长到 2015 年的 4352 亿元，年均增长率达 7.27%。渔民生活条件得到明显改善，2015 年渔民人均纯收入超过 18 500 元。扎实推进渔业保险和渔民转产转业工作。海洋产品的开发和加工能力增强，水产品质量安全保障不断健全，水产品的质量追溯及可追溯模式不断完善，通过创建水产健康养殖示范场、点和现代渔业示范基地、"菜篮子"水产品生产基地、水产良种场，水产技术推广取得成效。推广海洋渔业健康养殖技术。渔业增长方式不断转变，高标准鱼塘养殖、深水网箱养殖、工厂化循环水养殖、休闲观光渔业等为代表的新模式不断发展，其中休闲渔业发展态势良好。

2. 海洋第二产业尤其是临海工业不断壮大

临海工业已成为我国海洋第二产业和海洋经济的重要支柱。形成以海洋装备制造、海洋工程建筑、海洋生物制药、海洋油气、海洋化工、海洋电力、海洋采矿、海水制盐、海水淡化等为主的产业格局，特别是海洋船舶装备、海洋油气装备、海洋采矿装备等制造业发展成效显著。

3. 海洋第三产业快速发展

海洋第三产业尤其是海洋交通运输、滨海旅游、海洋科技与教育、海洋信息、海洋环境保护、海洋物流仓储、海洋保险等服务业快速发展。

（1）凭借优良的港口和海运条件，我国沿海港口及海运取得好成绩。2015 年，完成货物吞吐量 78.4 亿吨，同比增长 1%；标准集装箱吞吐量 2.12 亿标箱，港口资源进一步优化。新增国际国内海洋联运航线，建立专业化的海洋运输体系和港口物流中心，提供便捷物流通道，海洋客货运输能力增强。

（2）通过创建度假旅游、观光旅游、海上旅游、文化旅游、体育旅游、商务旅游等系列产品，滨海旅游及服务领域不断拓展。陆续建成一批精品旅游基地。通过对旅游资源的开发投资以及旅游配套设施的建设，打造妈祖文化旅游节、渔家风情欢乐节、国际休闲度假高峰论坛等品牌活动，滨海旅游的品质不断提升。

（三）海洋新兴产业发展势头良好

以清洁能源为主导的新兴产业逐步发展，海风电场等项目进展顺利。积极培育海水综合利用、海洋生物资源利用、海洋信息产业，海洋新兴产业逐步成为经济发展新的增长点。

（四）海洋生态文明建设逐步展开

"十二五"期间建成一批海洋生态文明示范区。通过加强陆源污染治理，海洋环境监测，实施重点海域生态环境修复工程及设立保护区等一系列举措建设生态海洋。

1. 严控陆源污染物

严格实行项目建设"三同时"制度，严控上水污染型、高污染、高环境风险项目，建设沿海乡镇农村污水处理设施，开展江河等入海河涌污染整治，形成遍布所有沿海乡镇的污水处理管网，有效削减城镇近岸海域污染负荷。

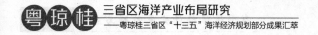

2. 加强环境监测

对入海排污口及邻近海域实施跟踪监测，不断提升海洋环境应急能力。

3. 开展重点海域生态保护与修复

建人工鱼礁区，开展海洋牧场建设和人工增殖放流，以种植红树林为主要修复手段，结合海岸线的修复整治，推进海洋生态湿地公园建设。建立水产资源自然保护区、海龟自然保护区、红树林自然保护区等海洋自然保护区，保护海洋生物多样性。

此外，开展海洋防灾减灾试点，建成4个国家级减灾综合示范区，有序推进试点工作。

（五）海洋综合管理能力不断提升

"十二五"期间，不断创新海洋综合管理方式，逐步提升海洋综合管理能力。

1. 实现管理海洋规范化科学化

通过编制海洋功能区划、养殖用海管理办法、海岸带保护与利用规划等规范性文件和专项规划，从制度上保障海域使用依法、规范、科学。

2. 探索海域海岛管理新模式

通过建立海域直通车制度，不断提升用海建设项目审批效能。探索和尝试以"招拍挂"等市场化方式配置海域使用权，完成养殖用海市场化配置改革。

3. 开展"海盾""靖海""护渔"等专项执法行动

执法行动有效打击了破坏海洋生态环境和违法填海用海行为。

4. 海洋安全成效显著

认真落实海洋安全责任制，加强日常监督检查，积极采取措施，切实消除海洋安全隐患。

（六）涉海基础设施日趋完善

"十二五"期间，安排沿海重大基础设施项目资金，重点建设港口和集疏运体系，推进海港、空港与快速城际轨道和高快速公路的网络对接，完善海陆空一体化的综合交通运输体系。不断加强港口、国际集装箱码头建设，港区功能日趋完善，以沿海深水港区为中心的临海交通枢纽体系形成，经济支撑作用明显提升。

（七）海洋文化建设特色鲜明

"十二五"期间，发挥传统海洋文化优势，积极融入国家"一带一路"倡议，传承和发展海洋生态文明,将国家级海洋生态文明示范区打造成为海洋文化特色鲜明的文化品牌。大力完善了一系列涉海文化设施,建设渔人码头、滨海公园、妈祖庙、红树林公园、生态修复工程、海湾岸线整治工程、滨海绿道等,免费向市民开放。另一方面,开展海洋文化节宣传报道系列活动,广泛传播海洋知识,促进全社会认识海洋、爱护海洋、强化海洋意识。

（八）海洋科技和其他海洋社会化服务业水平逐步提高

"十二五"期间,积极引进吸收国内外优秀海洋科技成果,以高新科技为引擎,海洋信息产业、社会服务业不断扩大,推进了海洋经济现代化和信息化水平。

二、存在的主要问题

"十二五"期间也存在阻碍海洋经济向纵深发展的诸多问题,寻找问题破除症结成为制定"十三五"海洋经济发展战略必须考虑的内容。

（一）海洋产业发展不平衡,三次产业结构亟待优化

"十二五"期间,海洋各产业发展速度不一,结构仍需进一步优化。具体表现在:第三产业所占比例偏低,以石油重化工为主的第二产业所占比例过高。临港工业大多属于高投入、高耗能、高排放的重工业产业,对海洋资源的利用效率较低,结构单一、规模效应不强,局部海域环境恶化。比如,海洋石油运输对海域造成的污染短期内难以消除。石化产业上下游产业链发展不健全,相应的配套设施亟待完善,制约海洋经济纵深发展。特别是海洋工程装备制造业、海洋生物制药、海洋环保业、海洋信息产业等新兴产业发展缓慢,涉海服务业基础比较薄弱、发展层次低,整个产业体系缺乏强有力的竞争力。

（二）海洋资源利用程度不高,综合效益未得到充分发挥

海洋资源十分丰富,有港口、渔业、滩涂、旅游、能源等资源,但开发利用局限于渔业、港口和旅游等产业。海洋资源利用功能单一,综合开发利用价值未深入挖掘,有些资源还局限于低水平、低层次的开发利用,资源的综合效益未得到充分发挥。岸线资源利用缺乏活动策划与设施布局,各个岸段的功能与使用之间缺乏差异化,岸线整体规划统筹不足。优质岸线主要以旅游房地产项目为主导,缺乏多元化的功能与配套设施,公共开放度不高,区域品牌塑造能力较差。

（三）海洋产业开发层次较低,生态环境面临压力大

目前海洋产业仍处在粗放型海洋开发为主的初级阶段,海洋高新技术产业发展缓慢,缺乏海洋产业的名牌产品和龙头企业。加之临港工业、港口运输、装备制造业等产业不断集聚,各类海洋开发活动日渐频繁,相应的城镇污水、垃圾处理等配套设施建设相对滞后,

入海污染物排放总量呈持续增长趋势，对海洋原有生态系统和生物多样性造成不可避免的破坏，海洋鱼类产卵场、索饵场和洄游通道已经受到较大程度的影响，海洋生物资源呈逐年衰退趋势，给海洋环境带来了较大的压力。将来海洋经济发展过程中仍面临短期快速发展与长期持续发展、局部与全局等多方面的矛盾与冲突，这些问题如果不能得到很好的解决或是在平衡度上进行有效的把握，则将会影响海洋经济和产业发展全局。

（四）海洋专业人才与科研能力薄弱，科技成果转化率低

海洋科研机构和科研人员相对少，科技实力不强，自主创新能力不足。对海洋研究不足，认识不够深入，海洋基础信息严重缺失，海洋环境承载力、海底地形地貌、海底浅层底质、洋流、海平面变化等基础数据几乎空白，难以为科学利用和开发海洋提供必要的技术支撑。海洋人才培养平台尚未搭建，各层次海洋专业技术人才和职业技术人才均较为缺乏，人才队伍建设比较滞后。在岗人员综合素质有待提高，业务培训力度有待加强，海洋新兴产业起步较晚，缺乏创新型科技领军人才。

（五）海洋基础设施相对滞后，区域服务能力不足

我国沿海地区地形地貌复杂多样，海洋基础设施建设单位投资成本较高。在国家实施"一带一路"倡议的背景下，海洋基础设施建设水平与"一带一路"建设目标不相符合。具体表现在渔港建设、公共平台、交通网络、能源、给排水、市政工程等建设相对滞后。

以广西为例，大多数渔港基础设施薄弱，无法满足现代渔业发展需求。区域旅游交通基础设施和大众性休闲码头建设滞后。尽管具有较好的港口自然条件，但实质性的政策支持力度不足，航道锚地系统、通信导航、海难救助、消防设施、水电保障等公益性设施建设投入不足，配套不够完善。公共码头实际吞吐量已超出设计能力，货主码头实际吞吐量约为设计吞吐能力的一半。

区域港口在发展格局中地位不高，港口间协作能力差，缺乏统一规划与协调。钦州港区建港条件优良，但仍以内河渡口和小型码头为主，缺乏为片区旅游服务的大型客运集散码头及相关配套设施，难以完全适应海洋经济的快速发展要求。

（六）海洋综合管理统筹能力不强，应急管理机制有待完善

现行海洋管理缺乏完整统一的管理体制，综合统筹能力不强。现行审批制度不够明晰，建设项目用海审批管理执行不严，影响海岸、海岛资源开发进度和质量。海域使用动态监管体系还未健全，监测监视手段和设备还比较落后。海洋灾害观测预报体系不够健全，整体水平较低。海洋环境观测监测和应急处置能力有待进一步提升。如粤东大亚湾世界级石化基地临海而建，存在石油化工危化品泄漏的安全隐患，虽然各企业都按要求配备了事故应急设施、编制了应急预案，但管理机制和应急能力仍需进一步完善。

第二节 "十三五"海洋经济发展机遇与挑战

一、发展机遇

（一）建设 21 世纪海上丝绸之路

"21 世纪海上丝绸之路"建设为海洋经济发展注入新活力，为海洋经济发展、扩大对外开放提供了难得的历史机遇和重要平台。沿海开放城市已与世界上 200 多个国家和地区建立了经贸关系，形成了全方位、多层次、宽领域的对外开放格局。沿海开放城市要主动融入 21 世纪海上丝绸之路建设，发挥区位优势、产业优势、人文优势，全面推动与沿线国家和地区在航线、产业，包括贸易、投资、文化等多方面的交流和合作。

（二）拓展沿海自由贸易区

继第一批获国家批准的上海、天津、福建、广东自由贸易区之后，还有第二、三批获国家批准的自由贸易区建设，这有利于我国与国际市场的深度融合。沿海自由贸易区与海洋水陆相通，将为海洋经济发展提供极为宝贵的机遇。

（三）经济发展方式转变

着力实施海陆统筹协调发展战略，沿海地带区位、市场、资源、人才、技术等优势凸显，将进入现代海洋产业体系、基础设施等建设的黄金期。

（四）推进区域经济一体化发展的机遇

随着环渤海湾、长江三角洲、海峡两岸和珠江三角洲等区域经济一体化进程加快，沿海地带区域联动更加紧密，海洋资源高效配置、要素资源流动、产业优势互补迎来了更多发展机遇，尤其为先进海洋科技和人才引进提供了机遇。

二、面临的挑战

（一）影响经济增长的不确定因素增多

国际经济陷入后次债危机时期，经济增长重新陷入低迷，风险很大。我国经济进入了新常态，出口、房地产两大旧增长点与公共消费型基建投资、产能转型升级、居民消费这三大新增长点的拉锯式交替，带来经济增长的阵痛。劳动工资率上涨、经济地理变局、服务业比重提升等渐进式结构调整。经济下行压力增加，物价上涨，生活成本上升，政府调控能力面临巨大考验。

（二）区域经济竞争加剧

承接产业转移的区域扩大，海运优势和海洋资源优势尚未得到充分发挥。区域间产业

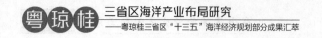

同质性严重，沿海城镇间发展不均衡，海洋科技相对滞后，海洋产业重复，缺乏统一协调。

（三）海湾海港开发利用空间受限

海洋经济发展在空间布局上，基本是以海湾海港为主。经过多年的开发，海湾海港空间资源大多已被利用，使海湾海港开发受到限制。

（四）环保任务艰巨

海洋经济发展呈现资源高度依赖的特征。临海石化产业、海洋交通运输业严重依赖海洋岸线和空间资源。随着临海工业和滨海旅游业的高速发展以及城市化进程加快，大量陆源污染进入海洋，加上海水养殖、疏浚物倾倒、船舶污染等增加，环境容量紧张，环境保护压力增大。

第三节 "十三五"海洋经济发展总体构想

一、发展定位

利用海洋资源禀赋、海洋开发次序及产业发展规律，坚持"规划用海、集约用海、生态用海、科技用海、依法用海"要求，响应海洋经济强国和 21 世纪海上丝绸之路建设部署，以海洋高新技术产业园区、海洋经济合作区、海洋自由贸易区、海洋生态文明示范区等建设为龙头，不断丰富海洋产业、海洋经济和海洋生态文明发展内涵，强化海洋文明发展理念，维护海洋权益和海洋安全，建设海洋经济强国。

二、发展重点

（一）紧握机遇打造对接"一带一路"的桥头堡群

对接"丝绸之路经济带"，通过机场建立与"丝绸之路经济带"城市机场的空中联系，加强海港+高铁+铁路+公路+水路+管道与"丝绸之路经济带"陆海联运对接，建设成为"丝绸之路经济带"区域往东往南最便捷的出海港口。对接"21 世纪海上丝绸之路"，打造沿海主要港口发展远洋交通运输业，增辟海洋班轮航线和国内外集装箱联运快线，扩大集装箱运输和中转业务，建设区域性物流配送中心。以海岸带、自然山体和水系为生态本底，以交通廊道为引导，以陆域和海域生态红线为边界，打破行政区划整合发展资源，突出发展片区的主导功能，走城乡一体化和新型城镇化发展道路，形成空间集约、海陆统筹、特色鲜明的海洋经济总体格局。依托海港和机场两大交通枢纽，以产业联动构建海陆统筹大通道。在重要城镇节点和产业区培育集航运服务、总部经济、先进制造业、海洋新兴产业等功能区，建设海陆联动、带动周边、支撑城区向海发展的核心轴和城市功能拓展轴。以海港、半岛为开发轴，依托高速公路、铁路和江河港口群，向中西部地区拓展共建以海洋产业、科技等为主导的区域合作平台，融入"一带一路"，铸就特色海洋经济发展带。

（二）优化海洋产业空间布局

坚持海陆统筹、合理布局，科学高效有序地推进海岸、海岛、近海、远海开发，按照"集约布局、集群发展、海陆联动、生态优先"原则和"滨海特色、绿色低碳"发展要求，突出湾区的区域形象，构建由临海产业区、港口物流区、休闲度假区、生态保护区、海洋渔业区组成的空间结构，形成有序、有度、有限的空间开发格局。突破行政区划界限，整合区域资源，优化空间布局，深化产业分工，提升建设水平，打造最具活力的经济增长极。加快体制机制创新，开展海岸带整治修复试点示范，提高海洋和海岸带生态系统的保护与利用水平。建设一批海洋经济特色明显、先进制造业发达、休闲度假和现代服务业功能突出的现代化滨海城市。建设辐射能力强、产业带动性好的核心区。

合理规划海岸线，整合滨海旅游资源，建立集度假酒店群、游艇、帆船、潜水、滨海温泉等于一体的健康休闲度假旅游产品体系。以特色海洋经济、海洋生态和海洋旅游文化为重点，强化滨海度假、商务休闲、海洋文化旅游功能，打造高端休闲度假品牌，建立游艇、帆船、潜水、滨海温泉等旅游产品体系，构建海湾旅游产业集聚区。挖掘古城文化，集中建设海防文化博览馆、海洋生物科普园、客家特色小商品市场、海鲜美食街等特色旅游公共服务设施，策划"一程多站"的文化旅游线路，打造集文化、娱乐、休闲于一体的综合旅游区。依托滨海旅游度假区，完善旅游交通集疏运体系建设，开通国际联运，以及直达香港、澳门、台湾地区的国内航线航班，增辟海上旅游航线，建设星级度假酒店群，完善国际化生活服务设施和海上运动休闲设施，开发适合国际和粤港澳台客源需求的休闲度假产品。滨海旅游风情小镇集群，结合不同城镇各具特色的自然文化资源禀赋，整合现有资源，塑造多样化的城镇风貌和产业格局，拉动区域旅游产业发展，形成主题特色鲜明的滨海旅游风情小镇集群。

发挥沿海开放城市、口岸优势，完善沿海港口集疏运体系和多形式联运等物流基础设施，加快形成现代海洋交通运输网络，增强城市承载能力和集散功能。充分发挥装卸、储存、中转、换装、临港产业开发和港口运输管理服务功能，加快发展海洋运输业，打造一批"物流港、产业港、商贸港"综合性亿吨大港，建设大型化、现代化、规模化港口物流园区和国家重点战略物资储备基地，建成一批以大型企业产品、集装箱、大型散货为主，兼顾仓储、运输的现代化枢纽港口。加强港口岸线资源整合，保障各沿海港区的用海需求，维护航路和锚地海域功能，保障航运安全。港口基础设施及集疏运系统建设应集约高效利用岸线和海域空间，增强港口服务功能，实现港区统筹发展。以港口运输引领港口仓储业、港口物流业，促进物流中转、仓储、分拨、配送、运输等功能有效整合，促进物流园区和港口共同发展。积极对接国家海上丝绸之路战略，增加或加密相关航线，加强与海上丝绸之路国家和地区联系，发挥各自优势提升货物的吞吐量和周转能力，扩大远洋运输业务。

加强航运企业与物流企业、船员培训和船舶设计建造等上下游企业的合作，形成上游、下游产业相互拉动促进、加快发展的良性局面。

综合利用现有自然岸线和海洋空间资源，树立生态文明发展理念，明确海洋功能区定位，按照严格保护、合理开发、高端发展、永续利用的原则，科学有序开发海岸线、海湾和海岛等滨海旅游资源。加强对自然保护区的规划管理，有效发挥保护区功能。推进海洋生态园、湿地公园建设。发展海洋生态和海洋文化旅游，支持海洋综合旅游区、高端滨海旅游项目、新兴旅游项目建设。保护自然岸线，保护沙滩和红树林，保护沿岸历史文化遗产，严禁在沙滩上建设永久性构筑物。

继续推进"深蓝渔业"工程实施，建设现代渔业示范基地，培育海洋渔业新的经济增长点。优化渔业养殖品种，发展高位池养虾、工厂化养鱼、深水网箱等现代渔业。实施较大规模的养殖区改造，建设规模较大的节地节水高效高质现代渔业示范养殖基地。优化渔业养殖结构，发展对虾、石斑鱼、金鲳、牡蛎等高质高效名贵鱼虾贝类养殖。加快转变传统养殖方式，大力推进标准化池塘改造。支持和培育水产品加工龙头企业，努力提高深加工水平，推进渔业生产、加工、销售一体化经营，建设现代海洋渔业生产基地。控制近海捕捞强度，严格落实南海伏季休渔制度，保护重要海洋渔业资源种类的栖息繁衍场所，减少过度捕捞。继续推进人工鱼礁建设，大力开展增殖放流和海洋牧场建设，有效保护江河海洋渔业资源。积极推进渔业良种体系建设，夯实渔业发展基础。积极推动海洋渔船标准化更新改造，培育一批具有国际竞争力的渔业企业和现代化渔业船队。鼓励养殖户通过工厂化养殖、立体混养、循环水养殖、生物链防病防灾等方式，逐步淘汰高耗低能养殖方式，引导养殖生产转型升级。

（三）完善滨海旅游等绿色产业

"十三五"要重点完善环境优美、设施先进、生态平衡的中国滨海景观体系。打造一批有影响力和示范效应的文化创意园，建成海洋文化气息浓厚的现代都市，不断提升海洋文化产值占整个海洋经济总量的比重。建设环渤海湾、长江三角洲、珠江三角洲地区等高档综合旅游基地，成为私家游艇、直升机、国际邮轮等高端客源旅游目的地。建设一批国际旅游度假区，形成海岸、海滩、海岛为主的特色旅游，营造人海和谐的滨海旅游氛围。

挖掘和保护海洋历史文化，探究"海上丝绸之路"对海洋文化的多元影响，打造客家、海洋文化特色鲜明的文化品牌。加强民俗文化、古城文化、红色文化资源的保护、整理与开发，推进海洋文化与历史文化的深度融合。重点保护以古城、古村落、古炮台遗址为重点的文物保护单位。

加强以渔歌、妈祖文化为重点的非物质文化遗产保护，开发精品海洋文化景区。推进海洋考古、海洋文化遗产申报、渔村文化研究，筹建海防文化博览馆。进一步挖掘和整理海洋文化资源，开展涉及海洋渔业文化、民俗文化、饮食文化、海上移民文化以及水下文化遗产等方面的资源普查，建立系统规范的海洋文化资源普查档案。

创作一批涉海文艺作品，开展海洋生态、民俗旅游以及具有浓郁特色的渔业文化活动。围绕海洋、海岛文化、自然环境、渔家文化和佛教文化等特色资源，发展文化创意产业。推进海洋文化与科技的融合创新，运用高新技术提高海洋文化产品和服务的科技含量。

依托丰富的海岸线资源，以旅游风情小镇为特色，重点发展商务休闲度假、健康养生、文化旅游、海岛主题旅游等功能。完善黄金海岸公共泳场及海滨栈道，打造滨海地区具有休闲、观光、运动等多种功能的旅游新空间。通过区域绿道将沿线旅游景点串联起来，建构起滨海旅游休闲观光空间网络。在巩固传统滨海旅游业的基础上，积极开发海岛、滨海游艇、海上垂钓、海底潜游等集休闲、娱乐、度假于一体的新型旅游项目，创建一批品牌效益好的精品旅游项目和风景区。

（四）拓展清洁能源环保产业

制定沿海地区清洁能源中长期发展规划，立项和储备一批清洁能源项目。重点发展配煤、型煤、脱硫、脱硝、炉前成型、循环流化床等清洁生产新技术及其设备以及"三废"处理与资源再生利用技术与设备，努力推进企业的技术进步和技术创新。强化节能、环保、安全意识，推广节能环保设备和产品的应用，不断完善能源项目周边的环保和安全设施。加强对重点能耗企业的监控，建立重点能耗企业的节能预警制度，实施能耗在线监测、全程监控。用好用足国家对清洁能源产业给予的优惠政策，大力发展核电、风电、太阳能等，应用清洁能源发展机制、碳排放交易机制。

启动海上风电项目建设，稳步推进核电项目建设，进一步完善能源结构，实现清洁能源质的飞跃，使沿海地区成为我国主要清洁能源输出地，建成多元、安全、清洁、高效的现代能源产业体系。以清洁能源、可再生能源开发应用为契机，以能源结构优化调整为主线，加快发展循环经济和节能环保产业，积极壮大临海清洁能源产业。

引入国内外先进技术，探索海洋新能源开发模式，推动海洋新能源开发利用，开发与清洁能源相配套的支撑项目。

（五）提升海洋装备制造高端产业

以发展智能制造装备、游艇与海洋工程装备、节能环保装备、新能源装备制造为方向，发展海洋工程作业船和辅助船、填海围岛及航道疏浚工程装备、跨海桥梁及海底隧道工程装备、临港机械以及海洋环保装备。着力发展高端游艇、艇用发动机、艇用通信导航和控制设备制造。培育船舶制造、深海资源勘探装备、海洋仪器仪表生产制造，核电装备、风能工程装备、海水淡化和综合利用装备，建设一批具有竞争力的海洋工程装备研发、设计、总成、总包基地。形成一批具有国内先进水平、产业体系相对完善的现代海洋装备制造业

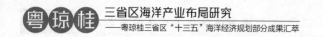

集群，增强核心零部件加工制造和系统集成水平。

以特种船舶、海洋工程装备为重点，大力发展船舶制造和船舶配套业。适度发展豪华游艇和中档游艇制造企业和配套企业，拓展船舶制造配套产业群，打造以现代造船总装模式的先进企业为中心，船舶制造、修理和配套相结合的产业链上下游体系。鼓励大型海洋工程装备制造企业与上下游企业组建战略联盟，发展填海围岛及航道疏浚工程装备、临港机械以及海洋环保装备，延伸海上石油装备，共同建设海洋油气资源勘探开发后勤基地、油气终端处理和加工储备基地。培育海洋资源勘探与开发利用、海洋环境保护和深水远程补给等相关的海洋工程装备制造业，重点推动风能工程装备、海水淡化和综合利用装备等制造业发展，建设一批具有较强国际竞争力的海洋工程装备制造业集聚区。

（六）培育海洋战略性新兴产业

建设一批海洋生物医药科技园基地，培育以海洋生物工程、海洋功能保健食品、海洋生物制药、海洋生化制品为主的海洋生物医药产业。建成30个左右海洋生物技术研发和产业化基地。引进海洋生物医药龙头企业、上市公司的生产制造外延项目，发展海洋生物活性物质筛选、海洋生物基因工程等技术，研究孵化具有市场和产业化前景的海洋生物技术创新项目，加快研制具有自主知识产权的海洋创新药物和健康制品。鼓励和扶持海洋生物产业的开发和产业化，以海洋类新药开发为龙头，以海洋生物制品开发为重点，培育形成若干具有自主知识产权和名牌产品的企业集团，做大做强海洋生物产业。积极引进海内外高端生物医药人才，加强海洋医用动植物培育。

围绕海洋新兴产业和高端制造业发展，积极发展航运租赁、金融仓储、旅游信贷等涉海金融服务业。以产业链、创新链、资金链"三链"融合为抓手，建立面向高端制造、海洋新兴产业、滨海旅游的保险体系，设立高技术产业化风险投资基金，建立和完善中小企业的信贷评价体系，推进以高新技术、专利等为抵押的信贷创新。

以海水资源综合利用产业发展需求为导向，以发挥特色优势、专业集聚发展、突破核心技术为重点，打造上下游完备、特色突出、竞争能力较强的海水淡化与综合利用产业链条为主线，加快海水淡化与综合利用产业的规模化发展，培育海水综合利用产业企业，形成海洋经济新的亮点。根据石化等行业用水需求，大力推广海水直接利用技术，建设海水综合利用示范工程。支持新建企业优先选用海水循环冷却系统，鼓励已建海水直流冷却或淡水冷却系统的企业改建海水循环冷却系统，逐步扩大海水循环冷却的比重。鼓励沿海电厂建设海水脱硫装置和海水冲灰冲渣系统，替代宝贵的淡水资源。

依托电子信息产业，构建车船仪器仪表、微特电机、海洋软件及信息服务业、电子元件、应用电子为主的海洋电子信息产品结构体系。强化相关电子信息产业在船舶上的应用，尤其是在卫星通信导航、船舶设计、船用电气等产品领域，推进船载移动卫星电视接收系统、北斗海洋渔业船载终端等产品的规模化生产。重点实施"移动互联关键技术与器件""可见光通信及标准光组件"等重大科技专项,优先建设电子海图系统、综合船桥系统、综合雷达导航系统产品及航运一体化信息服务平台,促进船舶逐步向全船综合自动化层次发展。

(七)优化海洋渔业等传统产业

1. 以渔业结构战略性调整为契机

加快传统渔业向现代渔业、深蓝渔业转变的步伐,整体提升渔业产出效益。健全捕捞业准入制度,促进捕捞渔民减船转业。积极开拓外海,发展远洋渔业。推进渔业基础设施建设,提升渔业综合生产能力。鼓励传统水产品加工业的优化升级,发展现代冷链物流及"物联网+"平台的建设,加快渔业产品品牌建设。依托地区优势,积极推进休闲渔业的内涵式发展。加强水产品质量安全监督,建立水产品质量安全信用评价体系。创新渔业经营管理机制,发展壮大渔业行业协会。鼓励各类社会组织开展渔业生产、加工、流通等环节的服务,提高渔业生产社会化服务水平。

2. 以提高水产养殖业"良种化、设施化、信息化、生态化"为主攻方向

创建现代渔业产业园区和水产健康养殖示范区,建立工厂化养殖、循环水养殖等设施渔业。以水产加工业为突破口,健全水产品质量安全管理体系,带动水产流通业以及其他服务业的发展,全面提高第二、三产业在渔业经济中的比重。

3. 在捕捞业方面

实施捕捞渔船更新改造工程,推动现代渔业建设。扶持建立捕捞渔民合作社,培育壮大海洋渔业龙头企业,提高捕捞生产组织化程度。积极推进捕捞渔民转产转业,逐步减少渔船数量和功率总量。加强渔船动态管理系统建设,建立统一的海洋和内陆渔船管理数据库。

4. 在养殖方面

合理规划近海养殖结构和布局,调整近海养殖网箱数量,大力发展外海深水抗风浪网箱和海洋牧场。积极推进养殖池塘标准化改造,推广清洁养殖模式,建立现代渔业园区。大力发展陆基工厂化循环水养殖,建立基于物联网的工厂化循环水养殖模式,大力推进深水网箱产业化基地和园区建设。积极推进以海洋牧场和人工鱼礁为主要形式的区域综合性开发,在大亚湾开展人工鱼礁规模化建设,形成蓝色农业,提高渔业资源养护和生态保护水平。

5. 在渔港建设方面

加大财政投入,加快现代渔港的建设进程。积极推进沿海与内陆渔港基础配套设施与服务能力的建设,构建渔区防灾减灾体系。建设渔港经济区。完善渔港建管护机制,促进

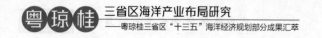

渔港健康有序运行。

6. 在渔业科技方面

整合优化海洋渔业科技资源，提升渔业科技创新能力和水产品核心竞争力。重点在海水养殖品种的人工育苗育种技术、重大疫病防控、健康养殖与集约化养殖、水产品精深加工、渔业节能减排技术、渔业信息化等领域进行核心技术攻关，加大名优水产品良种的引进、繁育和推广力度，促进海洋渔业持续协调发展。

（八）建成一批各具特色的示范区

发挥临海产业基础优势，进一步优化海洋经济发展布局，着力推进临海石油化工、能源、机械、电子为主的海洋第二产业集群，打造经济发展蓝色引擎，形成亚洲甚至全球重要的高端临海工业聚集示范区。

以海洋生态、海洋文化特色为重点，发挥半岛、海岸、海岛生态资源，开发新兴滨海旅游产品，发展渔家乐、休闲观光、渔港风情、生态园区、海洋文化、水上及潜水运动等特色旅游项目，打造内容新颖、富有创意的旅游品牌，建设有生态特色的滨海旅游示范区。

综合利用现有自然岸线和海洋空间资源，挖掘和保护海洋文化资源，树立生态文明理念，推动百姓的生产生活方式转变。明确海洋功能区定位，科学规划产业布局，提高准入标准，提升海洋资源综合利用效率，大力发展循环经济和低碳经济，建设海洋生态文明示范区。

开展生态修复，完善环境生态保护预警预报体系，加强重点海域污染防治。根据现有产业基础和发展潜力、资源环境承载能力，明确沿海各省市区海洋产业布局的基本要求，科学构建全局性战略指导框架和具有基本功能定位导向的战略空间。

突破产业布局的空间和经济地理边界，按照海陆联动、优势集聚、功能明晰的要求对产业布局的空间进行科学分割。优化现有的海洋产业布局，整合相关优势资源，从海洋产业布局动态发展角度，对海洋产业的动态发展趋势和各子功能产业区域的竞争合作关系进行统筹规划，以适应蓝色经济区产业发展更新。

通过建立区域内部的海陆联动发展机制，拓展蓝色经济发展空间和经济腹地。优先发展沿海地区互联互通，在港口航运、海洋能源、经济贸易、科技创新、生态环境、人文交流等方面，减少区域内部无序竞争，实现合作共赢。参与国际海洋经济竞争与合作，主动融入"21世纪海上丝绸之路"建设，加强与沿线各国经贸合作交流，实现动态的可持续的海洋产业布局。

第二章　基于生态文明建设的中国海洋经济发展路径转换

第一节　生态文明建设理念在海洋经济发展中的运用

中共十八大把生态文明建设放在了突出地位，与经济建设、政治建设、文化建设、社会建设一道纳入中国特色社会主义事业总体布局，成为中国发展的重要任务之一。为推进生态文明建设，中国通过调整产业结构、减少污染排放、实现产业循环等方式，开始了产业生态化的转型发展。随着发展海洋经济，建设海洋强国目标的提出，海洋经济成为国家经济发展的一个新战略，保护海洋生态环境的要求，也让海洋生态文明建设成为国家生态文明建设的重要一环。目前在海洋产业生态化发展方面存在的问题严重影响了海洋生态的可持续发展，促使海洋经济亟须走上产业生态化道路。

作为海洋大国，我国自改革开放以来一直大力发展海洋经济，海洋产业始终保持良好态势，目前海洋产业已形成了以海洋渔业、海洋交通运输、滨海旅游和海洋油气为主体，海洋船舶制造、海洋电力与海水利用、海洋生物制药等产业全面发展的产业格局，海洋渔业、海洋交通运输业、海洋油气业、滨海旅游业发展迅猛，海洋生物制药、海水淡化等新兴工业也不断发展。然而，海洋产业高能耗、高污染、高排放的粗放发展方式导致了对海洋生态环境的严重破坏。目前海洋产业生态化尚在起步阶段，发展过程中存在着一些问题，而相关公共政策的缺陷，是其中的制约因素之一。

"产业生态化"这一概念最早由 Robert Frosch 和 Nicolas Gallopoulos（1989）提出。他们通过模拟生物的新陈代谢过程提出了"工业代谢"的概念，指出工业生产过程与生物的新陈代谢过程之间有相似之处，工业系统可以模仿自然生态系统的物质循环过程，在企业之间建立共生关系，从而运用新的方式来进行工业化，以此来减少对环境的影响。Thomas Graedel（1995）等在其著作《产业生态学》中，将产业生态学的基本概念简要描述为：产业生态学是人类在经济、文化和技术不断发展的前提下，有目的、合理地去探索和维护可持续发展的方法。Erkman（1997）认为产业生态主要是研究产业系统如何运作、规制以及其与生物圈的相互作用，并基于我们对生态系统的认知，来决定如何进行产业调整以使其与自然生态系统的运行相协调。

一、对海洋产业生态化发展现状的研究

Kenneth White（2010）在对加拿大海洋产业现状进行研究分析中，提到了生态化发展的相关情况：一是海洋相关环保产业正在创新，并试验采用新技术；二是海上石油和天然气公司专业化明显但规模较小，海洋环境部门需要遵照环保法规为海上石油和天然气公司承担环境影响评估任务。

二、对海洋产业生态化相关政策的研究

Y. Shields 等（2010）在对爱尔兰的海洋经济和资源现状进行分析时提道：为了有效地保护全欧洲的海洋环境，欧盟委员会正在起草《海洋环境战略和实施计划》并于 2006 年完成。保护和保全海洋环境的主题战略的目标是：到 2012 年之前，欧盟的海水达到良好的环境状况，并据此保护海洋经济和社会活动所依赖的资源。海洋战略将建立未来海洋政策的环境支柱。

三、海洋产业生态化发展的相关代表性研究

黄志斌（2000）等从系统的角度出发来理解和定义产业生态化，认为"产业生态化就是把作为物质生产过程主要内容的产业活动纳入生态系统的循环中，把产业活动对自然资源的消耗和对环境的影响置于生态系统物质能量的总交换过程中，实现产业活动与生态系统的良性循环和可持续发展"；厉无畏（2002）从生态化目的的角度理解和定义产业生态化，指出"生态化是指产业依据自然生态的有机循环原理建立发展模式，将不同的工业企业、不同类别的产业之间形成类似于自然生态链的关系，从而达到充分利用资源，减少废物产生，物质循环利用，消除环境破坏，提高经济发展规模和质量的目的"；郭守前（2002）从过程的角度来理解和定义产业生态化，认为："产业生态化创新，是指把产业系统视为生物圈的有机组成部分，在生态学、产业生态学等原理的指导下，按物质循环、生物和产业共生原理对产业生态系统内和各组分进行合理优化组合，建立高效率、低消耗、无(低)污染、经济增长与生态环境相协调的产业生态体系的过程。"

四、对海洋产业生态化概念的研究

李建萍（2015）将海洋产业生态化定义为依据产业生态学、产业关联理论等的指导，遵循海洋产业系统内的自组织性规律，对海洋产业体系内的各组分进行优化耦合，与产业生态环境内的各要素共生共享，以建立高效率、低消耗、无(低)污染、经济增长与生态环境相协调的产业生态系统过程的一种新的海洋产业布局和发展模式。

五、对海洋产业生态化发展的研究

李建萍（2015）通过对舟山海洋产业生态化发展的研究，指出了发展过程中存在的海

洋产业结构布局缺乏"循环经济"发展意识、海洋经济科技创新不足，可持续发展能力不强、产业基础薄弱，布局不合理等问题，并提出了培育主导企业、延伸优化产业链、建设服务支撑体系和提升产业生态环境是个发展路径。王丽萍（2009）对促进海南海洋产业生态化开发提出了以下对策建议：一是要积极推进远海捕捞渔业和渔区经济结构的战略性调整，推动传统渔业向现代渔业转变，实现海洋渔业可持续发展；二是要控制近海捕捞强度，发展生态海水养殖业，强化海洋资源环境的保护意识；三是要加快发展海洋渔业、海洋交通运输业、海洋油气业等支柱产业，带动其他海洋产业的发展；四是要积极推动科技进步和以海洋旅游业为主的相关产业发展，发展滨海旅游、海洋高科技信息和海洋技术服务等第三产业。

六、对广东海洋可持续发展的研究

任品德等（2007）通过对广东省海洋产业发展现状问题进行分析，提出了通过发展海洋高新技术优化产业结构、制定相关政策发展海洋优势产业、组建大型集团公司整合重点行业力量等对策，实施广东省海洋产业可持续发展战略。金光磊，张开城（2013）通过分析广东海洋经济可持续发展存在的问题，提出了编制海洋产业发展规划、加强政府海洋产业引导、拓展融资渠道、建设广东海洋生态文明等广东海洋经济可持续发展的路径选择。邓俊英等（2014）对我国海洋可持续发展提出了如下建议：一是完善法律制度体系；二是加快人才教育培养；三是建立综合管理协调机构；四是统筹规划海岸带土地资源；五是加快海洋信息化建设；六是加强发展海洋科技；七是健全政策执行评估机制；八是加强国际合作外交。

七、海洋产业生态化发展相关公共政策的代表性研究

魏宏森，殷兴军（1997）对海洋生态环境保护政策进行了研究，指出了目前我国海洋生态环境保护政策的不足和建议。首先，我国颁布的《中华人民共和国海洋环境保护法》《中华人民共和国海洋石油勘探开发环境保护管理条例》《中华人民共和国海洋倾废管理条例》等法规，在污染源控制、区域性或专业性法规、污染事件处理的法律程序、污染损害的法律责任等方面还不完善，必须制订加强控制海洋污染物的具体法规、重点海区污染防治法规、海洋污染损害法律责任等具体法规；其次，我国的海洋环境监视监测技术水平较低，应利用航空遥感和海洋观测浮标等技术，对海洋污染状况长期进行监视，利用仪器进行海洋污染监视监测，并发展生活污水处理、海面溢油清理等技术，逐步减少污染物入海量，治理被污染海域；最后，我国应积极参与《国际防止海上油污公约》《国际干预公海油污事件公约》《国际油污损害民事责任公约》《国际防止倾倒废弃物及其他物质污染海洋公约》《联合国海洋法公约》等国际海洋保护公约和法律的制定，利用国际法保护我国的海洋环境。吴燕翎（2010）对海洋经济可持续发展政策进行了研究，提出了实现我国海洋经济

可持续发展的政策路径。一是通过强制性政策控制海洋环境污染的恶化趋势；二是通过引导性政策激励海洋科技发展；三是通过政策引导促使海洋经济增长方式由粗放式向集约式转变；四是通过宣传教育等措施加强公民的海洋国土意识和海洋环境保护意识；五是制定详细的海洋经济风险应对措施。高阳（2015）对广东省海洋捕捞业资源可持续发展政策提出了建议，第一，通过建立渔业资源保护区、实行休渔制度、加大措施保障休渔制度的有效实行，加强对渔业资源的生态保护；第二，通过成立综合渔业执法队伍、健全渔政管理制度、成立渔业管理部，加强渔政管理建设；第三，通过实施完善广东省捕捞准入证制度、捕捞准入制度和渔船进入和退出机制，控制捕捞总量；第四，通过健全海洋捕捞保险体系、建设安全生产体系、健全产业化体系，建立现代化的捕捞产业；第五，通过升级传统捕捞作业、完善捕捞业的开发机制，提升渔业捕捞效率。

第二节　我国海洋生态文明建设的难点

中共十八大明确提出建设"海洋强国"战略目标，我国海洋经济发展日益受到国内外重视。海洋生态文明建设作为海洋经济发展的重要基础和保障，其特殊意义不言而喻。当前我国海洋生态文明建设面临着意识观念落后、管理体制机制不健全、资源开发过度、环境污染严重等难点。因此，我国海洋生态文明的建设应该在"意识先行"的同时，从环境治理、资源开发以及管理制度创新等角度加以推进。

海洋生态文明建设，作为我国"经略海洋"关键之举，意义重大且任重道远。尤其当前我国正处于经济转型期，海洋经济发展尚处于初级阶段，海洋开发技术远远落后于发达国家，海洋管理措施不够完善，这就更加大了我国海洋生态文明建设的难度。总体而言，我国海洋生态文明建设依旧面临着诸多困境，其中海洋意识欠缺，海洋环境污染问题严重，海洋资源开发混乱，海洋管理机制不够健全的问题尤为突出。

一、海洋生态文明意识欠缺

海洋生态文明意识欠缺，已成为我国推进海洋生态文明建设所面临的首要问题。我国海洋国土面积广阔，海洋资源极为丰富，这为我国海洋经济的发展奠定了良好的先天条件。然而，我国传统生态意识中却极少强调海洋生态文明意识，国民对海洋国土的状况不了解，对于海洋资源的利用不科学，对于海洋空间的开发不合理的现象随处可见。尽管近年来随着我国政府对于海洋经济开发和海洋权益维护的投入不断增大，"保护海洋环境，科学开发海洋资源"的呼声有所增强，但是这依旧没有从根本上改变我国公民海洋生态文明意识普遍较为薄弱的现状。

从明朝中后期的"海禁"到清朝的"闭关锁国"，海洋作为一种和陆地并重的人类活动空间，其在我国不被重视的历史由来已久。总体来说，我国公民海洋文明意识欠缺主要体现在以下几方面：首先，传统意识里海洋资源"取之不尽、用之不竭"的观念没有得到根本改变，以"利本位"为主导的对海洋资源过度开发和竭泽而渔现象依旧存在。其次，海洋环境保护意识依旧薄弱，"置身事外"的心理依旧使内陆居民对于内陆污染源通过江河流域污染海洋的现象视而不见。最后，长久以来对于海洋生态建设重要性的漠视和无知，参与海洋生态文明建设的积极性不高，绝大多数公民既缺乏与海洋生态破坏者作斗争的勇气，也缺乏参与海洋生态文明建设的热情。

二、海洋环境污染问题严重

随着我国工业化和城镇化不断推进，海洋生态环境污染面临着越来越严重的问题。海洋环境质量尤其是近海海域的海洋环境质量呈现出不断下降的趋势，据《2013年中国海洋环境状况公报》显示，我国海域海水富营养化，海洋灾害频发，海洋生物物种锐减，海洋生态系统失衡的现象依旧较为突出，同时，部分海滨地区及海岛环境状况也不容乐观。究其原因，海洋环境保护意识薄弱，各项污水处理措施不达标，生活垃圾回收处理不到位，海滨、海岛生态旅游业恶性开发等行为加重了我国总体海洋环境的污染程度。海洋生态系统的失衡，海洋环境整体承载力下降，无疑会对我国海洋经济的发展造成巨大阻碍作用。

21世纪是海洋的世纪，海洋作为我国必不可少的"蓝色国土"，必然会对我国今后的发展产生决定性影响。我国海洋环境污染问题较为复杂，一方面，我国海洋环境污染多半出于"人祸"而非"天灾"，缺少可持续发展意识，过于注重经济发展而忽略了海洋环境的承载能力是造成海洋环境污染的一大原因。另一方面，纵观发达国家的发展史，经济发展初期往往会导致环境污染问题，而我国作为最大的发展中国家，人口众多，必然会经历此类问题。具体而言，我国当前海洋环境污染主要来自三个方面：第一，内陆地区的工业废水、农业污水以及生活垃圾沿江河而下对海洋环境造成污染；第二，临港工业、海滨旅游业等沿海产业集群产生的废水、废物对海洋产生的污染；第三，诸如海上油气开发，海洋化学物品运输所造成的突发事件对海洋环境的污染。不难发现，对于诸多污染来源来讲，沿海海域无疑是重点污染区域。

三、海洋资源开发不合理

海洋资源开发不合理是我国推进海洋生态文明建设所面临的又一大难题。我国海洋资源十分丰富，不但鱼、虾种类繁多，而且海底矿产资源以及油气资源总量也十分可观，这为我国海洋经济的发展提供了良好的先天条件。随着对各项海洋资源开发的不断深入，海洋资源统筹力度不够，海洋资源综合开发能力不高，海洋资源利用规划布局不科学等问题逐渐暴露出来。这些问题不但导致了海洋资源利用过程中的浪费，同时也严重威胁到了我国海洋生态的健康和稳定。

海洋资源作为人类开发利用海洋以达到服务人类社会进步的物质基础，其本身就是人与海洋进行沟通的重要媒介。对这一媒介利用的好坏，直接关系到人与海洋能否和谐共生的问题。就我国海洋资源利用状况而言，主要存在两方面问题：一方面，海洋资源过度开发问题严重。据统计，在我国长达1.84万千米的大陆海岸线当中，超过一半的海岸线已成为人工岸，严重威胁到海岸生态链的稳定。由于对海洋资源的过度捕捞，海洋物种多样性遭到严重破坏，海洋濒危物种种类明显增多。另一方面，对于海洋资源的利用缺乏统筹规划，以填海造陆，大力发展海上工程建设来扩展海洋发展空间的做法并没有综合考虑到海洋生态系统的承受能力以及附近海域的环境状况，因而往往造成巨大的环境损失。此外，海洋产业结构单一，海洋产业布局不均衡，也造成同一海域项目建设用海冲突，海洋资源难以得到充分利用，我国海洋资源开发利用依旧面临着较为严峻的形势。

四、海洋管理制度不健全

良好的海洋管理制度，不但能够有效维护海洋经济发展，同时能保障海洋生态安全。作为科学指导海洋开发，高效利用海洋资源，及时处理海洋突发事件的基本保障，海洋管理制度对于我国海洋生态文明的建设具有重要意义。然而，由于我国海洋事业发展起步较晚，海洋经济还处于较低发展水平，我国海洋管理制度中还存在诸多问题。这些问题如不能得到有效解决，必然会对我国海洋生态文明建设的推进产生不利影响。当前我国海洋管理所暴露出的问题可以概括为以下几点：

（一）我国海洋管理的法律体系尚不健全

尽管我国部分海洋法律、法规已经对海洋管理的相关问题作了一定的规定，但是由于立法主体繁多，立法存在一定的片面性，甚至有时新的法规和旧的法规之间存在一定的冲突，致使我国当前的海洋法律体系往往缺乏系统性。

（二）我国海洋管理部门不明确

管理主体繁多，且部门之间缺乏统筹协调。针对同一海域的环境污染问题，往往会同时牵扯到诸多管理部门。部门领导混乱，权责不清，不但使得原本应该及时解决的问题得不到有效解决，同时也造成了公共资源的浪费。

（三）我国海洋管理缺乏相应的应急机制

惯性思维下的海洋管理部门，往往更习惯于对传统海洋事务的处理，而一旦发生诸如海上漏油、危险品泄漏等突发事件时，我国原有海洋管理机制往往表现乏力，难以进行及时有效的处理。

此外，我国海洋管理制度对恶性开发海洋资源，以及破坏海洋生态环境的行为处罚规定并不明确。

第三节 "十三五"海洋经济发展中的生态文明体系构建

一、发展"智慧海洋"

抓住"互联网＋智能"行动的重大契机，以物联网、云计算和大数据分析等多种创新的信息化手段和工具为技术支撑，着力打造建设"智慧海洋"，建成集海洋与渔业信息采集、信息传输交换、海洋与渔业综合管理、执法与监管、行政审批、辅助决策支持与公众信息服务一体化，海洋系统上下贯通、左右连接、运转协调、便捷高效的比较完整的海洋与渔业信息化体系。"智慧海洋"完成并全面应用，全面提升海洋综合管理能力和社会服务水平。通过网上协同、网下协作、双空间高度融合，开启海洋与渔业管理运行新模式，全面提高海洋与渔业监管能力。健全完善海洋与渔业数据中心，形成智慧分析决策模式，建立科学的运行评估体系，为政府在海洋重大事件决策方面提供技术服务支撑。建立海洋在线监视监测网，加强对陆源排污、海域倾废、海砂开采、违章用海、海洋灾害、突发事件的实时监控，提高海洋管理和执法的能力。开发海洋与渔业基础性、公益性信息资源，建立以海洋与渔业信息应用为驱动的信息流通体系和更新体系，提升公共服务能力。

（一）构建先进的海洋信息平台，实现数字海洋工程共享

通过基础设施建设、软硬件平台建设、数据的采集使用、规范标准的制定完善、各种业务系统应用来实现智慧海洋建设的集约式发展，形成一体化的智能化大平台。完善政府信息共享管理规范，形成规范有效的信息共享管理机制。实现与智慧海洋有关的系统和国家、省级有关海洋与渔业电子政务系统进行无缝对接。采用遥测、遥感、视频、物联网、GIS/GPS 等智能化科技手段，建立海洋与渔业管理信息系统上下贯通、左右连接、运转协调、便捷高效的海洋与渔业信息化服务体系，促进"互联网＋海洋"与渔业行业融合发展，推动传统海洋与渔业管理工作转型升级。

（二）健全海域动态监管网络，创新海洋数字管理

借助物联网、云计算等先进技术，整合资源，建立海域海岛动态监视监测、海洋环境在线监测、海洋预报减灾、执法与监管、行政审批、辅助决策及公众服务为一体的"智慧海洋"平台。加强重点用海项目、重点海域动态监视监测，建立惠州海洋在线监视监测网，实行海域网格化管理，有效地加强对陆源排污、海域倾废、海砂开采、违章用海、海洋灾害、突发事件的实时监控，初步搭建起立体化、信息化、精细化的全覆盖监控模式。

（三）建立决策支持信息系统，创新决策模式

健全完善全市海洋与渔业数据中心，建设面向政府公共服务的大数据平台，加强对商务平台、业务平台、数据中心的有效管理，建立科学的运行评估体系。建立决策支持信息

系统，开发和整合支撑海洋与渔业管理、执法监察和科学决策的信息系统和信息产品。建立与之相适应的电子政务管理体制和工作机制，提高海洋与渔业决策水平和服务效率。

二、健全海洋预警预报体系

"十三五"期间，大力推进气象灾害应急防御工程的建设。建立起集"海洋观测、精细化预警预报、信息发布、灾害监控、风险评估、减灾避灾、防灾减灾宣传"为一体的防灾减灾辅助决策平台和应急反应机制，实现惠州海洋监测体系和预警报体系的跨越式发展。

（一）推进海洋防灾减灾示范区建设，提升应急管理水平

推进海洋防灾减灾示范区建设，优化观测网布局、拓展预报服务领域，提升应急管理水平，实现海洋预报减灾工作与沿海经济社会发展相协调，最大限度地保障人民群众生命财产安全。按照国家相关监测观测体系建设规范，分阶段、分步骤提升惠州海洋环境监测与灾害预警报能力，以全面升级改造业务支撑环境为突破，夯实海洋预警报工作基础。以近岸精细化观测预报和风暴潮漫滩（漫堤）预警能力建设为抓手，切实提升海洋预警报技术能力和服务水平。

（二）健全海洋灾害预警预报和防御决策体系

重视对海洋自然保护区海域水质的动态监测，增加海洋灾害监测、预警报系统的资金投入，提高海洋灾害预警报的精度，健全海洋环境监测体系、海洋灾害预警预报和防御决策体系、海洋污染重大事故应急处理机制，建设一个与国民经济相适应的、现代化的、有效的海洋灾害监测预警系统。

（三）健全海岛水利、气象、地震、地质灾害及农业生物灾害的监测系统

建立健全海岛水利、气象、地震、地质灾害及农业生物灾害的监测系统，推广 GPS（全球卫星定位系统）、GIS（地理信息系统）、RS（遥感系统）等先进技术，提高对灾害的监测预报能力，建立健全部门协调应急制度，提高应急管理能力。加强海洋地质灾害风险的调查评估，建立健全镇村两级群测群防网络，逐步建立重要地质灾害隐患点监测体系，进一步完善地质灾害预报和趋势预测。建立汛前地质灾害防治制度，加强对主要地质灾害隐患点进行险情巡查、监测和复查。

（四）推进海上救助站建设，提升有居民海岛构筑物抗震能力

推进海上救助站建设，为附近海域的海上事故提供快速救助。加强地质灾害隐患点整治，对有居民海岛进行山林绿化，实施地质灾害隐患点水土保持工程，设置防洪沟渠。加强评估有居民海岛的建筑和构筑物抗震能力，对不达标准的建筑和构筑物应进行抗震加固。

三、健全海洋安全机制，提高全民应急能力

（一）加强海上安全监管体系建设

建立海洋与渔业、海事、港务、边防、消防、海上搜救部门间的协调合作与应急制度。加强船舶安全管理，保障港口生产、运输、海上治安、海上旅游、渔业生产安全有序。

（二）加快建立完善应急预案和应急管理体系

建立完善应急预案和应急管理体系，建立健全污染事故快速反应机制等，进一步完善海洋环境管理及监测机构，对海洋资源环境、重大海洋污染事故实施有效的监测监视。建设海事监管基地，整合全市海上应急救灾资源，对消防车（船）、清污船等进行统一调度使用，有效提升突发事件应急能力。

（三）健全石化危化品应急救援保障体系

建立健全国家级危化品应急救援基地，配套消防特勤中队、综合应急救援大队、石化区应急响应指挥中心、污水处理厂、海陆消防站、公共应急池、园区绿化隔离带等应急保障基础设施，形成完善可靠的生态安全保障体系。

四、建设现代渔港

渔港是渔业生产的重要依托，是渔区经济社会发展的重要基础设施。应不断完善渔港功能，提高渔港的服务能力，着力打造集停泊作业、避风避险、生产服务、休闲观光等为一体的高标准现代化渔港。

（一）改造与提升现代渔港

结合沿海城镇建设和产业集聚，以渔港为龙头、城镇为依托、渔业产业为基础，积极推进现代渔港建设。大力推进港口渔港和新渔村大部分基础设施及配套现代服务体系的建设，提高沿海渔港防灾减灾能力和生产服务能力，改善渔港避风减灾和渔船锚泊条件。发展临港旅游及休闲渔业，延长渔业经济产业链条，打造沿海防灾减灾的重要屏障、渔民转产转业的重要基地、现代渔业产业发展的重要枢纽及渔区城镇化建设的核心区块和重要支撑。

（二）开创渔港建设新模式

渔港建设是公益性的基础设施建设，建设工程投入资金大，建设周期长，直接回报少。应确立以港建港、以港养港的理念，积极探索市场化运作，创新投融资方式，建立以政府为主导、社会共同参与的筹资新格局。在税收、土地租金、渔港管理等方面制定相应政策，积极吸引企业等民间资金以股份制等多种形式参与港区建设和开发，实现投资主体多元化。

（三）协调基础设施及渔港间的配套衔接

注重与交通、电力、供水等基础设施建设规划和各产业发展、城镇建设、渔区新农村建设等规划的紧密衔接。要结合渔港的功能、自然条件、陆域幅地和渔业生产的需要，科学布局产业和空间，优化配置临港土地。大力推进渔港安全监控网络建设，整合提升海洋水义、气象观测设施，加快渔政执法、渔港航标、通信、消防、环保等配套设施的建设，提高渔港的防灾减灾和安全避风的能力。要考虑各类渔港之间各自不同的发展功能，注意在规划中突出渔港特点，实现区域统筹、功能互补，防止重复建设。

（四）建立健全科学有效的渔港管理体制

加强管理，建立健全科学有效、产权明晰的渔港管理体制，积极探索适应渔港特点和我国实际的管理模式，着力提高管理效能，充分发挥渔港各种功能。按照管理原则，明确相应的民间投资主体负责所在港区设施和环境的管理，政府除给予一定的经费补助外，主要抓好督查落实，调动社会各方参与港区管理的积极性。

五、完善沿海城镇及岛屿供排水体系

（一）严格水资源管理，科学调配水资源

进一步加大供水资源整合力度，优化现有供水系统，因地制宜建设东江引水等工程，完善以本地水资源和江库引水为重点的供水水源系统，努力实现流域与区域水资源协调利用，在保障沿海城镇用水需求的前提下，着力提高供水保障能力和水资源综合利用效率。

（二）推进大型供水设施和跨流域调水工程建设

加强重大项目及管网配套工程建设，建设供水加压站，规划新建供水管网，保障供水安全，加快建设引水管道工程和供水工程，解决局部地区水资源相对短缺的问题。

（三）构筑高标准的防洪排涝体系

以城镇排水防涝为主，兼顾城镇初期雨水的面源污染防治，采取蓄、滞、渗、净、用、排结合，实现生态排水、综合排水。加强城镇防洪排涝设施建设，重点建设淡澳分洪河及坪山河流域防洪排涝设施。推进分区控制排涝标准建设。地势较高的雨水分区采取高水高排，利用截洪沟将雨水引入周围河流。地势低的雨水分区采用电排站进行强行抽排，电排站按照 20 年一遇、24 小时暴雨 1 天排干的标准进行改造新建。

第四节 "十三五"海洋经济发展的路径选择

国外早在 20 世纪 80—90 年代便已开始重视海洋经济、海洋资源和海洋环境的可持续发展，虽无明确对海洋产业生态化进行研究，但在相关方面已有较多成果，公共政策也相继出台。国内陆域产业生态化发展较早，相关公共政策也较为完备。

一、加强政府引导指导，推进体制机制创新

（一）建立领导协调机制

海洋经济发展及海洋环境保护工作涉及方方面面，区域面积广、参与部门多，要打破行政区域界限，树立"一盘棋"思想，创新体制机制，推进海洋经济及海洋环境保护协同发展。成立由市政府主要领导任主任的海洋经济推进委员会，充分发挥海洋经济发展工作领导小组的统筹领导和综合协调作用，完善相关工作制度，建立健全协调、督促、考核、激励等工作机制，落实专门机构和专职人员，设立专项工作经费，确保各项工作顺利开展。沿海县（区）要加快建立和完善相应海洋经济工作领导机构和职能部门，形成合力，有效推进海洋经济各项工作。

（二）建立"多规合一"的协调机制

统筹协调海洋产业发展、基础设施建设、生态环境保护，形成"多规合一"的协调机制。立足长远发展，有效处理海洋资源开发利用与生态环境保护之间的关系，推进海洋经济的有序发展。

二、设立海洋发展基金，拓宽投资融资渠道

（一）加强顶层设计

围绕国家大力发展海洋经济的金融政策，根据各地实际情况编制系统性的融资方案。同时，加强与财政局、银保监会、市保险行业协会、相关金融机构等部门的沟通，共同研究制定支持海洋产业发展的财政金融政策，促进海洋经济成为"新常态"下推动国民经济发展的新动力。

（二）完善海洋产业投融资体系

充分利用资本市场，吸收国内、国际资本投入海洋综合开发，拓宽海洋产业投融资渠道。加大政府财政预算，形成长期稳定的海洋产业投入机制。探索建立涉海投融资平台、担保机制、融资租赁等金融创新模式，做好效果评估。逐步建立起财政扶持、金融支持、群众自筹、吸引外资等开放式的海洋投入机制。将海洋专项事业费纳入财政预算，鼓励外商采用各种投资方式兴办涉海企业。开展银企合作，设立海洋产业发展专项贷款，优先安排、重点扶持海洋开发重点项目。鼓励金融资本、民间资本等以多种形式进入海洋科技风险投资领域。以开展海产品博览会、滨海旅游推介会、海洋经济投资洽谈会等方式进行招商引资，形成多元化海洋融资机制。

（三）设立海洋产业发展基金

主要用于海洋综合开发、基础设施和相关涉海产业等重大项目建设，支持符合国家产业政策和具有市场需求的企业，对相关企业进行贷款贴息和保费补贴。在基金设立、项目开发过程中，需要政府在政策指导、组织服务、项目选址、税费优惠等方面予以大力支持，以加快项目推进，推动海洋经济持续快速健康发展。

（四）搭建海洋产业投融资公共服务平台

银行与涉海企业之间积极搭建"海洋产业投融资公共服务平台金融"模式，推动"互联网+海洋+融资"新模式。通过定期向平台内企业发布海洋产业数据信息产品、政策文件等，向政府、金融机构、社会等传递海洋产业引导方向。借助已有担保（保险）平台开展海洋投融资担保业务，有条件的地区可以建设专业性涉海担保平台，并制定融资担保风险可控制度。

三、打造科技创新体系，组建技术创新联盟

（一）建立产学研一体化平台

以科技创新驱动海洋产业发展，强化与高校和海洋研究所、水产研究所等科研院所之间的技术合作，联合进行重大技术攻关，建立产学研紧密结合的科技自主创新体系。加快推进"两所两装置"建设，积极带动高端制造技术、先进核技术等一批新型企业的发展，不断提升海洋科技研发水平。

（二）加快海洋科技成果转化

充分发挥科技园区和科技兴海示范区的集聚效应和辐射效应，探索行之有效的方式促进海洋科技成果的产业化。依托港口物流业、高端临海工业、滨海旅游业，建立海洋高新技术产业研发集聚基地和研发中心。推进惠州海洋科技成果高效转化示范区建设，不断提高海洋科技转化率。

（三）培育壮大海洋科技企业

培育一批中小型海洋科技企业，发挥企业在海洋技术创新中的重要作用。落实高新技术企业认定及相关税收优惠政策，建立海洋科研机构和企业研发投入激励机制，优化科技力量布局。大力推行海洋科技合作战略，引导和支持创新要素向企业集聚，增加科技兴海专项资金，用于支持海洋开发的技术攻关、成果转化和推广应用。加快构建以企业为主体、市场为导向、产学研相结合的海洋产业技术创新战略联盟。

四、提高海洋教育质量，优化创新创业环境

（一）大力发展涉海职业教育和高等教育

根据"十三五"海洋产业发展需求，调整优化涉海专业设置，推动涉海学科建设，重点发展石油化工、新材料、电子信息、生物医药、商贸物流、旅游管理、商务会展等专业。充分利用职教和高校资源，设立海洋培训教学点或科研基地，实施新型渔民科技培训工程，提高广大渔民新技术接受能力和应用水平，培养一大批渔民技术能人。大力引进国内外海洋高等院校，建设海洋特色学院，建设应用型、技能型、复合型海洋人才培育基地。

（二）加强海洋高层次人才引进

设立海洋国际交流中心，吸引国际知名专家、学者和海外留学人员讲学或开展研究工作，定期举办具有国际知名度的海洋经济主题论坛。优化海洋人才创新创业环境，大力引进高端紧缺型人才，在海洋电子、海洋生物、海洋装备等领域引进具有持续创新能力的、世界一流的科研团队。充分利用优势，制定海洋高层次人才引进激励政策，参照相关政策在科研经费、住房、户口、职称等方面给予倾斜。

五、"十三五"沿海基础支撑体系建设

（一）完善现代交通网络体系

构建多式联运的涉海交通网络，加快区域间交通基础设施互联互通。扩能改建轨道交通项目，适时启动市区轨道交通建设。大力推进高速公路建设，实现所有乡镇"半小时上高速"。完善港口基础配套设施，加快完善作业区进港铁路配套工程，解决与港口对接的铁路和高速公路"最后一千米问题"。建设百里国际滨海旅游长廊，打造海上集散中心。基本建成陆海空无缝衔接、快捷转换的现代化涉海交通运输体系，主要公路、港口、铁路及轨道交通、机场实现现代化，"零距离换乘"的综合客运枢纽和"无缝衔接"的综合货运枢纽建设完成，初步形成高效、快速、安全的客货运系统，基本建立服务于海洋经济发展的交通支持系统和保障体系。推进陆域交通网建设。

（二）加强区域联动，开展各市合作

推进跨界公交对接，打造便捷、安全、有序、经济的交通出行环境，实现交通一体化，为促进区域经济合作与发展提供交通运输先导保障。

（三）建设进港航道现代化综合交通网

加快进港航道和疏港公路、铁路在内的现代化综合交通网的建设，促进机场、港口和旅游区的快速交通工程和公共交通建设，带动空港经济和滨海旅游业发展。启动建设高级航道的前期准备工作，扩展海洋经济的辐射区域。不断完善港口公用配套设施，发展公用

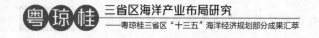
码头，建设货主专用码头，对老码头进行升级改造，优化港口硬件服务水平。重点建设港口造港，包括造港护岸工程和疏港工程。

（四）积极推动"丝绸之路经济带"大通道建设，实现沿海"一路"和沿边"一带"的口岸对接

积极与其他地区港口建立友好合作关系，加快亿吨大港建设，推动与沿线友好城市共建港口联盟，进一步拓宽港口经济腹地，发挥经济辐射效应。积极参与海上丝绸之路经济带建设，以争取澳洲活牛进口项目为着力点，积极组织中澳双方海运货源及船舶，共同构建 21 世纪中澳海上（活畜）物流通道。加快对外贸易，开通多条国际集装箱航线，与海上丝绸之路沿线国家港口对接合作、互联互通。吸引海上丝绸之路沿线国家的石化企业，大力鼓励企业"走出去"，赴沿线国家和地区建设营销网络、生产基地和区域总部，积极开拓海外市场。

六、海洋文化资源的开发与保护

（一）提升海洋文化档次和水平

振兴和发展传统海洋文化，为现代海洋文化注入新的活力，增强海洋文化的社会效益和经济效益，提升滨海居民文明素质。培育一批具有特色的海洋文化品牌。

（二）对接国家"一带一路"倡议，继承和发扬海洋文化

挖掘海洋文化内涵，增强公民海洋意识。加强对历史文化资源的挖掘和利用，进一步整合非物质文化遗产资源，通过商业化运作挖掘市场潜力，增加海洋文化的附加值。

第二篇

粤琼桂三省区海洋产业的发展态势

第三章　粤琼桂三省区海洋产业布局的基础与条件

第一节　南海独特的区位

一、南海的地理位置

我国大陆濒临四大边缘海域，自北往南依次是渤海、黄海、东海、南海。南海是中国最深、最大的海，也是仅次于珊瑚海和阿拉伯海的世界第三大陆缘海。南海因其位于我国大陆的南方，故名。在浩瀚的南海海洋上，散布着大小 200 多个岛屿礁滩，统称为南海诸岛。南海与南海诸岛地理位置非常重要，热带自然风光十分绮丽，资源蕴藏量巨大，是我国神圣领土不可分割的一部分。南海是世界著名的热带大陆边缘海之一，面积辽阔，水体巨大，水域深渊。南海，以闽粤沿海省界到诏安的宫口半岛经台湾浅滩到台湾岛南端的鹅銮鼻的连线与东海相接。整个南海几乎被大陆、半岛和岛屿所包围，北面是我国广东、福建沿海大陆和台湾、海南两大岛屿；东面是菲律宾群岛；西邻中国大陆、中南半岛和马来半岛；南面是加里曼丹岛与苏门答腊岛等。南海北起北纬 23°37′，南迄北纬 3°00′，西自东经 99°10′，东至东经 122°10′。南北横越约 2000 千米，东西纵跨大约 1000 千米，整个海域面积约 350 万平方千米，其平均水深为 1212 米，最深处为 5559 米。

南海与南海诸岛自古以来就是我国的海疆边防。我国政府历来重视派员巡视管理，我国人民曾屡次在南海与南海诸岛上抗击侵略者。在当今人类为开发海洋、拥有海洋而展开的激烈竞争中，南海与南海诸岛的战略地位更为重要，南海与南海诸岛介于印度洋和太平洋之间，特别是南沙群岛及附近海域，与号称亚洲门户的马六甲海峡仅一水之隔，扼踞太平洋、印度洋要冲。在国际航海交通上，我国与东南亚、南亚、西亚、非洲以及欧洲等地来往的航线往往都经过南海诸岛海域；在国际航空交通上，我国、朝鲜、日本与东南亚各地的航线，菲律宾与中南半岛各地来往的航线等都经过南海上空。

南海海底地形复杂，主要以大陆架、大陆坡和中央海盆三个部分呈环状分布。中央海盆位于南海中部偏东，大体呈扁的菱形，海底地势东北高、西南低。大陆架沿大陆边缘和岛弧分别以不同的坡度倾向海盆中，其中北部和南部面积最广。在中央海盆和周围大陆架之间是陡峭的大陆坡，分为东、南、西、北四个区，南海海盆在长期的地壳变化过程中，造成深海海盆，南海诸岛就是在海盆隆起的台阶上形成的。其东沙群岛位于北部陆坡区的东沙台阶上；西沙群岛和中沙群岛则扎根于西陆坡区的西沙台阶和中沙台阶上；南沙群岛形成于南陆坡区的南沙台阶上。西沙群岛、南沙群岛、中沙群岛共有大小岛礁 200 多个，一般按照它们在海面上下的位置分为五类：岛、沙洲、暗礁、暗沙、暗滩。其中，岛是露出海面、地势较高、四面环水的陆地。岛的形成时间较长，陆地形状不易受台风吹袭而变形，面积相对较大，一般有植物生长。我国西沙群岛、南沙群岛、中沙群岛的岛屿属于海洋岛，有珊瑚岛（沙岛、岩岛）、火山岛之分。沙岛是由珊瑚碎屑、贝壳碎屑和其他沙粒堆积在珊瑚礁礁盘上，日积月累而形成的珊瑚沙岛，西沙群岛、南沙群岛、中沙群岛绝大部分是这一类岛屿，岩岛是由珊瑚沙岩和珊瑚石灰岩结成的坚固的珊瑚岩岛，西沙群岛中的石岛就是一个典型的岩岛。火山岛是由海底火山喷发物质堆积而成的岛屿，西沙群岛中的高尖石是南海诸岛中唯一的火山岛，上述的岛屿在我国渔民中称之为"峙""峙仔"。

二、南海的战略地位与意义

（一）经济地位

总的来说，南海所占据的重要经济地位主要来源于两方面的因素：一方面，南海的经济地位与其是世界上重要的航道密不可分。自古以来，南海就已经是一条重要的国际航道。早在魏晋南北朝时期，中国与南海诸国之间的海上航行就已经由原来紧靠海岸及利用部分陆路变为利用南海季风直接穿行南海海域。随着造船技术和航海技术的发展，这条经西沙群岛、南沙群岛，取道马六甲海峡，进入印度洋并到达波斯湾和红海的航线出现了繁忙的景象，而明代郑和七下西洋就是这条"海上丝绸之路"发展到巅峰的标志。当今，南海仍然是重要的交通航道。南海地区处于当今世界经济增长最快的发展地带之一，沟通太平洋和印度洋，是亚洲乃至世界上重要的海上通道之一。专家指出："由于近年来亚太经济和对外贸易的持续、迅速发展，亚太地区对外贸易的最主要通道——南海地区的海上航线——已经成为世界上最繁忙的航线之一。"

南海是世界上第二大海上航道，仅次于欧洲的地中海，全世界一半以上的大型油轮及货轮均航行经过此水域。经马六甲海峡进入南海的油轮是经过苏伊士运河的 3 倍、经过巴拿马运河的 5 倍；经过南海运输的液化天然气是全世界液化天然气总贸易量的 2/3。这条能源供应线对日本和中国最为重要。日本每年从中东进口的 18 亿桶原油中有 70% 是经过这条航道运往日本。另外，日本出口欧洲市场的货物和对东南亚的贸易也主要依靠这些航道。而中国依赖这些航道的程度已超过日本，据统计，2009 年中国全年进出口总额达 22 073 亿美元，其中有 87% 的外贸是通过水路进行的，这其中相当一部分是通过南海国际航道运输的。此外，中国有超过 1/3 的能源进口需要经过南海海域。因此，南海不仅是东南亚各国对外贸易的主航道，更是东亚各国的"海上生命线"。

另一方面，南海重要的经济地位来源于其丰富的物质资源。南海位于太平洋北面，除具有独特的热带、亚热带气候资源和生物等特色资源外，还具有丰富的海底油气资源、海洋能源、港址资源、滨海砂矿和旅游资源等，是我国沿边四海中自然资源最富集的地区，

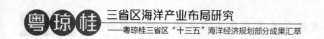

尤其是油气、热能、滨海生物资源具有显著的比较优势。

（二）海洋国防安全地位

南海位于太平洋和印度洋之间，是沟通印度洋、太平洋的纽带，南海作为中国的南大门，因其重要的交通枢纽地位成为沟通中国与世界各地的一条重要通道，是太平洋和印度洋之间的海上走廊。南海深入东南亚腹地，周边国家众多，素有"亚洲地中海"之称。南海所在的东南亚地区靠近中国富饶的南部地区和具有重要战略地位的西南地区，对中国的南部形成一个半包围形式。所以，南海具有重要的战略地位，其安全和稳定直接关系到中国的国家安全。

随着人类的发现并开启了航海时代，海洋的战略地位不断地持续上升。对于中国而言，南海的价值不仅在于缓解中国的能源、人口、资源压力，甚至能为中国的国防提供一个宝贵的战略空间。在两次世界大战中，美国之所以能够自由选择在有利时机参战，正是海洋为其提供了充足的战略纵深和战略屏障。在中国近代的屈辱史上，外敌的入侵就是来自海洋入侵，海洋是军事输送的便捷通道。所以，如能有效控制南海地区，那么中国就可在该方向上获得广阔的战略阵地，南海诸岛可以成为中国南疆的重要屏障。

改革开放40多年来，中国东南沿海成为中国经济重心，华南沿海地区更是中国最为富庶的地区之一，南海诸岛可以为保卫中国的华南沿海地区提供保障。中国西南地区作为长期建设的战略大后方，一旦南海局势紧张造成动荡，中国将失去一个稳固的战略依托。中国海权发展战略必须考虑海洋方面的地缘政治处境，从捍卫领土完整的基本主权需求来看，来自海洋方面的挑战包括台湾问题、南海问题、钓鱼岛问题。南海问题作为中国东南沿海最重要的天然屏障和中国海防之关键所在，直接关系到中国海防线是否完整，构成了中国制海权不可或缺的战略要冲，也是中国海军走向远洋的主要出海口和经济发展的海上生命线。因此，中国应努力改善和发展同周边国家的关系，妥善处理南海问题，这不仅有利于维护和确保南海上运输走廊的畅通和扩大我们的海洋空间，而且东南亚地区也是中国打破美国在南海地区设置包围圈的最佳突破口。维护南海和平安全，成了维护国家安全的重要任务。

第二节　南海丰富的海洋资源

一、南海品种繁多的生物资源

南海海洋生物资源种类繁多，主要海洋植物是海藻，海洋无脊椎动物有棘皮类的海参、海星和海胆，腔肠动物有珊瑚和海蜇，多毛类有沙蚕，贝类和头足类软体动物，甲壳类的虾、蟹等；脊椎动物有各种鱼类，还有海龟等爬行动物和鲸、海豚等哺乳动物。它们有的可供食用，有的可供药用，有的可做工业原料，用途甚广，资源丰富。据统计，南海的底栖动物达 6000 多种，南海的鱼类 2000 多种，南海北部大陆架海域栖息约 1000 种以上鱼类和多种其他游泳动物。

（一）海洋植物资源

南海的海洋植物资源主要是海藻资源，其中经济价值较高的，有褐藻类的马尾藻、羊栖菜；红藻类的紫菜、江蓠、海萝、鹧鸪菜、海人草、麒麟菜等。马尾藻俗称海茜、海底藤、海藻、海草、玉草、茜米、龟鱼茜、牛尼茜、台茜等。南海北部沿海产马尾藻种类较多，估计有 50 种以上，已知的有 30 多种。常见的种类有铜藻、裂叶马尾藻、匍枝马尾藻、亨氏马尾藻、半叶马尾藻、鼠尾藻、瓦氏马尾藻、羊栖菜等。

（二）海洋动物资源

1. 虾蟹类资源

南海海域生活着许多甲壳动物。浮游甲壳动物的毛虾、莹虾、磷虾是经济鱼类的重要天然饵料，有的也可食用。对虾科的对虾、新对虾、仿对虾、鹰爪虾等经济价值较高。龙虾也是经济价值高的大型虾类。南海具有较丰富的虾类资源，年收获量约 15 万~20 万吨。主要虾类渔场在泰国湾、马六甲海峡附近沿岸海区。南海北部的珠江口海区，也是较重要的虾类渔场。毛虾是十足目樱虾科毛虾属，主要种类有日本毛虾、红毛虾、锯齿毛虾和中国毛虾。毛虾体长一般 20~40 毫米左右，是大型浮游动物，主要栖息在沿岸浅海，每年春、夏季大量在河口和海湾繁殖，繁殖力强、生长迅速、产量大。

南海北部常见的蟹类有：短桨蟹、短眼蟹、豆蟹、扇蟹、绵蟹、银光梭子蟹、磁蟹、玉蟹、关公蟹、馒头蟹、黎明蟹、蛙形蟹、蜘蛛蟹和菱蟹等，形态多种多样，但主要经济种类只有三疣梭子蟹、远游梭子蟹、红星梭子蟹、锯缘青蟹、异齿蟳、斑纹蟳和日本蟳等。锯缘青蟹俗称水蟹、肉蟹、膏蟹，主要栖息于盐度较低的潮间带和沿岸浅海泥砂质底部，是质量最好的食用蟹。梭子蟹主要栖息于近海泥砂质底部，在港湾和河口附近数量比较多，是主要的经济蟹类。蟳也是梭子蟹一类，常栖于泥底海藻之间，也是重要的食用蟹类。

2. 鱼类资源

中国南海海洋鱼类有 1500 多种，大多数种类在西南中沙群岛海域都有分布，其中很多具有极高的经济价值。主要有马鲛鱼、石斑鱼、红鱼、鲣鱼、带鱼、宝刀鱼、海鳗、沙丁鱼、大黄鱼、燕鳐鱼、乌鲳鱼、银鲳鱼、金枪鱼、鲨鱼等。特别是马鲛鱼、石斑鱼、金枪鱼、乌鲳鱼和银鲳鱼等，产量很高，是远海捕捞的主要品种。西沙群岛、南沙群岛、中沙群岛的鱼类资源十分丰富，品质十分优良，而且盛产我国其他海区罕见的大洋性鱼类。如：金枪鱼、鲨鱼等。

关于南海的鱼类资源量，目前还没有一致的结论，一方面由于评估方法和资料数据的来源不同，另一方面也与资源结构变化有关。有的学者根据初级生产力的营养动态法估算南海鱼类资源的年生产量约为 2.40×10^6 吨，如可捕量按 50% 计算，约为 1.20×10^6 吨；而有的学者按营养动态法推算，海区总面积为 350×10^4 平方米，净初级生产力为每年每平方米固碳量为 40 克，生态效率为 15%，则南海每年鱼类资源的生产量为 9.45×10^6 吨，其中，大约有 100 种鱼类有捕捞价值。

3. 贝类和头足类软体动物

南海中部的珊瑚礁群岛为软体动物提供多种多样的栖息环境，南海自大陆架到珊瑚礁群岛以至深海，栖息着种类繁多的贝类，经济价值较大的有鲍、牡蛎、贻贝、蚶、蛤、珍珠贝、马蹄螺、蝾螺、凤螺、宝贝、砗磲等。海贝种类繁多，在西沙群岛、南沙群岛、中沙群岛分布约有 250 多种。其中，属于软体动物门瓣鳃纲牡蛎科的牡蛎，南海北部沿海约有 18 种，其中近江牡蛎、密鳞牡蛎、僧帽牡蛎、长牡蛎等是重要的养殖种类。南海南部泰国湾、巽他大陆架近海也有牡蛎养殖；属于软体动物门瓣鳃纲异柱目贻贝科的贻贝，南海北部近海种类较多，约有 20 多种，是沿海常见的附着贝类，常附着栖息于低潮线至水深 5~6 米的水流通畅的岩石等基质上；还有盛产于北部湾的日月贝、珍珠贝等。

南海的头足类软体动物分布广，数量丰富，经济价值较高。主要由鱿鱼、墨鱼和章鱼的乌贼科，枪乌贼科、蛸科和柔鱼种的种类组成，其中，在南海北部大陆架有台湾枪乌贼、火枪乌贼、神户枪乌贼、田乡枪乌贼、杜氏枪乌贼、剑尖枪乌贼、莱氏拟乌贼、太平洋斯氏柔鱼、夏威夷柔鱼等十多种；南海北部大陆架主要有虎斑乌贼、拟目乌贼、金乌贼、曼氏乌贼等；南海南部大陆架海区也有墨鱼出产，暹罗湾的墨鱼，多为乌贼属种类。

4. 爬行动物和哺乳动物

南海上生活着多种爬行动物，有海龟、玳瑁、蠵龟、海蛇和鳄等。其中，海蛇在南海南部约有 20 多种，在北部湾已知的有 7 种：长吻海蛇、哈氏平颏蛇、环纹海蛇、青环海蛇、淡灰海蛇，小头海蛇和海蜂。而北部湾数量最多的是长吻海蛇，主要分布在湾的中部。其次是哈氏平颏蛇，分布于水深 70 米以浅的沿岸海区。淡灰海蛇和青环海蛇，则主要分布在湾的中部和北部。

南海热带海洋中还有一些海生的哺乳动物，已知南海鲸类有须鲸亚目的座头鲸、蓝鲸、鳁鲸、灰鲸、小组鲸、长须鲸、鳀鲸、露背鲸；齿鲸亚目的抹香鲸、小抹香鲸和虎鲸，以及海豚类的真喙海豚、蓝白副喙海豚、胆鼻喙海豚、无喙海豚、无鳍鼠海豚和灰海豚等。

5. 南海海域广阔，地质和气候复杂，形成了较为复杂的生物种群

除了上述提及的生物资源，还有许多未知或者目前还没统计的其他海洋生物资源，如

海洋浮游生物。因此，应该建立南海生物种类的基因库，加大对其的管理和保护力度，使其成为人类宝贵的资产。

二、南海宝贵的油气矿产资源

南海南部蕴藏有丰富的石油、天然气资源。南海与世界其他石油及天然气产区的比较如表 3-1 所示。南海南部主要的新生代含油盆地有 9 个，即：曾母盆地、北康盆地、笔架南盆地、礼乐滩盆地、南薇盆地、文莱—沙巴盆地、万安盆地、中建及中建南盆地、巴拉望盆地，总面积约 4.1×10^5 平方千米。

表 3-1　南海与世界其他石油及天然气产区的比较

地区	石油探明储量（10 亿桶）	天然气探明储量（兆亿立方英尺）	石油开采（百万桶/天）	天然气开采（兆亿立方英尺/年）
波斯湾	674.0	1918.0	21.1	6.8
北海	15.9	147.2	6.6	9.3
里海	16.9 ~ 33.3	177 ~ 182	1.1	2.1
南海	约 6.9	约 136.9	2.0	2.5

资料来源：杨川恒，钱光华《南沙海域油气勘探开发现状与前景、展望》

注：立方英尺非标准计量单位，1 立方英尺≈0.0283 立方米

南沙群岛蕴藏有丰富的鸟粪磷矿。太平岛和南子岛磷矿丰富。除太平和南子岛外，中业岛、南钥岛、景宏岛和安波沙洲等岛屿也有较丰富的鸟粪磷矿资源。

除油气资源和鸟粪磷矿资源外，在南海南部还发现了其他矿藏，如安滩西南与南康暗沙和曾母暗沙海域，发现了钛铁矿、金红石、锆石及独居石，在南海 12°N 以北、113°E 以东的陆坡区和深海盆区发现了 10 处锰结核、12 处钴结核。

三、南海其他方面的资源

（一）海运资源

从地理位置看，南海是沟通太平洋、印度洋和联结亚洲、大洋洲的海上战略要道。它北部的台湾海峡通往东海和黄海；南部的卡里马塔海峡通往爪哇海；东北有巴士海峡通往太平洋；西南侧的马六甲海峡联系印度洋，是通往欧洲、非洲的要道。可以看出，南海是我国和其他东北亚国家与东南亚、南亚、西亚及欧洲、非洲等地区的主要海上通道。且南海岸线曲折，海湾众多，有港湾 210 处，可建 5 万 ~ 10 万吨泊位的大港址占全国的 41%，对外开放一类口岸占全国的 48%，有深水航道 12 条。

（二）滨海矿砂资源

调查表明，海南岛、广东和广西滨海地区是我国滨海砂矿的主要分布地区，其中广东

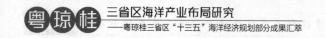

沿岸集中了全国滨海砂矿总量的 90%以上，非金属砂矿的 80%以上，有用矿物达几十种，其中形成工业矿床的有独居石、锆英石、磷矿石、钛铁矿、金江石、锡石、铌钽铁矿等。

（三）滨海旅游资源

南海拥有大量的滨海旅游资源，广东、广西和海南等沿海地区风景秀丽，气候宜人，拥有着发展自然风景旅游的海滩、群山、热带动植物，热带气候等资源，以及开展人文景观旅游的历史文化古迹、热带民族风情、海鲜美食、水上体育娱乐运动等资源，旅游资源得天独厚。

（四）太阳能资源

南海诸岛每年受太阳直射两次，总辐射量较高，其太阳能资源的丰富程度超过中国绝大多数内陆地区，可与青藏高原相比，是中国太阳能资源的高值区之一。全年气温变化呈双峰型（3—5 月，8—9 月），日照数可达 2400～3000 小时，日均气温大于或等于 10℃的年积温达 9230～10180℃。年平均气温，东沙岛为 25.3℃，永兴岛为 26.5℃，太平岛为 27.9℃。全年各月平均太阳辐射总量为 190～260 瓦每平方米，南沙地区年平均值为 220 瓦每平方米。季节变化幅度最小，终年处于强烈的太阳照射下，因而太阳能的开发潜力很大。

（五）风能资源

按中国风能划定的标准，南海诸岛有效风速（3～20 米每秒）出现的时数，介于 5500～7000 小时之间，有效风速出现时间的概率介于 65%～85%之间，有效风能密度介于 200～600 瓦每平方米之间，属中国风能资源非常丰富的地区。在中国海区中是仅次于台湾海峡和巴士海峡的风能高值区。

（六）波浪能资源

南海诸岛海面开阔，季风和热带气旋盛行，一年之中除 4—5 月波浪略少外，其他月份的风浪和涌浪出现频率很高。年平均风浪波高为 1.3 米，涌浪为 1.8 米，一年中平均波高最小的季节是 4—5 月，约为 0.7～0.9 米。在东北季风时期，全海区以东北风浪为主，东沙群岛附近是大浪区；西南季风时期，南海中部（南沙群岛西北部、中沙群岛和西沙群岛附近）以西南浪为主，浪大，而北部和南部以南浪为主，波浪略小，波浪能开发潜力大。

（七）温差能大

南海诸岛大部分位于深海中，其四周礁外坡陡峭，礁外缘很近的水深就达到 500 米以上，年平均表层水温在 25～28℃之间，而水深 500 米处的水温常为 8～9℃，1000 米深处水温常为 5℃，由此存在巨大的温差能源。

第四章　粤琼桂三省区海洋资源的开发

第一节　南海海洋资源开发的总体评价

20 世纪 80 年代以来，环南海北部的广东、广西、海南是世界上经济增长较快的地区之一，海洋经济一直以两位数的速度快速增长，远高于同期国民经济的综合发展速度。不但传统的海洋渔业、盐业、运输业得到了长足的进步，新兴的海洋油气、滨海旅游、海水利用、海洋能开发、海水化工等产业也有了一定的发展。近年来，随着科学技术的发展，特别是海洋技术的突飞猛进，海洋产业结构优化升级，使我国南海周边三省的海洋总产值实现了连年递增的目标。例如，2010 年三省区主要海洋产业总产值分别达到 8000 亿元、570 亿元和 523 亿元。其中，广东海洋生产总值连续 16 年居全国首位，约占全省 GDP 的 17%，比 2009 年增长 17.6%。我国南海资源丰富，其开发利用取得了一定的成就，但从其拥有的资源特点和面临的形势来看，我国南海资源开发利用还存在不少问题。

一、集中近海资源开发，远岸资源开发尚处于起步的阶段

南海海域虽然总体生态环境较好。但近年来一方面受科学技术水平等客观条件限制；另一方面由于海洋资源的开发重近轻远，缺乏科学的规划利用，导致近岸海域环境污染程度日益加剧，整体环境质量不断下降。如在近海捕捞中，长期存在船小、户多，违规作业现象，造成资源衰退。近年来，实施的休渔制度虽然取得了一定成效，但休渔后往往出现报复性狂捕，十多天就能把几个月保护的成果葬送掉，未能从根本上解决问题。在海岸开发中，各行各业争用岸线与滩涂，盲目围海造地修建海岸工程现象十分突出，造成局部海域污染严重，赤潮频发。

二、海洋执法队伍分散，海洋资源管理乏力

目前对南海海洋资源管理仍基本上是以行业和部门管理为主，虽然有关各行各业的主管部门都不同程度地制定了各部门对海洋资源的管理办法并建立有相应的管理队伍和机构，但由于各管理部门归属不同、职责不一、力量分散、职能交叉、缺乏协调，难以形成有效管理。

三、基础设施薄弱、海洋自然灾害频繁，损失严重

南海是我国海洋灾害最严重的地区之一，不但种类多，而且灾害影响范围大，损失严

重。如台风、风暴潮、海浪、地面沉降、海平面上升，人为因素诱发的海岸侵蚀等。尤其是远离大陆的南沙，基础设施薄弱，抵御自然灾害的能力低，在相当大的程度上影响了我国对南海资源的开发利用和主权的维护。

四、海洋产业结构不甚合理，海洋经济整体素质不高

以渔业、交通为主的传统产业在整个广东、广西、海南三省海洋经济中比重仍偏大，新兴产业如海上石油、海水利用和矿产开发等比重还很小。

第二节　南海资源区域合作开发的主要模式选择

由于南海海域辽阔、资源丰富，开发南海资源的合作领域十分广阔，如海洋渔业、海洋运输、海洋生物制药、海洋旅游、海洋能源矿产、海洋开发技术等等。南海资源的合作开发，既是一个重大的经济问题，又是一个时间维度较长的问题，因而必须建立长期稳定的合作机制，选择合适的合作模式。借鉴历史经验和国外经验，应在坚持主权属我的框架下，探索南海资源开发的合作模式，而可供现实选择的，有以下几种主要模式。

一、投资合作模式

南海资源的开发具有巨大的正外部性，资金需求大，必须广泛动员社会资金参与。资金筹措应以国内资金为主，尤其是投资规模小的项目。国内筹资可选择以下渠道：

1. 财政支持

南海资源开发事关重大，必须发挥公共财政的职能。在中央财政和相关省、区的财政预算中，增加南海资源开发的份额。

2. 外汇红利

目前，人民币不断升值，为了减缓人民币升值的压力，可考虑用发行货币的办法稀释人民币币值，发行额的一部分用于南海资源的开发。比如，国家设立南海资源开发特别账户，根据实际需要，由央行（中国人民银行）通过发行货币直接划拨，专款专用。

3. 发行债券

鉴于当前居民存款和企业利润不断攀升，可考虑向社会（包括企业和个人）发行特别债券，如时间长、债息高的特别公债，以募集南海资源开发的资金。需要强调的是，如果国内资金缺口实在太大，可考虑引进外资，但不允许外资独立开采。

二、风险分摊模式

南海资源开发受多种因素影响，风险很大，必须采取适当的模式分散风险。

1. 根据资源的耗用比例分摊投资风险

由于生产力发展水平的差异，不同地区经济发展水平也有很大差异，而经济发展水平处于不同阶段的地区对资源需求的比例可能不同，需求的重要性和紧迫性也可能不同。因此，要根据资源的耗用比例分摊投资风险。凡资源消耗比例大、对资源需求强烈的地区应承担较大的投资风险。同样，应根据资源消耗的比例分享效益。从近期看，资源耗用比例大的地区可能承担的风险也大，但如果资源开发成功，其收益同样大，或可长久享用。

2. 根据盈利能力、出口创汇能力分摊投资风险

不同地区其资源短缺是有差别的，有些地区资源用于生产的比例大，有些地区资源用于消费的比例大。因此，应根据盈利能力、出口创汇能力分摊投资风险，即富裕地区、工业发达地区、出口创汇能力强的地区应该多投资，并承担较大风险，而落后地区、欠发达地区、出口创汇能力差的地区应少投资。如果平均分摊投资风险，获得实惠少的地区可能不愿投资，甚至为了保护自身的资源，阻止开发。

3. 外资若进入南海资源的开发领域，只允许分享投资收益，不允许控制资源开发权

外资如进入我国南海资源开发领域，不仅仅是为了经济利益，而且有的是为了垄断我国市场，控制新兴产业，并掠夺我国稀有资源。鉴于我国南海不仅资源丰富，而且品种繁多，有些稀有资源极其珍贵，其用途我国尚未查明，因此，在与外资合作开发南海资源时，为了维护我国经济独立和经济安全，必须注意保护我国珍贵的自然资源，即只允许外资分享收益，分摊风险，不允许控制资源开发的权力，也不允许控制资源的流向。

三、战略合作模式

南海资源的开发关系到我国可持续发展的长远目标，具有很强的战略性，必须把它提升到战略高度去认识，并探索适当的战略合作模式。从目前形势来看，应以渐进式为主，即遵循由近及远、由易到难的原则。在泛珠三角区域经济合作运作过程中存在的一些问题，需要时间摸索和经验积累。中国与东盟自由贸易区谈判才处于起步阶段，许多领域的合作问题尚在论证之中，不可急于求成，并且要辅之必要的筛选，即遵循突出重点的原则进行选择，比如优先考虑海水利用、海洋生物制药、海洋开发技术等领域。

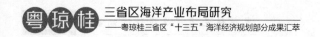

第三节　粤琼桂三省区与周边国家海洋资源开发合作机制
——以渔业资源为例

一、海洋资源开发利用与保护管理机制

中国与南海周边国家在资源勘探和开发上既有利益冲突因素也有合作共赢机会，但如何减少或消除隔阂，增加理解和互信？如何避开冲突，实现共赢？这就需要建立海洋资源管理的对话机制。因此，中国要立足于经济的国际化和一体化，凭借资源和区位优势以及良好的基础设施和投资环境，加快对外开放，大力发展外向型经济。要抢抓机遇，积极开展区际、国际双边和多边资源开发合作，拓展发展空间。为搭建中国与南海周边国家交流与合作平台，双方要形成相关部门官员（省部级）的对话机制，并把当前的省部级官员互访机制常态化、制度化，以加强双方南海资源管理的对话合作。除此之外，合作双方可以成立海洋资源开发管理联合会，就两国水域内相互进入的条件、暂定措施水域和中间水域资源管理措施进行沟通、商讨，也可就两国渔港投资建设、石油开发、伏季休渔、水生生物资源增殖放流以及水产养殖等方面的做法和经验进行交流。为形成南沙海洋生物资源开发的良好秩序，维护南沙海域生态环境，双方也可以尝试成立海洋联合执法队伍，共同打击破坏海域环境的行为。

二、远洋渔业资源开发的合作机制

南海海洋渔业资源丰富，开发利用潜力较大，但囿于资金、技术和人力，南海周边一些国家尚无力单独开发其资源，而迫切需要国际合作。中国企业拥有成熟的渔业生产技术和较强的实力，对外合作得到本国政府的支持，有着合作的成功经验，合作前景十分看好。

例如，在 2007 年 5 月，广西北海市远洋渔业发展有限公司同马来西亚安格渔业发展有限公司共同合作，在马来西亚海域进行渔业生产活动。2007 年 11 月，浙江乐清市天祥远洋渔业开发有限公司和马来西亚兴发集团，合资开发马来西亚东马海域远洋渔业暨渔业加工园区建设项目，温州近几年也在筹集大批大马力钢质渔轮，赴马来西亚东马海域从事捕捞作业。广东作为中国经济大省和改革开发的前沿阵地，市场要素相对充裕和活跃，具有国际经济合作的基础。因此广东可以出台专门措施，扶持远洋渔业发展，如对远洋渔业企业建造远洋渔船给予一定投资补助，加大渔业科技投入，优化远洋渔业产业结构等等，并以此促进"走出去"战略的实施。此外，要在巩固国有企业的基础上，积极引导扶持民营、股份制企业加入发展远洋渔业的行列，提高远洋渔业龙头企业的辐射带动能力，重点开拓大洋性远洋渔业项目，增强广东省远洋渔业发展后劲；要积极开展与马来西亚海洋渔业双边合作，参与国际渔业资源的分享，加强与南海周边各国和地区海洋渔业的交流合作，互惠、共利地开发海洋渔业资源，并将其作为突破口，推动整个海洋产业的发展。

三、科技交流合作机制

我国是海洋渔业大国,海洋生物资源产品丰富,在满足日益增长国内需求的同时,中国海产品生产企业应该走出去,参与国际竞争,开辟和拓展新的国际市场空间,扩大与国外的科技交流与合作,把中国的技术、设备、产品推向海内外,创造合作机会,寻找合作项目,以提高中国海洋资源开发方面的外向型经济成分,增强海洋经济的竞争力;同时,通过与南海周边国家及地区的科技交流和合作,引进国内外先进的养殖技术、工艺和设备,并进行创新,把中国渔业、水产业提高到一个新的层次,努力缩小与国际先进水平的差距。

中国要加强与其他各国的海洋科技交流与合作。以中国广东省为例,首先要充分发挥广东省内企业"走出去"的积极性,鼓励并扶持养殖企业、远洋渔业和水产品原料加工企业到其他国家建立远洋基地、养殖基地、加工基地,从而促进广东与南海各国的海洋渔业技术交流与合作。其次,作为中国渔业大省,广东可以定期或不定期地组织水产企业在国外参展,在周边国家举办形式多样的展览会、推介会,展览会应积极吸引广东省内主要的水产品养殖企业、水产品加工商、机械制造商、贸易商、与渔业相关的组织机构、贸易组织、专业媒体和政府部门的参与,展出内容可涉及海(淡)水养殖技术、品种和设备(施)、水产饲料、疫病防治、水质处理和监控、渔船、通信、海洋捕捞、绳索网具、水产品冷冻、储运、加工、保鲜技术与设备等方面。最后,可以在广东举办南海周边国家水产养殖技术培训班,举办广东与南海周边国家及地区海洋渔业科技学术论坛,充分发挥广东省内涉海高校及科研院所作为渔业科技交流主体的积极性,进一步推动广东与南海周边国家海洋资源科技的交流与合作。

四、水产品经贸交流合作机制

加强与南海周边国家及地区海洋水产品贸易往来,积极促进水产品加工和国际贸易健康发展,是中国海洋经济发展的战略需要,也是拓展产业发展空间、增加人民就业和收入的需要。广东、福建、广西及海南等省区与南海诸国海洋资源禀赋相异,各有特色和专长,加强各国水产品贸易交流,建立水产品贸易沟通协调机制,有利于双方做到优势互补。首先,在稳定现有优势出口品种的同时,中国要培育发展新的符合国际市场需求的精深加工产品,开发新的出口市场,有效化解出口风险。其次,要加快优势水产品出口产业带建设,推动养殖、加工、出口,形成完整产业链,加快加工示范园区和品牌渔业建设,提高水产品国际市场竞争力。再次,要加强与南海诸国水产品自由贸易区研究和建设工作,在推动水产品出口的同时,根据国内市场需求鼓励适度进口,发展来进料加工,使水产品国际贸易继续保持平稳较快发展。最后,继续举办中国与南海诸国的海洋水产品商务合作论坛及经贸洽谈会,达到"政府搭台、企业唱戏"的目的,促进双方经贸合作与交流。积极促进国内渔业企业"走出去",到国外建立养殖基地、加工基地,带动国内水产种苗、渔需物资、技术劳务出口。

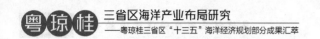

五、以海洋文化交流为依托的发展合作机制

南海周边各国及地区，由于独特的人文、历史及海岸、岛屿类型结合，形成了与众不同的海洋渔业文化系统。这些海洋渔业文化区域的管理和保护，无论对旅游娱乐、自然景观欣赏，还是产业开发都是极为重要的。应通过建设海洋文化公园系列的办法对它们加以开发和保护。中国南部沿海各省区与越南、菲律宾、马来西亚等国家地理位置相近，自然条件相似，经济联系密切，人文交流频繁，在文化上有共同之处，双方有条件加强海洋休闲文化产业交流与合作。建立中国与南海诸国海洋休闲文化产业交流与合作机制，对发展我国南海部分省区海洋产业具有积极作用，具有重要的经济和社会意义，一是发展旅游服务业能更好推进海洋产业结构调整，此外，休闲、观赏渔业内容丰富，相关联产业很多，并且多为劳动密集型产业，可以为渔（农）民提供大量的就业空间，缓解渔业生产和渔区社会经济生活中的一些矛盾。二是有利于资源的合理开发、利用和保护。把一些符合条件的渔船通过拆解、去污、灌注等措施改建为近岸人工鱼礁或增设必需的安全、娱乐设施改造成休闲游钓渔船，既有利于开发新的旅游资源，更有利于减轻近海捕捞强度，增殖水生生物资源，保护海岸生态环境。三是有利于扩大水产品出口创汇，增加渔民收入。

第四节　南海资源的可持续发展

一、可持续发展提出的背景

从 20 世纪 60 年代开始，资源、环境问题成为日益严重的世界性问题，人们逐渐开始意识到资源、环境的价值问题，逐渐地由传统发展观向可持续发展观转变。20 世纪 80 年代以来世界各国学者开始从经济、政治、社会等跨学科的多方面研究发展问题，从而形成了一种新的"综合发展观"。1983 年《新发展观》一书中指出，新的发展观是"整体的""综合的"和"内生的"。还有的学者提出，新的发展观不仅包括数量上的变化，而且还包括收入结构的合理化，文化条件的改善、生活质量的提高，以及其他社会福利的增长。后来，这种新的发展观在实践中逐渐演化为"协调发展观"。在西方，这种发展观把发展看成是民族、历史、环境、资源等自身内在条件为基础的，包括经济增长、政治民主、科技水平提高、文化价值观念变迁、社会转型、自然生态协调等多因素的综合发展。根据这些理论，我国制定了坚持环境、经济与社会持续、稳定、协调发展的指导方针，实行保持生态系统良性循环的发展战略，实现经济建设与环境保护的协调发展。

1980 年，国际自然资源保护联合会、联合国环境规划署和世界自然基金共同发表的《世界自然保护大纲》中就提出了持续发展思想，但当时没有在世界上引起足够的反响。直到 1987 年，以挪威前首相布伦特兰夫人为主席的"世界环境与发展委员会"公布的著名报告《我们共同的未来》，比较系统地阐明了持续发展的战略思想，才在世界各地掀起了持续发展的浪潮。布氏提出的持续发展定义是"既满足当代人的需要，又不对后代人满足其需要的能力构成危害的发展"。直到今天，人们仍认为这是可持续发展的最权威定义。它标志着协调发展观进一步的深化，成为可持续发展观。1992 年 6 月，在联合国环境与发展大会上，经过全体联合国成员国的共同努力，把确立可持续发展理念作为大会的宗旨，从而通过了关于可持续发展的一系列文件。这些充分体现和发展了《我们共同的未来》提出的持续发展战略思想，确认了著名的可持续发展的新观念和新思想。具有划时代意义的《21 世纪议程》确立了可持续发展是当代人类发展的主题。《里约环境与发展宣言》庄严宣告："人类处于普遍关注的可持续发展问题的中心"。因此，联合国环境与发展大会标志着人类对可持续发展理念已经形成共识，人类将进入可持续发展的新时期。

综上所述，可持续发展观的形成大致经历了三个时期：20 世纪 70 年代初期至 1987 年《我们共同的未来》公布，是可持续发展观的提出与形成时期。20 世纪 80 年代后期至 1992 年联合国环境与发展大会，是可持续发展观的深化与完善时期。自联合国环境与发展大会以来，可持续发展观已成为世界许多国家制订经济社会发展战略的指导原则，人类正在进入实现可持续发展的新的实践时期。

二、实施南海可持续发展战略的对策措施

（一）提高全民族的海洋可持续发展意识

可持续发展是一种全新的发展模式，实现海洋经济的可持续发展，当务之急是提高全社会对海洋可持续发展战略的认识，增强可持续发展观念。要利用报刊、广播、影视等宣传媒介和舆论工具大力宣传我国海洋资源、环境面临的严峻形势，使全社会充分认识到实施海洋可持续发展战略的重要意义，提高管理决策者执行可持续发展战略的自觉性，并将其贯彻到各级政府的规划、决策和行动中去，使海洋可持续发展思想纳入决策程序和日常管理工作之中，形成人人关心海洋，人人支持保护海洋的局面，真正做到靠海吃海，养海护海，使海洋能够长期持续地为人类造福。

（二）加强海洋法制建设，推进依法治海

海洋资源的可持续利用有赖于健全的海洋法规和严格的执法管理。要以《联合国海洋法公约》为基础，加速国内海洋资源开发与管理的立法。要健全海洋基本法，制定海洋专项性法规，还要制定区域性海洋法规，以及某些地方性法规。要通过国家立法和国际谈判，尽早划定我国管辖海域的范围，并采取适当措施，对管辖海域实施有效的控制和管理，以维护我国海洋主权和权益。加强海洋执法队伍建设，形成合力，逐步过渡到全国统一的海上执法。加强渔政管理，坚决制止不合理的海上作业。严格控制海域污染，让海洋渔业资源得到生息繁衍的机会，保护和培植资源。依法从重查处乱围海、乱填海、乱倾废和电炸毒鱼作业的行为。

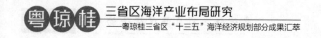

（三）强化海洋综合管理，促进海洋资源的合理利用

强化海洋综合管理是海洋可持续发展的重要前提。目前，我国的海洋开发涉及多个行业部门。但海洋是一个统一的自然系统，这一客观规律决定了海洋分类管理的局限性。因此，各行业各部门要从全局的利益出发，协调配合管理好海洋，并站在21世纪海洋发展战略的高度，建立一个强有力的、有权威的、能真正行使综合管理职能的海洋管理机构，切实加强对海洋开发的综合管理。要按照"合理布局，协调发展"的原则，加强宏观调控。要认真抓好海洋各产业的协调发展，海洋产业的内部也要做到合理布局协调发展。要推行海域使用许可和有偿使用制度，鼓励生态养殖，对乱围垦、乱填海及严重污染海洋环境的滨海工业和旅游项目，要严厉查处和治理，对不符合环保要求的项目，一律不批准上马。国家要从未来海洋经济发展战略的高度，制定全国海洋开发总体规划，沿海各省、市、县要根据全国规划的布局要求，制定地区性发展规划，选准本地区海洋产业发展的主攻方向。要在摸清海域资源状况的基础上，科学地选划海洋功能区，并充分发挥海洋功能区的作用，减少对海洋资源的浪费和海洋环境的破坏，努力实现海洋资源的永续利用。

（四）依靠科技进步，提高开发水平

海洋开发的高水平持续发展，取决于科技进步。要通过市场机制和政策引导，有重点地解决海洋资源开发利用中的关键技术，提高海洋科技产业化程度和对海洋环境的保护能力。要开展海岸带资源利用技术研究，特别是加强对养殖容量与优化技术、海岸带环境污染监测技术研究，进一步提高海岸带资源可持续发展的能力。积极发展细胞工程、基因工程育种育苗技术，海洋活性物质提取技术，促进海洋养殖业向高新技术产业转化，提高海洋生物的开发深度。要加快海洋科技成果向现实生产力的转化。要建立各种形式的海洋科技市场，健全科研成果转化的中介机构，提高海洋科技成果的转化率。加强多层次海洋科技和管理人才培养，以适应海洋开发利用和管理不同岗位的需要。广泛普及海洋知识和基本技能，提高海洋劳动者的素质。

第五章　粤琼桂三省区海洋产业布局构想

2010 年以来，我国海洋经济发展进入快速发展阶段。与此同时，南海开发与深海海洋经济建设也被提上议事日程。广西、海南、广东三省区同处南海之滨，是南海海洋经济发展的主要依托省份。随着海洋经济发展战略的推进，三省区都提出了与南海有关的海洋战略。随着中国与东盟自由贸易协定(FTA)的正式生效，南海区域海洋经济合作也将迎来新的发展机遇。然而，我国粤琼桂三省区海洋经济发展中各自为政、区域海洋产业同构现象严重、区域海洋产业布局不合理、区域海洋经济主体之间缺乏系统协同与沟通等问题也严重制约着我国主导粤琼桂海洋经济圈的区域合作。从海洋经济区域布局的角度出发，对粤琼桂三省海洋经济的差异性进行度量分析，首先加强我国粤琼桂区域海洋经济的协作与整合，已经成为推进与周边国家和地区南海经济区域协作的前提与基础。

第一节　粤琼桂三省区海洋产业布局重心

南海综合开发是一个系统性的工程，应按照注重体现海洋资源整合广域性和海陆发展协调性的原则，以中国—东盟自由贸易区的建立为契机，依据各省的区位和比较优势开发南海，联动广西、广东、海南着力构建"三区一带"的新格局。"三区"，即以广西海洋经济区为支撑，面向大西南及越南；以广东海洋经济区为支撑，面向港澳台；以海南海洋经济区为支撑，面向菲律宾、马来西亚。"一带"，即以南海海岸带为主轴，以三大海洋经济合作区为依托，以临港产业集聚区为核心形成海洋产业群，以海洋产业群、滨海景观产业群、滨海城镇群、近海生态产业群以及深海资源能源群，建设国际一流的蓝色经济区。

一、广西——大西南门户

广西作为东盟贸易的窗口，立足于北部湾，服务西南、华南和中南，沟通东中西、面向东南亚，发挥着连接多区域的重要通道、交流桥梁和合作平台作用。在该区域应该积极打造物流基地、商贸基地、加工制造基地和信息交流中心，发挥钦州、防城港口枢纽功能，整合港口物流资源，依托入海重要交通线道改造、现代港口物流基地和出海货物疏运中心，引导船舶、钢铁、重化工业等产业向港口和沿海产业园区集聚，完善临海临港产业组群。

其中，以钦州、北海石化项目为重点的西南地区最大的石油化工基地；以防城港钢铁项目为龙头的区域性现代化钢铁城；以北海、南宁电子产业为主导的北部湾"硅谷"；以北海、钦州林浆纸一体化项目为核心的亚洲最大的林浆纸一体化基地；以钦州保税港区为重点的面向中国西南和东盟的功能强大的保税物流体系；在南宁打造全国最大的鞋城，在防城港打造全国最大的磷酸生产出口基地；建设以凭祥、东兴对东盟贸易为主的外贸基地。

二、海南——国际旅游岛

海南省具有滨海旅游、港口海湾、滨海砂矿、滨海土地、近海油气和近海渔场等多种资源优势，结合相应国家方针政策，以市场为导向，以度假休闲旅游为主导，按照因地制宜、突出重点、循序渐进的原则，建设特色突出、结构相对完整的海洋经济区域和开发区域。环岛陆域和海域定为环岛蓝宝石海洋经济圈，南海北部海域、南海中部海域、南海南部海域为三个海域开发区域，形成"一环四带三区、阶梯式开发"格局。

"四带"即是北部综合产业带、南部度假休闲产业带、西部工业产业带、东部旅游农业产业带。其中，重点发展旅游业，整合旅游资源，完善度假休闲需要的基础设施，发展度假休闲产品，实现由观光型向度假、观光复合型——度假休闲型发展。通过建设度假休闲旅游区，发展海口市西海岸沙滩以及各种专项旅游，将海南建设成世界一流的热带海岛海滨度假休闲旅游胜地。同时，利用南海国际大通道，积极与周边的国家（地区）进行交流，为和平解决南海问题提供有力的谈判平台。

三、广东——海洋科技大省

广东作为经济大省，被列为全国海洋经济发展试点的地区之一，有着雄厚的资金和发达的技术，应该把发展海洋科技、金融、服务等第三产业摆在突出的位置。围绕着建设海洋经济强省对科技创新的需求，整合各类海洋科技资源，提升科技创新平台；优化"政产学研"创新体系，推进关键技术攻关与成果产业化，加快海洋科技人才引进与培养，在海洋重要领域形成一批重大关键技术和具有自主知识产权的技术成果，为优化海洋产业结构、提升海洋经济的综合实力提供强大的科技及人才支撑。其中，以万山海洋开发试验区、湛江海洋高新科技园和广州海珠区、南澳国家科技兴海示范基地等为基地，集中抓好海洋生物资源综合开发技术、海岸带区域水资源开发和保护技术、海洋工程技术、海洋能源及矿产开发技术、滨海旅游资源开发技术、海域资源和环境评估技术、海洋监测及海洋灾害预报预警技术、海洋污染防治与生态保护技术以及其他海洋高新技术的研究和开发。

在广东省内以广州、深圳、珠海、汕头、湛江等沿海城市为重点，以海岸线和交通干线为纽带，逐步形成包括珠江口海洋经济区、粤东海洋经济区、粤西海洋经济区、海岛经济区在内的临海经济带，形成综合开发新格局。各经济区要大力发展各具特色的海洋产业，形成海洋综合开发的区域化布局。

南海综合开发，除了南海国际大通道以及沿海岸带的轴线相连，离不开国家的统一指导和地方政府相互配合；广东、广西和海南三省的产业协调、环境生态保护以及南海油气资源的开发利用更需要统一的管理制度。

第二节　粤琼桂三省区海洋经济的差异测度

粤琼桂三省区虽同处南海之滨，而且地理相近、气候相似、文化类同，但是由于各种原因，长期以来在海洋经济发展中却一直缺少有效的沟通与良好的合作。区域性海洋经济实力处于全国三大海洋经济区的后列。不仅如此，在粤琼桂三省区间的海洋经济发展水平和层次上还存在明显的差异。

一、粤琼桂三省区海洋经济差异程度的测算

基尼（Gini）系数是一个从总体上衡量一国或地区内区域经济差异不均等程度的相对统计指标，其值域为[0，1]，数值越小表示区域经济差异越小；数值越大，表示区域经济差异越大。基尼系数的形式如下：

$$G = \frac{1}{2n(n-1)\mu} \sum_{j=1}^{n} \sum_{i=1}^{n} |x_j - x_i|$$

n 代表所统计地区的个数，以粤琼桂三省份为例，x_i 和 x_j 为不同地区的人均海洋产业产值，$\mu = \frac{1}{n} \sum_{i=1}^{n} x_j$ 是区域人均海洋产业产值，见图5-1。

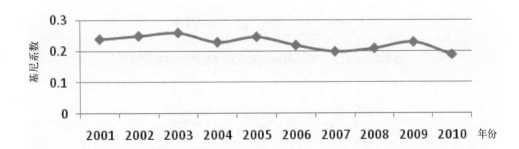

图 5-1　广东、广西、海南三省区基尼系数

数据来源：根据国家统计局数据库（http://www.stats.gov.cn/tjsj/）和高校财经数据库（http://www.bjinfobank.com/）相关数据计算得出。

从总体上看，粤琼桂三省区间的差异状态相对比较合理。2001年三省区之间的基尼系数为0.24，到2005年三省区间的差异基本保持在这一水平，而到2010年这系数有所下降，为0.19。这表明粤琼桂三省区之间存在的差异相对比较稳定，而且保持了一个长期的态势。

二、粤琼桂三省区海洋经济发展的差异化表现

（一）海洋经济总量差异分析

广东省是我国的海洋经济大省，自 1996 年以来，海洋经济总产值位居全国首位。2003 年《全国海洋经济发展规划纲要》发布以来，广东海洋经济获得快速发展。2003 年全省海洋生产总值为 1936 亿元，到 2010 年海洋生产总值达到 8291 亿元，占全国海洋生产总值的 21.5%，年平均增长 23%。与此同时，广西与海南省海洋经济也保持了较快的增长，特别是广西海洋经济保持了较快的增长速度，海洋生产总值从 2003 年的 57.66 亿元增长到 2010 年的 570 亿元，平均年增长 38.7%。从绝对数上看，广东省海洋经济优势非常明显，广西和海南两省区 2010 年的海洋生产总值总和仅为广东省海洋生产总值的 11.3%；从相对数来看，广西的海洋经济增长速度明显高于广东省，而海南省的海洋经济增长速度最慢，年均仅为 5.8%，见图 5-2、图 5-3。

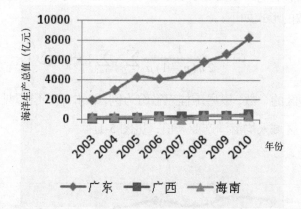

图 5-2　广东、广西、海南三省区海洋生产总值变化情况

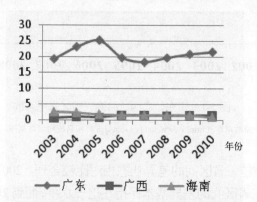

图 5-3　广东、广西、海南三省区海洋生产总值占全国海洋总产值的比重

数据来源：根据高校财经数据库（http://www.bjinfobank.com/）相关数据计算得出。

（二）海洋经济结构差异分析

在海洋经济结构方面，广东、广西和海南三省区也存在明显的差别。一直以来，广东省都是全国的渔业大省，海洋渔业占有重要的份额。2003 年海洋渔业产值为 471 亿元，占海洋总产值的比重为 24.37%，到 2010 年这一比重降至 10%，但绝对数量为 829.1 亿元。海洋油气、海洋船舶修造、海洋工程建筑等第二产业在广东省海洋第二产业中也占有重要的份额，2010 年，海洋第二产业占全省海洋生产总值的 42%，而第三产业从 2003 年的 28.84% 上升为 2010 年的 48%，呈现逐步上升的态势。相比较而言，广西和海南海洋第一产业所占的份额较大，第二和第三产业所占份额相对较小。

根据海洋产业演化的一般规律，海洋产业的发展呈现出从第一产业到第三产业，然后从第三产业到第二产业，再从第二产业到第三产业为主导的动态性特征。此过程可分为四个阶段，即传统海洋产业发展阶段、海洋三、一产业交替演化阶段、海洋第二产业大发展阶段、海洋产业发展的高级化阶段。以此判断，广东省海洋产业发展处于海洋第二产业大发展的阶段，并且逐步向第三产业为主导的阶段过渡，而广西、海南的海洋产业结构处于海洋三一产业交替演化阶段。

（三）海洋经济贡献度与密度差异分析

衡量海洋经济对国民经济贡献的重要指标是海洋经济的贡献度，即海洋经济总产值占区域国内生产总值（GDP）的比重，可用公式表示为：$D = M_i / G_i$，其中 M_i 为该区域某一年份的海洋生产总值，G_i 为该区域某一年份的 GDP，D 为海洋经济贡献度，D 越大，表明海洋经济对区域经济的贡献越大，反之则越小。按此计算方法，2010 年，广东省的海洋经济对全省的经济贡献为 18.01%，广东省为 5.98%，而海南省最高，为 25.5%，表明海南省和广东省的海洋经济在地区经济发展中占有重要的份额。此外，将上述公式进行改造，两边分别乘以对应年份区域 GDP 的增长幅度，即可得出海洋经济对区域 GDP 的拉动幅度。经过计算可得，2010 年，广东、广西、海南三省区的海洋经济对 GDP 的拉动度依次为 2.23%、0.849%、3.95%，表明海南和广东两省的海洋经济对 GDP 的拉动较明显，见表 5-1。

表 5-1 2010 年广东、广西与海南海洋经济相关指标对比

省区	海洋经济贡献率（%）	对 GDP 拉动度（%）	海洋经济密度（亿元/千米）
广东	18.01	2.23	2.01
广西	5.98	0.849	0.35
海南	25.5	3.95	0.28

数据来源：根据《2011 年中国海洋经济统计年鉴》相关数据计算得出。

（四）海洋经济发展水平差异分析

海洋经济发展水平是衡量区域海洋经济发展程度的重要指标，它主要由市场占有率、

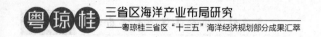

海洋产业比较优势度、海洋产业专门化率等指标组成。

1. 海洋产业市场占有率

海洋产业的市场占有率一般可表示为：$s=(x_i/x_j)×(r_i/r_j)$，式中 x_i 和 x_j 代表某省和全国的海洋产业产值，r_i 和 r_j 代表某省区和全国海洋产业的人均产值，s 为某省海洋产业的市场占有率，s 越大，表明该省海洋产业在全国的占有率越高，反之越低。

2. 海洋产业比较优势度

区域海洋产业的比较优势度可用比较劳动生产率进行衡量，可以表示为：$B=(g_i/g_j)×(h_i/h_j)$，B 表示海洋产业的比较劳动生产率，g_i 和 g_j 表示某省区和全国的海洋产业产值，h_i 和 h_j 表示某省区和全国的人口数量。B 越大，表明海洋产业生产率越大，反之则越小。

3. 海洋产业专门化率

区域海洋产业的专门化率可表示为：$L=(e_i/e_j)×(f_i/f_j)$，L 表示海洋产业的专门化率，e_i 和 e_j 表示某省区和全国的海洋产业产值，f_i 和 f_j 表示某省区和全国的 GDP。L 越大，表明海洋产业专门化率越大，反之则越小。

将上述三个指标采用几何平均法计算一个综合指标，即为某区域海洋经济的发展水平，$z=\sqrt[3]{s×b×l}$。根据上述计算方法，本文对三省区的各海洋产业进行计算得出相应指标，计算结果如表 5-1。

从对 2006—2010 年三省区海洋经济发展水平的计算结果可以看出，广东省海洋经济的发展水平明显高于广西和海南，2006 年三省区的发展水平分别为 6.4%、0.09% 和 0.07%，到 2012 年三省区的发展水平为 6.28%、0.13% 和 0.056%，见图 5-4。

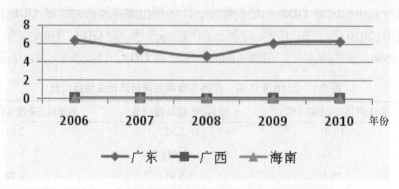

图 5-4　广东、广西、海南三省区海洋经济发展水平测度（%）

数据来源：根据国家统计局数据库（http://www.stats.gov.cn/tjsj/）、高校财经数据库（http://www.bjinfobank.com/）相关数据计算得出。

第三节　粤琼桂三省区海洋经济差异发展的影响因素

总体上来讲，导致出现上述差异的因素主要包括要素禀赋、经济社会发展程度、海洋产业发展的基础和水平以及海洋产业的聚集程度，这些因素之间相互影响、相互作用、共同引致粤琼桂区域海洋经济差异的出现。

一、要素禀赋差异

赫克歇尔-俄林要素禀赋理论强调，不同地区的要素禀赋对该区域的经济发展会起到决定的作用，影响区域海洋经济发展的要素禀赋既包括自然资源要素，也包括科技、人力资本等要素，这些要素通过相互作用影响着海洋开发活动。粤琼桂三省区虽然同位于南海北部，但在海洋经济发展的要素禀赋方面差异巨大。

1. 在海洋资源方面

广东省拥有 3368.7 千米的海岸线，可管辖海域面积为 42 万平方千米，占南海北部大陆架面积的 94%，区内拥有海洋生物资源、海洋空间资源等几乎全部的海洋资源，对区内海洋经济的发展推动作用明显。海南省在自然资源禀赋方面比较特殊，它是依岛而建的全国唯一的省级特区，不仅拥有管辖本岛海洋事务发展的权限，还可管辖包括西沙群岛、中沙群岛、南沙群岛等在内的广大海域，这使得海南在海洋资源禀赋方面优势明显。广西是西部地区唯一的沿海省份，地处北部湾沿岸，具有丰富的海洋资源，但相对于广东与海南而言，海洋资源禀赋不占优势。

2. 在行政区划设置方面

广东省全省 21 个地市中有 14 个位于沿海地区，且已经初步形成了粤东、粤中和粤西三大海洋经济区。海南省四面环海，区内还设有西沙群岛、南沙群岛和中沙群岛办事处，海洋管辖的区域广泛。广西在管辖的 14 地市中仅有北海市、防城港市和钦州市位于沿海地区，所辖涉海行政区在三省区中相对较少。

3. 在海洋科研教育与行政管理方面

广东省拥有无可比拟的优势，不仅拥有中山大学、华南理工大学、广东海洋大学等海洋教育机构，而且还拥有中国科学院南海海洋研究所、南海水产研究所、自然资源部第二海洋地质调查大队等海洋科研机构，此外，还有国家派驻在广东的南海分局、农业农村部渔政局南海分局等管理机构。虽然这些科研院所和管理机构是面向粤琼桂和整个南海地区的，但因广东省的地域优势，对广东的海洋经济发展起到了重要的推动作用。广西和海南仅有海洋科研教育机构 12 家，其中广西占 9 家，海南仅 3 家，这在一定程度上制约了区域海洋经济发展的潜力。

二、经济发展水平差异

海洋经济是为了满足社会经济生产的需要，通过对海洋资源的开发而逐步发展起来的经济形态。海洋开发是一项复杂的系统工程，不仅风险极高，而且对资金、技术、人力等方面的要求依然较高，因此，需具备良好的经济社会发展基础，才能够为海洋经济提供持续发展的动力和支撑。研究表明，同为华南板块的广东、广西和海南经济社会发展水平差异较大。就经济规模而言，广东省多年来一直稳居全国第一，而广西、海南的经济总量则位居全国比较靠后的位置；从经济社会发展的速度而言，广东一直保持高于全国平均发展水平的速度，广西与海南近年来发展速度也不断加快；从经济结构构成方面，广东省产业门类齐全、产业间联动作用较大，广西与海南经过多年的发展，经济结构也呈现不断优化的趋势。

图 5-5 显示了自 1988 年以来三省区经济发展规模的变化。从图中可以明显看出，广东省经济发展水平和速度明显高于广西和海南，而且自 2000 年以来，这一速度进一步加快。快速发展的社会经济不仅能够带动海洋经济的发展，而且能够对海洋资源的开发、海洋经济的发展起到有力的支撑。

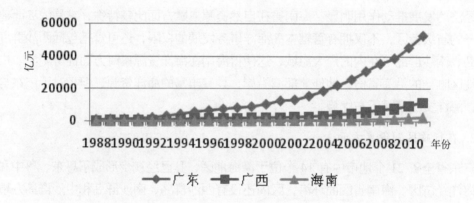

图 5-5 粤琼桂三省区 GDP 年度变化情况（1988—2012 年）

数据来源：国家统计局数据库。http://www.stats.gov.cn/tjsj/。

三、海洋产业发展的基础与综合实力

区域海洋经济的发展基础和水平是从横向角度衡量区域海洋经济发展程度的重要指标，它在很大程度上能说明区域海洋经济当前的发展水平和今后的发展潜力。通过横向比较可以发现，粤琼桂三省区海洋经济的发展基础存在很大的差异，广东海洋产业的发展基础和综合实力始终处于全国前三名的位置，而海南则处在六七名的位置，广西则始终处于 11 省区最后的位置。出现这一结果主要是由于广东省海洋经济经过多年的发展，不但在资金、技术和人力等方面具备了良好的基础，而且已经形成了包括传统产业和新兴产业在内的全部海洋产业门类，海洋经济结构也不断趋于优化，而广西和海南海洋产业门类少，海洋产业发展的基础薄弱，层次结构单一，配套能力弱，科技力量不足，自主创新能力差，海洋经济内部构成和运行机制比较简单，致使本区域海洋经济的发展在全国海洋经济热潮中有所落后。

四、海洋产业规模与聚集

海洋产业的规模和聚集是衡量区域海洋经济发展的纵向指标。在区域海洋经济发展内部，海洋产业集聚通过规模经济、范围经济、集聚效益、辐射效应的发挥，对区域经济的发展产生深刻影响。区域海洋经济体内部海洋产业之间的合作越紧密，对区域海洋经济综合竞争力、区域海洋经济发展具有明显促进作用。因此，衡量海洋产业的聚集度能够准确地知道区域海洋产业的发展程度与发展潜力。

从表 5-2 中可以看出，在粤琼桂三省海洋产业的聚集程度方面，广东省多个海洋产业具有明显的优势。其中具有绝对优势的海洋产业包括海洋油气业（100%）、海洋船舶工业（99.2%）、海洋交通运输业（86%）、海洋化工业（98.9%）以及滨海旅游业（80.5%）；具有相对比较优势的海洋产业包括海洋渔业（44.9%）与海洋生物医药业（53.2%）。

表 5-2　粤琼桂海洋经济区的海洋产业集中度测算

	广东		广西		海南	
	产值（亿元）	集中度（%）	产值（亿元）	集中度（%）	产值（亿元）	集中度（%）
海洋渔业	300	44.9	132.16	19.8	235	35.3
海洋油气业	330	100	0	0	0	0
海洋船舶工业	55	99.2	0	0	0.42	0.8
海洋交通运输业	530	86	46.25	7.5	39.98	6.5
海洋矿业	0.85	16.3	2.03	38.8	2.35	44.9
海洋电力业	1.6	40	0	0	2.39	60
海洋盐业	0.65	45.8	0.16	11.2	0.61	43
海洋化工业	320	98.9	2.7	0.8	0.81	0.3
海洋生物医药业	3	53.2	2.48	44	0.24	2.8
海洋工程建筑业	65	39	96.46	58	4.94	3
海水综合利用	1.8	40	2.7	60	0	0
滨海旅游业	767	80.5	50.04	5.3	135.59	14.2

数据来源：广东省海洋与渔业局提供广东数据，2010 广西壮族自治区海洋经济公报提供广西数据，中国南海研究院提供的海南省数据。

广西在海洋生物医药业（44%）、海洋工程建筑业（58%）和海水综合利用（60%）方面具有比较优势。而海南省在海洋渔业（35.3%）、海洋矿业（44.9%）、海洋电力业（60%）和海洋盐业（43%）方面具有比较优势。之所以出现这样的聚集结果是因为广东省经过多年的发展已经形成了以海洋水产品精深加工业、海洋船舶制造业和海洋电力业为集群的粤东海洋经济区；以临海重化工业、海洋交通运输业和滨海旅游业为集群的粤中海洋经济区；以外向型渔业、临海重化工业、临海钢铁工业和配套产业为集群的粤西海洋经济区。

广西北部湾经济区海洋产业虽然具有一定的竞争力，但总体上集聚程度不高，缺乏明显的整体集聚优势，且集聚度变化范围不大，基本保持稳定。海南省海洋产业起步较晚，在海洋产业聚集方面程度不高，目前在海洋渔业、海洋油气、滨海旅游等海洋产业上具有一定的区域比较优势，但总体发展水平还比较落后。

第四节　构建粤琼桂三省区海洋经济协作区的设想

随着我国海洋经济建设战略的深入发展，以及因此而带动的人口趋海集中和经济社会发展对海洋经济由浅水近海向深水远海、陆海双向等多领域的推动与拓展，我国粤琼桂沿海省区地理位置、工业基础等优越性将进一步拓展。这将为我国粤琼桂三省以环南海海洋区域为载体、以沿海城市为核心、以海洋资源为基础、以海洋产业为支撑，建设新型区域性海洋经济板块，甚至带动整个南海地区海洋经济发展创造条件。为此，必须首先打破我国粤琼桂省份之间海洋经济发展存在的差异，以及各种不协调因素的障碍。

一、强化区域间交流，构建南海北部海洋经济协作区

目前，我国粤琼桂各省海洋经济协作基本上处于海洋经济合作的初级阶段。三省区对周边地区的辐射带动力量主要表现为极化作用，而非扩散作用。因此，在粤琼桂海洋经济协作发展中，首先要选择以"点-轴"为主的海洋产业布局模式，实现三省区之间的海洋经济空间的合理布局。基于此，在我国粤琼桂三省区各自提出《广东省海洋经济综合试验区发展规划》《广西北部湾经济区发展规划》和《海南国际旅游岛建设发展规划纲要》的基础上，三省区还要以南海开发为总体战略背景，进一步推进各省区之间海洋经济的合理布局、结构优化，进而形成以广东省为主体、以海南省为先导、以广西壮族自治区为侧翼的南海北部海洋经济协作区。

（一）我国南海北部海洋经济协作中广东的战略定位

区域经济发展要以区域的现实条件为依托。区域系统内部客观存在的差异性与不均衡性，决定了区域经济发展必须采用非均衡的推进策略。在此基础上，区域系统才能通过各种关联作用带动整个区域经济的发展。

比较海南、广西两省区而言，广东不仅在海洋经济的发展基础和水平上，而且在海洋

经济发展的支撑条件和潜力上都占有优势。此外,由于广东还是我国海洋经济试点省之一,国家海洋经济综合试验区在发展海洋经济过程中具有先锋模范的作用,因此,广东省应当在南海北部海洋经济协作区的建设过程中充分发挥其海洋经济的主体和主导作用。以广东为龙头,借助广东资源、市场、海洋科技等优势,带动和提升桂琼海洋经济发展水平,统筹南海北部海洋经济协作区内部的关系,将有利于科学统筹海岸带(含海岛地区)、近海海域、深海海域三大海洋经济保护开发带,建成具有内在结构支撑力的海洋经济协作区。

(二)海南在我国南海北部海洋经济协作中的先导作用

海南处于南海开发的地理前沿,具备南海深海开发的地理与行政管辖优势。这些优势决定了海南在南海北部海洋经济协作区中发挥先导作用。以海洋功能区划为基础,以中国与东盟为基本制度框架,立足于大区域海洋资源的合理利用与开发,带动粤琼桂三省区的人力、财力、技术力,不但有利于拓展海南自身远洋渔业、海洋油气、海洋旅游等新型海洋产业的发展,而且能够与广东的海洋科技力量、工业基础相结合,形成新兴海洋产业与沿海海洋产业相互支撑、相互促进的远洋海洋产业体系。

(三)广西在我国南海北部海洋经济协作中的侧翼地位

广西壮族自治区由于海洋经济发展基础和水平相对较弱,而且海洋经济在地区经济中所占的比重相对较小,因此应将广西作为南海北部海洋经济协作区域建设框架的侧翼,以充分发挥其在北部湾经济区的重要地位、连接泛珠三角西部省区的优势,以及通往东南亚、中亚的地缘优势。广西可以通过发展海洋渔业、海洋交通运输业,以及滨海旅游业等优势产业,与广东海洋科技优势和海南省南海资源开发的优势相结合,形成广东和海南两省新兴海洋产业发展的后方战略基地。

二、创新区域主体发展能力,构建良好的合作机制

区域海洋经济发展中,区域主体是推动海洋经济发展的主要力量。通过区域主体之间的合作与沟通协调,能够促使区域海洋经济之间产业结构的优化、区域海洋产业布局的合理以及区域海洋环境的有效保护。我国粤琼桂海洋经济协作区包含的主体多种多样、主体之间的关系也是复杂多样。因此,应建立综合性的区域协调机制以推动我国粤琼桂三省海洋经济协作区的顺利发展。

(一)发挥区域主体的协调能力

粤琼桂三省海洋经济协同发展面对的是一个复杂的海陆系统。在这一系统内部主体多元性,主体间关系的复杂性,以及海陆之间客体的多变性等都给区域海洋经济的发展带来巨大的困难和影响。为此,南海北部海洋经济协作区海洋经济的发展,应理顺各级各类主体之间的关系,建立网络状态下的复杂、多样化主体之间的协调与合作机制,充分发挥各类主体在协作区发展中的作用,实现粤琼桂三省区海洋经济的协同发展。

（二）海洋经济协调的内容

南海北部海洋经济协作区的建设不仅涉及沿海经济的发展，更重要的是要实现沿海和深远海的一体化发展。这一发展战略的核心是海洋和陆地的多层次统筹发展、海洋产业高端化集聚以及生态建设。南海北部海洋经济协作区建设要在协调内容上实现多方面的突破，才能最终建立和完善产业结构协调机制、基础设施协调机制、空间结构协调机制、资源环境协调机制，以及各种行政关系协调等合作框架。在多方机制协调的基础上，海洋经济相关各类主体间的相互作用才能推动这些机制的有效实现，并且为海洋产业的聚集和空间布局提供良好的基础。

（三）合作手段

粤琼桂三省海洋经济协作区的建设是一个复杂的海陆交互过程，既涉及区域外协调，又涉及区域内协调。其中，最复杂的莫过于在当前的南海形势下如何通过有效的方式实现南海海洋经济从近岸浅水向远海深水发展。在粤琼桂三省区区域外，国家协调与南海海洋资源开发的总体和平环境是问题的关键。在区域内部，通过市场、行政、法律等手段，实现粤琼桂之间海洋经济发展的协调与平衡是关键。就目前而言，彻底打破行政区域界限，实现海岸带、海域和深海海洋资源在不同地区和行业间的优化配置和科学利用是保证海洋产业布局合理与协调发展，提高海洋产业整体效益的关键。

三、消除产业同构竞争，推动海洋产业区域协作

目前，我国粤琼桂三省区间的海洋产业同构现象比较严重。这种状况不仅体现在当前已经形成区域海洋产业中，而且体现在三省区近期的发展战略的同构性发展思路上。仅以海洋交通运输业为例，广东、海南、广西都将这一产业作为发展海洋经济的主导产业之一。然而，需要注意的是，目前在广东沿海、北部湾，以及海南沿海大大小小的港口已经有数十个。其中很多港口距离近、功能相同，存在着严重的无序和同质竞争状态。按照三省区海洋经济发展战略，未来这种竞争关系将会更加激烈。此外，三省区海洋化工、海洋水产品加工、滨海旅游等海洋产业也都存在一定程度的同质性无序竞争关系。

从南海北部海洋经济协作区的角度，探讨粤琼桂海洋产业布局，首要的问题就是避免产业之间的同构化、低度化问题。

（一）需从国家层面制订粤琼桂三省区区域海洋经济发展指导性政策文件，加强对海洋发展的综合战略统领

从三省区各自的资源禀赋和经济社会发展需要出发，统筹考虑各自区域内部需要发展的海洋产业，淘汰同质性竞争大的产业，或者制定相同产业之间的协作框架，实现区域间产业的协同发展。

（二）协商制定区域协调发展新措施，错位发展，培育各自的优势海洋产业

近年来，海洋新兴产业已经成为推动区域海洋经济发展中的主体力量，海洋新兴产业主要包括海洋生物育种和海水健康养殖、现代远洋渔业、海洋医药和生物制品产业、高端船舶和海洋工程装备制造业、海水淡化和综合利用业、海洋可再生能源电力业、海洋新材料制造业、海洋监测仪器设备制造业和海洋服务业。这些产业基本都以高新技术产业为基本特征。因此，粤琼桂海洋经济发展中应根据自身的优势合理选择上述海洋战略新兴产业中的一个或者几个，并通过加强相互之间的协作或者为其他省区的海洋新兴产业发展提供支撑，共同推动区域海洋新兴产业体系的形成。

（三）以科技进步为主要动力，改造传统海洋产业，提升海洋产业发展的现代化水平，推动海洋产业集群发展

相对于全国而言，我国粤琼桂三省区海洋科技力量比较薄弱，在科技人才、科技水平、科研素质等方面基本处于全国的中等水平。三省区内部，80%的海洋科研力量集中在广东。因此，在未来的协作区海洋产业改造和产业集群发展上，广东应该发挥更大的作用，以科技兴海促进粤琼桂海洋经济产业结构的逐步优化。

四、推动海洋环境联合保护，实现海洋经济的持续发展能力

目前，南海北部海域总体污染形势非常严峻。乱填海、乱围垦、乱采砂、乱倾废等现象非常普遍。有些地方甚至把污染最大的项目引到海岸上，把不符合标准的排污排到海洋里。近岸局部海域受陆源污染影响越来越大。无机氮、活性磷酸盐和石油类对水质和水体的污染非常严重。珠江口海域、汕头近岸和湛江港近岸海域基本都成为严重污染区域。不科学的用海行为与方法给海洋环境造成恶劣的影响。海洋湿地、滩涂、海湾等由海变陆现象，近岸海域海洋污染、海水水质变劣、生态环境恶化、近岸海洋资源总量减少等现象非常普遍。区域海洋经济的可持续发展是以人口、资源与环境相互协调发展为主要途径的。只有实现了生态系统、经济效益和社会公平三者之间的相互协调和发展，做到人与海在区域经济中协调发展，海陆经济良好持久互动的情况下，海洋经济的可持续发展才能够实现。为此，我国粤琼桂三省区海洋经济协作应高度重视海洋环境的保护，把资源开发、经济发展与生态保护有机地结合起来，促进区域海洋经济的协调可持续发展。

我国粤琼桂三省区海洋经济协作发展是国家南海开发的必由之路。抛开南海开发背后复杂的政治、安全环境与国际法争端等不利因素，我国粤琼桂三省区进入南海深远海进行海洋经济开发的现实基础仍然非常薄弱。这种薄弱状态一方面表现在三省区海洋经济现有基础的巨大差异上，一方面表现在三省区海洋经济彼此之间低层次、同构性竞争性上。这两方面的缺陷在相当程度上制约了中国粤琼桂海洋经济发展的动力和持久力。从目前粤琼桂三省海洋经济的状况考察，突破自身海洋经济发展的瓶颈，实现省际战略统筹，建立次

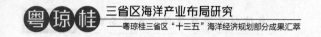

区域海洋经济整合是当务之急。只有我国首先建成了具有影响力的海洋经济协作区，才有可能通过自身的规模优势和结构优势对周边国家和地区的海洋经济发展产生影响，并衍生出相应的海洋经济结构性牵引力。

第三篇

广东海洋产业布局研究

第六章　南海综合开发背景下的广东海洋经济建设

第一节　南海综合开发背景下广东海洋经济建设的机遇与意义

一、广东海洋经济发展的机遇

（一）全球步入"海洋世纪"，"海洋圈地"风起云涌

21世纪以来，人类重新把目光聚焦到海洋，全球进入到全面开发利用海洋的时代。社会生产和生活空间逐渐向海洋推进，海洋空间利用日益多样化；海水作为巨大的液体矿，逐步进入综合开发和大规模利用阶段；许多近海区域将成为蓝色田野和牧场，海洋农牧业将成为高技术产业；海洋矿产和能源开发规模越来越大。随着《联合国海洋法公约》的生效和外大陆架的划定申请，200海里经济专属区和200海里以外大陆架外部界限催动全球临海各国掀起一场"海洋圈地"冲击波，各国由陆地上的寸土必争转向海洋上的寸海必争，全球约36%的公海变成沿海各国的专属经济区。海洋再次成为人类发展的焦点和全球的战略争夺点。

（二）我国兴起"蓝色革命"，"海洋运动"方兴未艾

我国人均耕地1亩多，后备土地资源也只有2亿亩，45种主要矿产资源的保障形势日益严峻。多种陆地资源的日渐短缺和发展空间的不断压缩迫使把眼光转向海洋，向海洋要资源、要空间、要财富。在中央引领下，海洋开发纷纷成为沿海各省（市、区）的新世纪战略工程。辽宁、山东先后提出建设"海上辽宁""海上山东"；浙江提出建设"浙江海洋经济大省"；江苏、福建、广西也加快了海洋开发步伐。沿海各省在开发海洋资源方面你追我赶，共同掀起了一场"海洋运动"。

二、南海综合开发背景下广东海洋经济建设的意义

（一）以海洋资源的勘探和开发带动海洋科技和产业的发展，推动广东产业转型升级

海洋是世界高新科技和新兴产业的重要领域。南海是我国唯一的深水海，资源极其丰富，南海资源勘探和开发可以带动我国深海技术和海洋油气、海洋工程产业的发展。海洋开发必须有近陆作为陆基支撑。福建正在构建海西经济区，侧重于对台产业合作；海南已

被定位为国际旅游岛，侧重于服务业；广西的建设重点是北部湾经济区，且工业基础较为薄弱。因此，广东是南海开发的最好陆基。广东应瞄准南海开发陆基建设，大力引进、培育、发展相关产业、科研机构和人才，把广东从"珠江时代"引向"海洋时代"。

（二）进一步加强广东与东盟的合作，促进"走出去"战略的实施

广东本土经济目前遇到了资源紧缺、劳动力短缺、环境恶化、土地空间紧缩等一系列发展瓶颈问题，"走出去，在海外再造一个广东"成为广东未来发展的重要方向，而临近的东盟地区资源丰富、市场广阔，且有大量的粤籍华人华侨，是广东"走出去"的首站。广东应大力推动企业到东盟国家投资，大力加强与东盟国家的经贸往来，大力开展与东盟国家主要港口的深度对接，在东盟合作的南宁陆线之外，于南海开辟一条东盟合作的广东海线，从而把南海建成东盟合作的经济内海。

第二节　南海开发与广东海洋经济建设的耦合性

南海的开发与广东海洋经济的发展有着密切的联系，其主要体现在区域的衔接性，即围绕南海的开发，广东、广西和海南三省根据自身的区位条件和产业基础形成新的增长极；要素的互补性，包括南海的油气资源、海水资源、空间资源等与广东的资金、技术等生产要素相互融合补充，构筑了海洋产业新体系；时间的一致性，南海的开发在时间上配合广东经济产业的优化升级、维护南海权益和大通道建设的时机，进一步拓宽和延伸广东的海洋经济发展的广度和深度。

一、区域的衔接性

广东作为经济大省，被列为全国海洋经济发展试点的地区之一，有着雄厚的资金和发达的技术，应该把发展海洋科技、金融、服务等第三产业摆在突出的位置。围绕着建设海洋经济强省对科技创新的需求，整合各类海洋科技资源，提升科技创新平台；优化"政产学研"创新体系，推进关键技术攻关与成果产业化，加快海洋科技人才引进与培养，在海洋重要领域形成一批重大关键技术和具有自主知识产权的技术成果，为优化海洋产业结构、提升海洋经济的综合实力提供强大的科技及人才支撑。其中，以万山海洋开发试验区、湛江海洋高新科技园和广州海珠区、南澳国家科技兴海示范基地等为基地，集中抓好海洋生物资源综合开发技术、海岸带区域水资源开发和保护技术、海洋工程技术、海洋能源及矿产开发技术、滨海旅游资源开发技术、海域资源和环境评估技术、海洋监测及海洋灾害预报预警技术、海洋污染防治与生态保护技术以及其他海洋高新技术的研究和开发。在广东省内以广州、深圳、珠海、汕头、湛江等沿海城市为重点，以海岸线和交通干线为纽带，逐步形成包括珠江口海洋经济区、粤东海洋经济区、粤西海洋经济区、海岛经济区在内的

临海经济带，形成综合开发新格局。各经济区要大力发展各具特色的海洋产业，形成海洋综合开发的区域化布局。

南海综合开发，除了南海国际大通道以及沿海岸带的轴线相连，离不开国家的统一指导和地方政府相互配合。而广东作为海洋经济大省，在协调管理方面必须立足长远、立足实效、放眼全局，从源头上改善海洋开发综合管理条块分割、多头管理的混乱局面和海洋管理机制滞后于海洋经济发展的被动局面。积极调整优化海洋结构，充分整合南海区域现有的海洋资源、整合各海洋主管部门的职能，加强各地级市、各部门间的协作，完善各项海洋与渔业综合管理制度，提高整体的综合服务水平，确保海洋与渔业的管理、开发科学合理、持续有序。加强对围海造田、海岛开发和大型海域使用项目的管理，坚决贯彻执行重大用海项目的公示制度。此外，要加大力度规范海域的合理、有序的使用，在海陆统筹的基础上加强海岸带综合管理、建立重大海洋灾害监测预警机制，完善海洋与渔业的危机管理及海洋生态资源的保护，使海洋经济的发展与海洋环境相协调，使经济效益、社会效益和生态效益相统一。同时要加大对海洋工作和海洋科普知识的宣传，进行政府、企业、社会三个层面的宽领域、多层次联动，建立和疏通各种海洋信息发布渠道，形成社会各界关爱海洋、保护海洋、开发海洋的良好社会氛围，调动各方面开发海洋、建设海洋的积极性。切实稳定好海洋政策环境和调控措施，运用包括经济、行政、法律等海洋综合管理手段，实现海洋资源有计划、有步骤、有节制、有序的科学利用，促进广东海洋经济产业带的又好又快发展。

二、生产要素的互补性

（一）能源——资金——经济发展

能源是人类社会进步和发展的重要物质基础，是经济发展的重要因素。在 21 世纪，能源已经成为全球性、战略性的问题。我国从 1994 年变为石油净进口国以来，目前是全球第二大石油进口国。这表明我国的能源增长不能满足国民经济发展的需求，能源消费总量明显地受到储存量约束，能源短缺与高能耗的粗放经济增长方式，以及由能源消费所带来的环保影响，成为国民经济发展的"瓶颈"，能源的稀缺性明显体现。对于广东的经济来说，作为沿海地区，陆源上的资源相对不足；作为经济发展强省，对能源是非常的渴求。而南海的石油、天然气资源非常丰富，有着"第二个波斯湾"之称。开发海洋油气资源是高风险、高投入和高技术的行业，需要雄厚的经济基础。广东省作为全国第一经济大省，为开发南海油气资源构筑坚实的经济保障。而南海资源的开发，又会进一步加速广东海洋经济的发展；如此循环，可实现广东经济持续发展。

（二）资源——技术——海洋产业

资源要实现其社会经济价值，需要具备一定的技术开发能力。而海洋资源技术开发是开发和利用海洋的核心技术，在整个海洋技术系统中具有重要的支持作用。南海富含各种资源，而海洋战略中广东的重点领域是发展海洋科技。在南海开发，有效地实现了资源、技术和海洋产业的吻合。本书以南海的生物资源与农牧化技术，南海的海水资源与海水综合利用技术，南海的油气资源与油气的勘探开采技术及港航运输四方面的例子进行展开说明。

1. 海洋农牧化技术

海洋农牧化技术是一项海洋高新技术群，它是海洋生物技术、环境工程技术、信息技术、新材料技术以及资源管理技术的集合体。发展海洋农牧化科学技术应作为战略性课题，列入国家科技发展的战略规划，其中包括优良品种选育、培养科学技术、病害防治科学技术、海水养殖和放牧技术；养殖海域生态优化科学技术、鱼群控制技术；海洋生物深加工技术；海洋医药技术等。随着海洋农牧化科学技术的提高，海洋农牧化生产将有望超过海洋捕捞渔业，成为海洋渔业的主体。目前，沿海国家纷纷确定发展海洋农牧场的战略，改变了以捕捞为主的传统产业经济发展模式，转向了以养殖为主的渔业经济发展模式，利用现代高新技术提高海洋生产力，增加海洋生物资源量。广东毗邻南海，海岸线漫长，海域辽阔，海洋农牧化的发展旺盛。20世纪90年代以来，广东的海水鱼类养殖发展迅猛，1999年海水鱼类养殖面积达4.3万公顷，海水鱼类养殖总产量18万吨，占全国海水鱼类养殖总产量的45%，年养殖增殖40多亿元，成为广东海洋经济的重要产业。

2. 海水综合利用技术

海水综合利用科学技术包括海水直接利用、海水淡化、海水化学元素提取三个方面的科学技术问题。具体可以分为工业冷却水利用科学技术，沿海城市冲洗厕所和路面等生活用水技术，海水灌溉耐盐植物技术；海水淡化技术；海水化学元素提取和深加工技术。其中，海水直接利用和淡化是广义的水利用问题，其科学技术也是水科学技术的重要领域。海水直接利用又包括工业冷却用水和大生活用水，若能利用海水来替代，就可以节约大量淡水。海水淡化是从海水中提取淡水的过程，是一项实现水资源利用的开源增量技术，能够大大增加淡水总量。随着海水淡化技术不断地提高，淡化后的水将质好、价廉，并且可以保障沿海居民饮用水和工业锅炉补水等稳定供水。海水综合利用科学技术与海岸带经济活动息息相关，技术的提高不断推动海洋产业的发展，从而产生经济效益，拉动经济的发展。广东对南海海水的综合利用主要是海水化学元素的提取，而海水中提取食盐已获得一定经济效益。广东的海盐生产有着悠久的历史，早在宋朝初年广东人就懂得制盐的技术。目前，广东海盐提取主要集中在徐闻、茂名和电白等地区。以电白为例，其濒临南海，海水资源丰富，在220千米的海岸线上，盐田分布达140千米，盐田面积2328.55公顷，原盐年均产量8万吨。随着南海开发和技术的进步，广东省对海水的综合利用水平将会进一步提高，海水综合利用业也成为广东海洋经济的支柱产业。

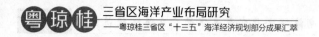

3. 海洋油气勘探与开采技术

海洋油气资源勘探开发是技术密集型产业，属于海洋科学技术中的一个重要门类。随着现代高新科技的发展，海洋油气的勘探与开采已成为世界海洋产业中最重要的部门。发展海洋油气资源勘探开发技术在今后几十年内应该是一个战略性课题，其中包括：海洋油气资源成矿规律和探矿原理、方法；海底油气资源勘探、开发的新技术、新方法以及海上油气储运技术等。根据广东海洋经济规划，广东要利用国家推进南海深海油气资源开发的契机，加快发展油气资源勘探、开发、储备和综合加工利用。加大海洋勘探开发力度，进一步完善近海石油勘探开发技术体系，加大对深水油气资源开发技术的研发力度，提高深海油气开发的技术水平，加快开采深海油气资源。支持在广州、深圳、珠海、湛江等地建设深海油气、天然气水合物资源勘探开发及装备研究、生产基地，积极推进省部合作，依托广东乃至全国深海研究力量，研究解决南海深水油气资源勘探、开采、储运、工程装备制造等领域的技术难题，为南海油气资源开发做好技术储备。依托油气开采，形成油气资源综合利用产业链。鼓励与中海油、中石油等央企合作开发南海油气资源，在广州、深圳、珠海、湛江等地建立南海油气开发的服务和后勤保障基地。启动具有高附加值的依托油气资源的大型能源项目，重点建设大型 LNG 输气、发电项目，继续建设沿海油气战略储备基地，提高油气商业储备能力。

4. 航道—港泊—海洋运输

港口是海陆经济联系最直接和密切的连接点。一个地区港口群的建设以及合理化程度是经济区发展的关键。它凭借自身庞大的货物吞吐量和客流量以及相关配套产业，聚集了巨大的资金流，为该区域的增长极提供了物质保障。南海是沟通太平洋与印度洋、连接亚洲、美洲、澳洲、欧洲、非洲的重要国际海上通道，具有重要的战略位置。在南海综合开发的建设过程中，广东省应遵循主要大港带动周围小港协作的原则，并充分考虑区域优势以及港口条件，形成"港口—临港产业—港口城市"的新格局。广东根据南海的地理区位，结合自身的交通网络体系，突破行政区划界限，整合优化港口资源，逐步形成以广州港、深圳港、湛江港、珠海港、汕头港等为主要港口，潮州港、揭阳港、汕尾港、惠州港、虎门港、中山港、江门港、阳江港、茂名港为地区性重要港口的分层次发展格局。完善广州、深圳、珠海港的现代化功能，形成与香港港口分工明确、优势互补、共同发展的珠江三角洲港口群体、与港澳地区错位发展的国际航运中心。以集装箱干线港、煤炭中转港等为重点，兼顾集装箱支线港、煤炭一次接卸港和商品汽车滚装运输的发展需要，加强港口功能结构调整。加快集装箱、煤炭、油品等大型专业化泊位建设，提升港口专业化运输能力。完善沿海主要港口集疏运系统，扩大集疏运能力。积极拓展港口的航运服务、商贸、信息、物流、金融服务、临港工业等功能，推进港城一体化建设，促进港口向现代化多功能的新一代港口转变。

三、时间的一致性

（一）广东产业转移的机遇

广东省东西两翼和粤北山区等欠发达地区经济发展乏力，与珠三角地区的差距仍有不断扩大的趋势，区域经济发展严重不协调问题日显突出。同时，珠三角地区经过长期粗放式的产业发展，土地、环境、资源、人口均已不堪重负，迫切需要调整产业结构、转变经济发展方式，加快实现转型升级。从2005年开始以珠江三角洲地区与粤东西北地区合作共建省产业转移工业园为主要抓手，大力推动产业转移工作。2008年起进一步将产业转移与劳动力转移结合起来，上升为省委省政府的"双转移"战略，在以产业转移促进产业结构调整、区域协调发展等方面进行了有益的探索。在产业的转移过程中，需要的各种要素包括资金、能源、人力、信息等。而南海综合开发则为广东产业的转移提供了巨大的支持。首先，南海的综合开发为广东产业转移注入了能量要素，可以有效弥补广东东部、北部能源缺乏的问题，增强了东部和北部地区整体承接产业转移的资源比较优势，同时可以带动其相关产业的投入；其次，开发南海，可以有效跟周边国家、地区进行沟通交流，开展贸易，扩大西北部地区输出需求。南海的开发必然涉及多个国家、地区的协调与合作，形成区域的经济增长极。这对广东经济结构优化升级将产生巨大的推动作用。

（二）维护海权

根据《联合国海洋法公约》的第123条规定，先从单一的渔业资源养护及利用的合作基础上着手，初步建立互信机制，进而扩大到海洋环保、海洋科研等领域的合作，再延伸至海底油气等非生物资源的合作，不仅能降低区域内冲突的敏感性，更有助于域内各国良性的互动，将有助于区域内和平与安定，直至南海海洋争端的最终解决。广东省毗邻南海，又是海洋强省，开发南海资源，维护我国的海洋权益是眼下重要而又迫切的历史重任。

（三）南海国际大通道

在东盟自由贸易区、南海问题国际化背景下，南海国际大通道建设是国家发展战略的必然抉择。现代化通道是水陆空并举的立体通道系统，它不仅包括各种交通运输线，而且包括机场、港站枢纽及相应的配套服务设施。"大通道"，既包括交通运输服务活动所经历的带状地区和基础设施，也包括相关产业经济活动及管理系统，是客流、货流的流经地、线路、运载工具、产业经济及管理系统的总和。国际大通道是国际资源利用与贸易的轴线，其建设应成为国家战略。从宏观着眼，微观入手，逐步建立起以雷州半岛的湛江港、海南岛的海口港、三亚港为中心港群，以左翼钦州、防城港、北海港群，右翼广州、深圳、茂名港口群为支撑港群的现代港口。由点成域，域与域相互交叉，互动发展。以邻近的省份作为海洋经济发展的腹地，重点发展海岸带经济和管理。而将沿海地区经济优势向内陆辐射的通道就是发展轴，发展轴是海岸带区域聚集的主要形式。

南海综合开发的发展轴,应该是洛湛铁路—雷州半岛—海口—三亚所形成的经济聚集带。它是海岸线与沿海岸线轴向的交通线组成的复合型经济轴,能够根据各地区的发展状况,打破地区发展的局限,密切海陆产业间的联系。沿海轴囊括了全国经济最发达的广东省、资源丰富的海南省和作为西南门户的广西,这为区域间分工与合作搭建了坚实的桥梁。同时建立以北部湾区域及南海为辐射扇面,海陆并举的立体战略体系。它具有经济、政治、军事多重作用及空间溢出效应、聚集效应,对南海问题的最终解决、北部湾区域的海陆统筹具有重要作用。南海国际大通道的建设必然会带来极大的群聚效应,给广东海洋经济的发展提供强大的推动力。

第三节　南海开发与广东海洋经济建设现状及存在的问题

一、南海开发与广东海洋经济建设现状

（一）南海石油资源开发

我国在南海主张的管辖海域有 200 多万平方千米。20 世纪 50 年代我国渔民发现南海海底有油气冒出,60 年代初期,石油、地质部门在部分海域进行油气资源普查和航空磁测概查,70 年代在大陆架进行了地球物理勘探,完成约 8 万千米地震测线的地质调查。在 3 个盆地打了近 20 口探井,其中一半见到工业油流,质量很好。1979 年后与一些外国石油公司合作完成了 8 万多千米地震测线的海洋调查,更加全面了解整个大洋架的地质构造和含油气资源状况。1982 年中法合作在北部湾东北海区打成第一口探井。探井有 6 个含油气层,其中两个层段分别日产原油 320 吨、天然气 57 000 立方米和日产原油 320 吨、天然气 7 万立方米。同年中国海洋石油总公司的组建,标志着新一轮南海油气勘探开发的启动。1986 年中海油在南海的第一个油田平台才开始搭建,1989 年,南海的第一个油田建成投产。从 1996 年至今,中海油深圳分公司（以南海海域东经 113°10′为界）的油产量已经连续 10 年突破 1000 万立方米。在南海海域的勘探开发,中海油基本上集中在浅海的北部湾海域和珠江口海域。先后与英荷壳牌公司、美国克里斯通能源公司、阿吉普、雪佛龙、德士古公司、哈斯基石油中国有限公司、台北中油公司、美国科麦奇、埃尼公司等公司合作进行上述海域不同区块的油气勘探开发。2004 年 7 月,国土资源部向中石油股份公司发放了南海海域勘探许可证,允许勘探和开采 18 个位于南海南部海域的深海区块,包括南沙群岛地区的区块。2005 年 3 月 14 日,中国海洋石油总公司与菲律宾国家石油公司、越南石油和天然气公司在菲律宾首都马尼拉正式签署在南海协议区三方联合海洋地震工作协议。根据协议,3 家石油公司将联手合作,在 3 年协议期内,收集南海协议区内定量二维和三维地震数据,并对区内现有的二维地震线进行处理,该协议合作区总面积超过 14 万平方千米。2005 年 12 月初,中海油先后与美国丹文能源公司、科麦奇公司以及加拿大赫斯基能源公司签署

了珠江口海域不同区块的深水油气开发协议。广东省濒临南海，享有开发海洋油气资源的众多便利条件。广东应充分抓住这一战略机遇期，把海洋的油气开发作为新兴海洋产业的培育重点，加速广东海洋经济的快速发展。

（二）南海生物资源开发

南海中国段按传统划法，共有 39 个渔场，渔场面积 53 万平方千米。这些渔场在历史上又可以分为几个大的区域，包括粤东近海、粤西近海、北部湾、七洲洋(海南岛东部)、西沙群岛海域、东沙群岛海域、南沙群岛海域。南海主要的渔场分布在北部湾渔场、万山群岛渔场、西沙群岛渔场、阳江外海渔场、揭阳外海渔场、汕尾和惠州外海渔场、南沙群岛渔场等。南海中国段沿岸地区已形成了浅海与深海结合的渔业生产结构。在此基础上，形成了三个层次的作业海区：水深 40 米以内的沿岸浅海区；水深 40～90 米的近海区；水深 90～200 米的外海区。中国在南海的主要作业渔场在南海北部近海区域，捕捞产量占南海北部捕捞总产量的 70%以上。中国在南海北部渔业发展情况，20 世纪 50 年代平均渔获量 31.1 万吨，60 年代平均渔获量 40 万吨，70 年代平均渔获量 47.6 万吨，80 年代平均渔获量 120 多万吨，90 年代平均渔获量 300 多万吨。南海区域的渔业资源利用程度，从总体上看，渔业总捕捞量已超过了最大可捕量。当然，不同的海区情况有所不同：沿岸浅海区即水深 40 米以内的区域，基础生产力高，资源丰富，但这一海域的资源已严重衰退；水深 100 米至 200 米的近海区，比沿岸浅海区高一些，说明其资源状况也好一些。200 米水深以外的外海，资源利用程度还比较低，至今尚未得到很好的利用，还有一定的开发利用潜力。随着海洋捕捞强度增加，南海渔业资源衰减，中国南海沿岸省区海洋水产业逐步由海洋捕捞转向海水养殖，从而海水养殖业获得了大的发展。近年来，中国南海沿岸地区坚持渔业增效、渔民增收，以渔业结构调整为重点，以科技进步、机制创新为动力，以渔业产业化为载体，突出提高产品质量，大力实施海水（海珍品）养殖、名特优新品种养殖、湾堤养殖升级和加工增值等工程，水产养殖开发持续高涨，新建内陆鱼虾池，新增海水养殖面积，出台了扶持水产养殖业发展的有关政策，进一步加快渔业经济发展。主要海洋产业在全国居举足轻重的位置，其中海洋水产业排全国第一位。海洋产业增加值平均递增 20%以上，快于同期 GDP 增长 4～6 个百分点。

（三）南海空间资源开发

随着人口的膨胀、陆地资源与空间的枯竭，约占地球 71%的海洋对于人类社会的发展来说，既是一个巨大的资源宝库，同样也是一个巨大的空间宝库。人类社会的触角将向海面和海底发展，加强对海洋空间的利用，"海上城市""海上机场""海底村庄"等也就应运而生。海洋空间资源开发是一项高投资、高技术难度、高风险的工程，而海洋资源性资产是发展海洋事业的物质基础，海洋空间资源性资产是海洋资源性资产的重要组成部分，但在长期的使用与开发中，海洋空间资源性资产存在很严重的流失。海洋空间中含有生物资源、滩涂资源、海水资源、矿产资源等，可以说海洋空间是其他海洋资源资产的载体，其他海洋资源资产的存在都要与空间资源资产有交叉，对其他资源资产的开发利用也必然会影响空间资源资产，同时受到空间资产影响。海洋空间资源同时具有自然特性和人文特性，海洋空间资源按其利用目的和使用的用途，可以划分为：海洋生产空间资源，如海水养殖、海上火力发电厂、海水淡化厂、海上石油冶炼厂等。海上生产项目建设的优点是可大大节约土地，空间利用代价低，交通运输便利，运费低，能免除道路等基础设施建设费用；冷却水充足，取排方便，价格低廉，可免除污染危害。缺点是基础投资较大，技术难度高，风险大。海洋贮藏空间资源，如海上或海底贮油库、海底货场、海底仓库、海洋废物处理场等，利用海洋建设仓储设施，具有安全性高、隐蔽性好、交通便利、节约土地等优点。

1. 海洋通道空间资源

主要是借助海洋交通运输设施和海洋通信电力输送设施，如港口和系泊设施、海上机场、海底管道、海底隧道、海底电缆、跨海桥梁等。海底隧道也是陆地铁路交通的重要组成部分，为了克服水面轮渡费时和易受天气影响的缺点，加强海峡、海湾之间的交通和联络，纷纷兴建了海底隧道。美国纽约的曼哈顿岛和长岛、新泽西州之间，开挖了 5 条海底隧道；荷兰的鹿特丹先后修建了 3 条海底隧道；香港的港岛和九龙之间修建了一条长 1400 米的海底隧道；英吉利海峡海底隧道全长约 50 千米；日本的青函海底隧道，全长约 54 千米，是最长的海底隧道。日本 1975 年建造世界上最早的海上机场——长崎海上机场，中国的珠海机场也是填海兴建的，上海浦东国际新机场也将建在海边滩涂上。利用海底空间铺设电缆已有 100 多年的历史。在传统海底电缆的生产、铺设和维修的技术基础上，海底光缆应运而生。1988 年世界上第一条横跨大西洋，连接北美洲与欧洲的海底光缆投入使用。

2. 海洋文化娱乐设施空间资源

海洋文化娱乐设施空间资源如海上宾馆、海中公园、海底观光站及海上城市等。随着现代旅游业的兴起，各沿海国家和地区纷纷重视开发海洋空间的旅游和娱乐功能，利用海底、海中、海面进行娱乐和知识相结合的旅游中心综合开发建设。如日本东京附近的海底封闭公园，游人可直接观赏海下的奇妙世界。美国利用海岸、海岛开发了集游览和自然保护为一体的保护区公园。21 世纪的临海国家纷纷发展填筑式、浮体式海上人工岛或海上城市。日本已经建成了一座神户人工岛的海上城市，还提出了建设"海上东京城"，要将城市居住区与城市管理和商业区布置在东京湾上，以桥梁相连，这样既保留了海湾的航行能力，又充分利用了海上空间。

3. 海洋军事基地战略空间资源

如海底导弹基地、海底潜艇基地、海底兵工厂、水下武器试验场、水下指挥控制中心等。

纵观国内外海洋空间资源开发利用现状，伴随着科学技术的突飞猛进，结合人类未来发展需要，海洋空间资源开发利用将呈现以下几个发展趋势。

（1）快速化趋势。随着陆域资源的消耗，向海洋要资源、要空间成为必然选择。这使得海洋空间资源开发与利用的深度及广度都不断加深和拓展，而开发速度也在不断加快。

（2）立体化趋势。海洋空间开发将呈现海上、海面、海底多层立体开发态势。

（3）一体化趋势。海洋空间资源与沿海陆地将呈现一体化开发态势，促进海陆共同开发，协同发展。

（4）多元化趋势。海洋空间资源开发与利用将呈现投资多元化态势，特别是一些重大工程，将会采取国家、集体、民营、外资、社会资本等多元投融资方式。

（5）国际化趋势。在海洋空间资源开发利用过程中国家与国家之间，将呈现出合作开发，互利共赢的态势。

（6）人本化趋势。海洋空间资源开发，将会突出以人为本，注重开发与保护并举，促进人与自然的和谐发展。

二、广东在海洋经济建设中存在的主要问题

（一）海洋产业结构有待优化

海洋产业结构需进一步调整优化，高科技和附加值高的战略性新兴海洋产业的发展不突出。海洋交通运输业、海洋船舶工业等传统海洋产业在海洋产业体系中居主导地位，而海洋生物医药、海洋能源开发等新兴海洋产业比重较低，尚未形成规模优势，海洋经济整体质量和水平不高。尤其是广东省的海洋科技进步与海洋产业发展不协调，海洋科技进步贡献率尚低。海洋科技创新能力比较弱，具有自主知识产权的关键技术少，海洋精密仪器仍然依赖进口。深海资源勘探和环境观测方面，技术装备仍然比较落后，科技投入相对不足，体制机制还存在不少弊端。

（二）新兴海洋产业发展的基础相对薄弱

新兴海洋产业，如海洋生物技术、海洋船舶和海洋工程装备等产业是综合性较强的配套产业，需要提供原材料、配套产品、运输系统、石化产业等众多基础配套产业。海洋工业生产技术设备落后，企业资源综合利用率低、产品质量水平差、成本高，影响了海洋高新技术成果的产业和商品化。当前，从广东海洋产业的发展态势来看，与战略性新兴海洋产业配套要求仍有距离，基础设施建设投入仍然不足，相关配套产业链条需要加强。

（三）海洋经济发展战略滞后

广东海洋经济发展战略滞后，方式粗放，难以适应全球经济发展趋势和"南海开发"

的要求。广东目前在海洋资源的开发利用，海洋产业发展，海洋环境保护等方面还存在很大差距，海洋经济的发展与海洋大省的地位不相称，长期"重陆轻海"的思维导致海洋经济发展战略长期滞后。海洋经济发展方式粗放，部分海域开发秩序混乱，海域使用矛盾突出，海洋生态恶化的势头尚未遏止，珠江口海域是全国海域污染较为严重的地区之一。海洋产业结构不合理，重构严重，缺乏规模企业。港区港口虽多，但没有形成规模效益。落后的发展方式和日益紧迫的发展环境，迫使广东必须加快海洋发展政策的转变，否则将难以对接上"南海开发"。

三、加快南海开发与广东海洋经济建设的对策建议

（一）建设全国海洋科技创新和成果高效转化集聚区

1. 精耕南海，须科技先行

放眼全球，沿海各国已将发展海洋科技纳入海洋产业发展的关键战略。美国、英国、加拿大、日本等海洋强国，不断加快调整海洋产业政策，加大海洋科研产业化投入。海洋领域内的竞争，归根到底是科技的竞争，科技创新和科技转化是"蓝色经济"新动力，科教兴海已成为世界各地区实现蓝色经济发展的核心战略。

2. 建设全国海洋科技创新和成果高效转化集聚区

加快海洋创新平台建设，完善海洋技术创新体系，促进海洋科技成果转化，聚集培育海洋科技人才，提高海洋自主创新能力。蓝色经济是一个立体的产业集群，需要多产业、多学科、多领域通力打造的新兴经济群。在挺进海洋、深耕南海的征程中，科技的触角已经渗透到了每个项目、每一个产业和每一个角落，带动着海洋新能源、海洋先进装备制造、海洋生物制药等战略性新兴产业向自主化、规模化、品牌化、高端化迈进。要实现科技兴海，首先要为科技创新找到一个有效的创新平台。创新平台是海洋科技创新体系的重要基础设施，是增强新兴海洋产业自主创新能力的条件和保障，也是广东打造海洋经济国际核心区，发展蓝色经济的必由之路。因此，广东必须加快构建政产学研、工科贸相结合的海洋高技术产业系列创新平台，推动建立海洋科技创新联盟，加强海洋科技重点攻关。创新平台建设可以为广东的海洋经济建设提供和储备一批高"含金量"的科技成果。系列科研平台的建设，会极大地推进全省海洋高技术创新和产业化，带动相关产业的发展，成为广东沿海各区域实施海陆统筹、联动发展的主导力量。

3. 加快海洋科技创新成果的转化，创新海洋科技成果转化机制

广东应打造一批海洋新兴产业研发孵化和产业化基地，将海洋科技优势转化为市场竞争优势。加大政府财政投入和科技扶持力度，改善海洋高科技企业发展政策环境，促进海洋企业提升自主创新能力。深化海洋科技创新和成果转化体制改革，整合优势科技资源，

加快重大科技兴海项目攻关和科技成果转化。要坚持"加快转化、引导产业、支撑经济、协调发展"的指导方针，紧紧抓住科技成果转化和产业化的主线，尽快将海洋科技成果转化为现实生产力。吸引更多的国家级创新平台落户南海综合开发区，构建完备的海洋科技创新平台体系。完善国际交流合作，进一步加强与沿海发达国家的海洋科技交流合作。加大海洋高端人才引进与培育，加快建设海外留学人员创业园区、科技孵化园区和引智示范区等人才创新基地，打造集教育培训、科研开发、技术孵化、产业发展于一体的海洋投资者创新基地。积极推进海洋信息化建设，推进"数字海洋"，为海洋安全、经济、科研、网络、综合、虚拟的应用提供服务，大力优化自主创新和产业发展环境，为科技人才提供海洋科技成果中试基地、公共转化平台和成果转化基地的建设。

4. 加大对海洋高新技术产业化专项资金的支持力度

组织实施一批高技术产业化示范工程，促进海洋高技术产业在广州、深圳、珠海、中山等地集聚发展，择优建设海洋产业国家高技术产业基地。将广东建设成为具有国际竞争力的海洋科技人才高地、海洋科技创新中心、海洋高技术产业基地和成果高效转化基地。

（二）坚持生态环境保护与海洋资源开发并重

1. 实施"和谐海洋"战略

坚持海洋开发与保护同步，是南海开发和广东海洋经济发展的重要原则。广东海洋经济发展要与环境、民生等有机结合，建立海洋监督管理机制，健全海岸带管理、污染物排放控制、海洋灾害防范防治和统一联合执法监督机制，以及海岸带经济发展和海洋环境资源信息管理系统，有效保护并逐步改善海洋环境，维护良好生态系统，建设海洋民生工程，不断提高海洋生态环境服务功能，完善海洋主体功能区划，努力恢复近海海洋生态功能，实现经济、社会、环境的可持续和谐发展。

2. 实施海洋经济与社会、生态、环境、文化之间的有机协调

南海综合开发要以生态海洋、和谐海洋为目标，坚持"生态立区、绿色发展"，使海洋资源开发与海洋生态环境保护并重，坚持生态目标与经济目标的统一，统筹规划与突出重点的统一，走出"先污染、后治理"的恶性怪圈，建立海洋环境保护的长效机制，提升海洋资源与环境承载力，实现科学开发与永续利用的有机结合。

3. 健全海洋监督管理机制

建立健全海岸带管理、污染物排放控制、海洋灾害防范防治和统一联合执法监督机制以及海岸带经济发展和海洋环境资源信息管理系统等。有效保护并逐步改善海洋环境，维护良好生态系统，建设海洋民生工程，不断提高海洋生态环境服务功能。完善南海综合开发试验区海洋主体功能区划，提高海洋和海岸带生态系统保护水平，提高广东海洋经济可持续发展能力。

（三）坚持陆海联动，优化海洋资源和生态系统

1. 统筹海陆分工与协作，坚持错位发展，构建海陆生态协调、海陆产业结构优化升级的支撑体系

海陆产业具有较强的技术经济依赖性和相关性，从资源条件看，广东海洋资源总量、海洋经济产值及沿海产业基础设施为发展南海海洋经济区提供了明显的比较优势。对资源的掠夺式开发势必削弱新兴海洋产业的竞争力。为此，广东应加快建立完善海洋环境和海洋灾害监测及预警预报系统，严格控制主要入海污染物排放总量和排放标准。

2. 促进海洋资源综合利用和生态平衡发展，构建蓝色生态新屏障

通过海洋生态保护和修复提高海洋经济可持续发展能力，如发展绿色海洋船舶工程，加快节能减排，利用海洋生物工程技术对海域进行生态修复和海洋生物资源养护、发展深蓝渔业、碳汇渔业等等。推出一系列引导性、优惠性政策，引导投资流向污染少、效益高的高新技术产业和服务业，促进新兴海洋产业向集约化和规模化发展。

3. 实施以产业互动为基础的海陆统筹，实现海陆资源互补，打造海陆一体化的产业资源联动平台

通过发展低碳经济、循环经济、绿色经济，促进海洋产业系统的优化。积极培育海洋环保、海洋新能源等战略性新兴产业。加大政策扶持力度和资金投入，支持海洋环保、海洋新能源等领域的创新开发和重大产业化项目，创造良好的产业发展环境，使之成为海洋经济发展的亮点。

（四）建设南海战略资源保护开发和权益维护的重要保障基地

1. 通过南海综合开发，构建我国重要的海洋权益维护基地

南海位居太平洋和印度洋之间的航运要冲，南海的制海权控制了整个东亚的经济命脉，其经济意义和战略意义至关重要。广东成为南海综合开发与海洋权益维护基地，既是广东发展海洋经济的需要，也是广东全方位对接国家南海开放战略，为承担国家南海开发战略任务，发挥国家南海开发的物资供应和补给基地、研发和后勤保障基地、资源综合利用和加工基地，产品的推广营销基地，资金筹措和技术人才储备基地等的需要。将广东建设成为我国南海战略资源保护、开发和权益维护的一个重要保障基地，有利于国家南海开发战略的实施。

2. 鼓励和重点培育若干个辐射带动能力强、创汇水平高的渔业龙头企业

在粤中、粤西、粤东三大沿海区域内建成一批现代化的远海远洋捕捞船队和南海远海远洋渔业生产基地。充分考虑南海周边政治、外交和经济形势，以及国家对待南海问题上的政策和广东沿海各市区目前的经济、科技实力，按照由近及远原则，进行阶梯式开发和利用南海资源，为实现蓝色经济腾飞提供资源基础。

3. 逐步形成较为完整的、有较强竞争力的现代海洋产业体系，以及粤东、粤中、粤西三大海洋经济区

作为全国海洋大省，广东应按照立足当前、着眼长远、超前布局、制胜未来的要求，改变长期存在的发展模式单一、资源利用不够集约，以及新兴产业发展乏力等诸多不足，适应全球发展趋势和南海开发要求，围绕南海资源和国家南海发展战略打造海洋新能源、海洋先进装备制造、海洋生物制药等科技含量高、带动能力强的临海、涉海、海洋产业集群。依托南海开发和广州、深圳、湛江等重要港口、航道和市场优势，以南海为中心构筑全球化的海洋运输网络体系。

4. 抓住中国——东盟自由贸易区建成的历史机遇，加强与东盟各国的经贸往来

随着北部湾经济区的兴起，在国家南海方针政策的框架下，采取多种形式参与南海开发。积极开展与周边国家、地区的合作。立足珠三角的经济优势和毗邻港澳的优势区位，构建珠三角地区与东盟各国合作的海上通道，把南海建成广东与东盟合作的"经济内海"。

第七章 "一带一路"视角下的广东海洋产业发展

发展海洋经济是发达经济体的经验，也是我国适应和引领经济新常态的必然选择，以及实施"一带一路"这一"走出去、引进来"战略的具体措施。广东作为沿海大省之一，归属于南海区域，地理位置优越，海洋经济发展一直处于前列，而海洋产业则是广东海洋经济的主要来源，因此，要想在未来海洋经济发展中抢占制高点，关键是需要对海洋产业进行合理的安排和布局。

第一节 广东海洋经济发展的时代背景

一、广东海洋经济发展的国际背景

2001 年，联合国正式文件中首次提出了"21 世纪是海洋世纪"，海洋是人类存在与发展的资源宝库和最后空间。随着社会经济的高速增长，陆域资源、能源和空间的压力与日俱增，人类已将社会经济发展的视野逐渐转向资源丰富、地域广袤的海洋世界，未来海洋必将成为社会经济活动的主战场之一。据统计资料显示，20 世纪 50 年代以来，世界海洋经济快速增长，各海洋产业发展迅速。20 世纪 70 年代初，世界海洋产业总产值约 1100 亿美元，1980 年增至 3400 亿美元，1990 年达到 6700 亿美元。21 世纪世界的海洋经济以更高的速度发展，2002 年已达到 13 000 亿美元，占世界经济总量的 4%。因此，世界沿海各国和地区都高度重视发展海洋经济并相应加大了海洋开发和管理的力度，纷纷把建设海洋强国作为国家和地区的长期发展战略。

20 世纪 60 年代以来，许多西方国家便把目光投向海洋，海洋开发战略的重要性逐步被沿海国家提上议事日程。1960 年法国总统戴高乐首先在议会上提出"向海洋进军"的口号。1961 年美国总统肯尼迪向国会提出"美国必须开发海洋"，要"开辟一个支持海洋学的新纪元"。尔后，不少国家在反复研究的基础上纷纷推出了海洋开发战略。世纪之交，海洋开发战略又成为各国的热点。

（一）美国

美国 1999 年提出"21 世纪海洋发展战略"。从沿海旅游、沿海社区、水产养殖、生物工程、近海石油与天然气、海洋探求、海洋观测、海洋研究等 11 个方面制定未来发展的重点。核心原则是维持海洋经济利益、加强全球规模的安全保障、保护海洋资源和实行海洋探求四个方面。2000 年美国颁布《海洋法令》,2004 年发布《21 世纪海洋蓝图——关于美国海洋政策的报告》及《美国海洋行动计划》。

（二）日本

日本是最早制定海洋经济发展战略的国家之一。1961 年,日本成立海洋科学技术审议会并提出了发展海洋科学技术的指导计划。在 20 世纪 70 年代中期又提出海洋开发的基本设想和战略方针。早在 1980 年,日本海洋产值占国民生产总值的比重就达到了 10.6%。他们一直把加速海洋产业的发展,作为国家的战略方向,"期待海洋这一无限的空间所具有的矿物、生物、能源、空间等资源的开发利用,能够维持日本的社会经济需求。2007 年,日本国会通过《海洋基本法》,设立首相直接领导的海洋政策本部及海洋政策担当大臣。"

（三）加拿大

加拿大在 1997 年颁布《海洋法》,2002 年出台《加拿大海洋战略》,2005 年颁布《加拿大海洋行动计划》。加拿大海洋战略确定了三个原则和四个紧急目标。三个原则是:可持续开发;综合管理;预防的措施。四个紧急目标为:现行的各种各样的海洋管理方法改为相互配合的综合的管理方法;促进海洋管理和研究机构相互协作,加强各机构的责任性和运营能力;保护好海洋的环境,最大限度地利用海洋经济的潜能,确保海洋的可持续开发;力争使加拿大在海洋管理和海洋环境保护方面处于世界领先地位。为了实现国家的海洋战略目标,政府和有关各方制定了具体措施。这些措施包括加深对海洋的研究;保护海洋生物的多样性;加强对海洋环境的保护;加强海运和海事安全;加强对海洋的综合规划;振兴海洋产业;加强对公众,特别是青少年的教育,增强全社会的海洋保护意识观念。在海洋研究方面,加拿大政府在 2003 年拨款近 8 亿加元的海洋科技开发经费,制定了海洋资源和海洋空间的定义,广泛收集海洋资料,保护资源开发和海底矿物资源,加强了海洋科学和技术专家队伍建设等。

（四）澳大利亚

澳大利亚 1999 年成立国家海洋办公室,负责制定国家和地区的海洋计划,提出要使海洋产业成为有国际竞争力的大产业,同时保持海洋生态的可持续性。并确定海洋生物工程、替代能源开发、海底矿物资源开发等为海洋经济急需发展的产业。提出改良所有渔业的加工技术,增加产品的附加值。同时在海洋油气开发、造船、观光等方面提出具体的发展措施。

（五）韩国

韩国 1996 年组建海洋水产部,统管除海上缉私外的全部海洋事务,2000 年颁布韩国海洋开发战略《海洋政策——海洋韩国 21》,目标是使韩国成为 21 世纪世界一流的海洋强国。确定韩国海洋经济发展战略是实现"世界化、未来化、实用化、地方化"四化。具体目标是:创造尖端海洋产业;创造海洋文化空间;将韩国在世界海洋市场的占有率从目前的 2%提升到 4%；成为世界第 5 位的全球海洋储运强国；成为海洋水产大国；具有实用化技术的海洋强国；成为人类与海洋系生态共存的典型海洋国家。

（六）欧盟

欧盟为保持现有的经济实力，并为在高技术领域内增强与美、日等发达国家的竞争力，制定了尤里卡计划。尤里卡海洋计划（EUROMAR）的原则之一：加强企业界和科技界在开发海洋仪器和方法中的作用，提高欧洲海洋工业的生产能力和在世界市场上的竞争能力。已启动的和已完成的项目中的海洋环境遥控测量综合探测（MERMAID）和实验性海洋环境监视和信息系统（SEAWATCH）已向中国推销，SEAWATCH 在世界市场海洋仪器设备产品中已得到数千万美元的经济效益。尤里卡海洋计划的第二期海洋科学技术的海洋技术项目中的水声应用部分主要有：水下图像传输技术、长距离声通信技术、用声学技术研究沉积物的现场特性，用 SAR 和回声测深仪研究浅海水下地形的动态特征并开发海底地形测绘技术等既先进又实用的技术。2005 年欧盟委员会通过《综合性海洋政策》及《第一阶段海洋行动计划》。此外，英国公布了"海洋开发推进计划"，并将颁布《海洋法令》。法国制定了海洋科技"1991—1995 年战略计划"，2005 年成立海洋高层专家委员会，专责制定国家海洋政策。

二、广东海洋经济发展的国内背景

中国濒临太平洋西岸，这片面积达 300 多万平方千米的"蓝色国土"是中华民族实施可持续发展的重要战略资源。我国海洋经济发展国内背景主要有两方面。

（一）从国家机构的设立和相关政策文件的出台方面来看

我国历来十分重视海洋经济的发展。1982 年中国投票支持通过《联合国海洋法公约》。1991 年中国召开首次全国海洋工作会议，并由国家海洋局和国家计委发布《20 世纪 90 年代中国海洋政策和工作纲要》。1995 年国务院批准、国家计委、国家科委和国家海洋局联合发布中国第一部《全国海洋开发规划》。1996 年全国人大常委会批准《联合国海洋法公约》。1996 年国家海洋局发布《中国海洋 21 世纪议程》及其行动计划。1998 年国务院新闻办公室发布白皮书《中国海洋事业的发展》。1999 年国家海洋局发布《中国海洋政策》。2001年全国人大常委会颁布《中华人民共和国海域使用管理法》。2002 年国务院批准发布实施《全国海洋功能区划》。2003 年国务院印发《全国海洋经济发展规划纲要》。党的十七大对发展海洋产业作出了重要部署。沿海各省、区、市按照党中央、国务院的部署，加快发展海洋经济。辽宁制定"沿海地区发展规划"，福建加快建设"海峡西岸经济区"，广西积极推动"环北部湾经济区"开发，海南全力建设"国际旅游岛"，河北精心打造曹妃甸工业园区，天津大力发展滨海新区，山东按照时任总书记胡锦涛的要求，加快建设"蓝色半岛经济区"。2008 年国务院批准发布《全国海洋事业发展规划纲要》。

（二）从我国海洋经济产值方面来看

海洋经济产值呈现逐年上升的趋势，甚至出现成倍增长的局面。改革开放以来，我国海洋经济发展速度超前于整个国民经济发展速度。1979 年海洋经济总产值为 64 亿元，1994 年达到了 1400 亿元，1996 年猛增至 2800 余亿元，两年间翻了一番，占国内生产总值的 4% 左右。两年后的 1998 年增至 3270 亿元，1999 年又增至 3651 亿元。20 年来海洋经济总产值增加了 57 倍。尤其是进入 20 世纪 90 年代后，伴随着高科技的进步，海洋经济作为中国经济的一部分迅速发展。"九五"期间海洋经济增长速度保持在 11%~13%，高于国民经济平均发展速度。2000 年海洋经济总产值突破了 4000 亿元大关，约占国内生产总值的 4.5%；海洋产业增加值达到 2297 亿元，占全国 GDP 的 2.6%。2001 年海洋经济总产值达到 7233 亿元，增加值占全国 GDP 的 3.4%。2005 年海洋经济总产值达到 9000 亿元，比 2004 年的 12 841 亿元大幅增长约 1.5 倍，占国内生产总值的 9.53%，比 2004 年的 3.9%大幅提高 5.63 个百分点。2010 年达到 14 000 亿元左右，2020 年占当年国内生产总值的 10%，真正成为国民经济新的增长点。可见，海洋经济是中国经济不可缺少的一个组成部分。

第二节 海陆统筹构建广东现代海洋产业体系

一、海陆一体化的内涵

所谓海陆一体化是指根据海、陆两个地理单元的内在联系，运用系统论和协同论的思想，通过统一规划、联动开发、产业链的组接和综合管理，把本来相对孤立的海陆系统，整合为一个新的统一整体，实现海陆资源的更有效配置。海陆一体化包含的内容很多，诸如海陆资源开发一体化、海陆产业发展一体化、海陆环境治理一体化和海陆开发管理体制一体化等。从资源开发角度，海陆一体化是对海陆资源的系统集成，把海洋资源优势由海域向陆域转移和扩展；从产业发展角度，海陆一体化是陆域产业向海域转移和延伸，具体体现为临海产业的发展；从环境保护角度，海陆一体化是实现陆海污染联动治理，严格控制和治理陆源污染，加强海洋环境保护和生态建设；从更广阔的社会经济视角看，其内涵可以拓展到海陆区域的一体化整合，不仅包括海陆资源、空间和经济之间的整合，也包括海陆文化、社会和管理之间的协调与整合。海陆一体化，要求人们从海陆互动的视角认识开发海洋的重要性，突破按海洋自然规律或海洋经济规律办事的局限，扩展到统筹人与海洋的和谐发展，统筹海洋与社会的和谐发展，统筹海域与陆域的发展，将海洋发展纳入整个经济计划系统，发挥海洋在整个经济和资源平衡中的作用。

二、广东海洋产业发展现状、总体评价与存在的问题

(一)广东海洋产业发展现状

广东具有全国最长的海岸线,其海洋国土面积差不多是陆地面积的 2.5 倍,不仅具有发展海洋经济的资源优势,而且具有优越的区位优势。改革开放以来,依托资源优势,广东省海洋产业得到快速发展,海洋经济发展速度超过了国民经济发展速度。自提出"建设海洋经济强省"战略目标以来,广东以提高海洋经济竞争力和现代化水平为核心,实施科教兴海、外向带动、区域协调和可持续发展战略,建立完善海洋基础设施、科技创新与技术推广、海洋资源环境保护、海洋综合管理和水产品质量安全管理等五大体系,不断加快发展海洋经济产业。逐渐形成了以海洋渔业、滨海旅游、海洋油气和海洋交通运输为主体,海洋船舶制造、海洋电力与海水利用、海洋生物制药等产业全面发展的新格局。海洋渔业、滨海旅游业、海洋油气业、海洋交通运输业四大海洋支柱产业继续保持国内领先水平。

(二)广东海洋产业发展总体评价

广东海洋产业虽在生产总值上连续 20 年居于全国之首,且以海洋渔业、海洋油气业、滨海旅游业、海洋交通运输业为主体的海洋产业近些年来发展迅猛,但由于起步较晚,受到海洋开发技术水平的限制,海洋产业在发展过程中依然存在着诸多问题与不足之处。以下为广东海洋产业总体存在的问题。

1. 海洋产业综合发展水平不高

从总体来看,海洋开发的质量和水平还不高,海洋产业增加值占全省国内生产总值的比例较低,海洋产业仍处在传统、粗放型海洋开发为主的初级阶段,海洋高新技术产业发展缓慢,缺乏海洋产业的名牌产品和龙头企业。

2. 海洋产业发展不平衡

从产业结构上来看,三次产业结构虽然逐渐优化,但是与发达国家相比,产业结构依然不尽合理。广东"十二五"期末的海洋三次产业结构比例为 1.6∶40.9∶51.5,较同期全国海洋三次产业结构 5.4∶45.1∶49.5 有所改善,而世界的平均比例为 3∶7∶10,美国则为 1.0∶2.46∶3.44。由此可见,广东海洋三次产业结构与国外发达国家海洋产业结构还存在较大差距。

3. 海洋产业技术水平不高

海洋产业主要为资源依赖型产业,且技术含量相对较低。传统产业在广东省海洋产业中占有比较重要的地位,但产业的技术构成较为落后,由于受渔船技术水平的限制,海洋捕捞绝大部分为近海作业,从事外海及远洋捕捞的能力明显较弱。海洋交通运输方面,大

型集装箱运输港口较少，港口的自动化、机械化水平总体不高，部分港口虽然发展迅速，但仍不能满足国民经济发展需求。未来产业中的海水综合利用技术、海洋能利用技术、深海油矿开采技术虽然有所发展，但仍处于起步阶段，且发展速度缓慢。

4. 海洋科学研究基础薄弱

尽管广东海洋科研教学单位密集，然而由于缺乏有效的组织协调和合作机制，造成省内海洋科研力量及有限的科研经费分散，科研分工不合理，许多研究工作长期停留在较低水平的重复劳动，大大影响了海洋产业发展的后劲。

5. 产业发展过程中环境问题突出

随着经济的快速发展，资源的快速消耗，广东省所辖海域尤其是重要河口区，由于毗邻陆域经济的快速发展，陆源污染物大量排放，致使海域污染日益严重，生态环境不断恶化，渔业资源日渐枯竭，生物多样性锐减，海域功能明显下降，资源再生和可持续发展利用能力不断减退。另外，风暴潮、咸潮、赤潮、溢油等灾害、事故频繁发生，严重影响海洋产业的可持续发展。

6. 海洋产业发展的社会支撑体系有待完善

广东省海洋综合管理能力与海洋经济发展的速度相比，仍处于滞后状态，尚缺乏细致的海洋开发总体战略规划，海洋产业发展的融资机制、政策法规体系相对单一落后，推动海洋产业发展的海洋科技创新体制尚未形成，海洋科技研发仍处于分散状态，缺乏统筹管理，研究成果的推广利用价值不大。海上的监测、监视、预报、警报和应急、救助等保障体系尚不健全，防灾、减灾能力较低。

（三）广东海洋产业存在的问题

1. 海洋第一产业发展存在的问题

海洋第一产业通常指海洋渔业，即包括了海洋捕捞业和海水养殖业两部分。海洋渔业一直是广东海洋产业的主导产业，产值位居全国第二，随着养殖、捕捞结构合理的现代渔业产业体系的构建，海洋渔业仍然能够在海洋产业中继续保持优势。目前广东海洋渔业存在的主要问题包括：首先，海洋第一产业仍占据较大的比重，传统的海洋捕捞业经过长期发展，在技术进步的推动下，捕捞的范围不断扩大，捕捞的对象不断增多，海洋捕捞的产量趋近巅峰，有些品种已经达到甚至超过了海洋资源再生的生产极限。在某些海域，个别海洋生物物种开始衰退与枯竭。其次，海水养殖总体生产水平较高，价格具有竞争优势，一些特色优势资源品种具有较强的竞争力，但问题依然突出，主要表现在：海水养殖结构与布局不够合理。由于养殖对虾、扇贝等优质品种见效快、效益高，近年来海水养殖发展很快，而这些养殖品种又大多集中在内湾近岸，如港湾利用率高达90%以上，导致内湾近岸水域养殖资源开发过度；海水养殖开发与保护的管理法规不健全、不完善，有些难以适应市场经济发展的要求，经常出现无法可依或有法难依的局面；海水养殖业尚未实现"清洁生产"。目前，海水养殖主要是在海洋污染最严重的场所河口和近岸海域进行，影响生物的正常发育，导致病害；渔业生产技术尤其是病害防治技术的滞后已经成为制约广东乃至全国渔业生产的主要因素，由于养殖密度过大、种质退化、科研力度不够等诸多原因，致使全省各地的海水养殖病害严重。由于传统的生产体制使渔业技术进步受到技术需求不足与技术供给不足的双重约束，最终导致渔业生产技术滞后。再次，现在海洋捕捞渔业和海洋养殖劳动力占据整个海洋渔业从业人员的 60%左右，说明人们的就业观念还没转变，海洋渔业小船多，技术设备落后，人力资源集中从事海洋捕捞业造成了渔业资源的枯竭和捕捞效益的低下，同时造成了资金投入的重复和生产力的极大浪费，第一产业结构严重失衡的同时，也影响了海洋第二和第三产业的发展。加之近海渔业水域污染较为严重，水域生态环境日益恶化，渔业资源和渔业生产受到了破坏，因此，恢复海洋环境、保护和繁育海洋生物资源正越来越成为海洋水产业不可或缺的基本环节。提供海洋垂钓、采捕等海洋旅游休闲服务也已成为产业升级提档的重要发展方向。

2. 海洋第二产业发展存在的问题

根据《中国海洋 21 世纪议程》，海洋第二产业以对海洋资源的加工和再加工为特征，主要包括海洋盐业、海洋盐化工业、海洋药物和食品工业、海洋油气业、滨海矿砂业、船舶与海洋机械制造、海水直接利用等工业部门。广东海洋第二产业中是以水产品加工业和海洋油气业为主导，海洋船舶制造、海洋电力与海水利用、海洋生物制药等产业全面发展的格局。广东海洋第二产业目前面临的主要问题包括：在水产品加工业方面，水产品加工业总体较弱，与发达国家和地区的水产品加工率的 70%相比，广东只有 20%~30%，可以看出还存在明显差距。水产品加工率的高低直接影响了广东海洋水产业的产值，因此，较低的水产品加工率是制约广东水产业发展的关键因素。在海洋油气业方面，油气业是广东海洋产业中的重要支撑产业。2014 年全省海洋油气业增加值 1530.4 亿元，居全国前列。但是由于海洋油气业属于新兴产业，还处于发展初期，海洋油气业的发展过程中还存在很多缺陷。首先，海洋油气开发技术还相对落后，在钻采工程、钻井机械、钻井采油平台等技术方面与国外先进技术还存在明显差距；其次，油气深加工量占海洋油气业总产量比例还偏低，缺乏下游油气炼化产业的有力支持，海洋油气业总体附加值偏低。再次，对于油气开发相关配套政策还相对滞后，并且海洋油气业对于海洋环境的污染也是制约海洋油气快速发展的一个主要因素。在滨海砂矿业、海洋盐业与海洋医药业方面，2014 年全省上述三类产业增加值分别为 59.6 亿元、68.3 亿元、258.1 亿元，与 2013 年相比有小幅上升。其中，广东在海洋生物医药业研制方面有不少突破。近年来，中山大学、中科院南海所、广东海洋大学的教学科研机构的相关研究均有较大进展，取得了不少研究成果，许多成果极具推广应用价值。但总体来看，上述三种海洋产业在海洋产业中的比重过低且近年来增长迟缓，上述三种产业发展过程中没有充分利用相关海洋自然以及技术资源,导致产业发展迟缓,内部推动力不足。在海洋新兴产业方面,海洋电力工业一枝独秀,增幅达 25.0%。近年来,广东滨海电业发展快速,在国内同类产业发展中独占鳌头,2014 年广东滨海电业产值约为全国同类产业产值的 88.8%。但新兴产业总体发展较为单一,主要原因为近年来广东电力供应严重不足,制约经济社会发展。广东为解决电力能源短缺问题,在沿海新建多家大型电厂,致使该产业发展超常,从长远来看,电力供应一旦饱和,此类产业将大大放缓发展速度,其他新兴产业虽然有所发展,但总体上尚未形成规模,产业门类与发达国家相比仍存在很大差距。

3. 海洋第三产业发展存在的问题

海洋第三产业包括海洋交通运输业、滨海旅游业、海洋科学研究、教育、社会服务业等。近年来,广东海洋第三产业得到迅猛发展,其中以海洋交通运输业和滨海旅游业为主体,2014 年全省滨海旅游业收入增加值为 9752.8 亿元,比上年增长 25%。但第三产业内部同样存在问题,与发达国家相比,在技术水平、管理水平及配套服务等方面还存在明显差距。首先,海洋第三产业以海洋运输和滨海旅游业为构成主体,二者与陆域产业关联性较大,科学技术含量较低,暂时性的较高比例不能说明海洋第三产业已经发展到较成熟阶段,还应大力发展海洋科学研究、教育、服务等行业,为海洋一、二产业提供强大支持。其次,海洋第三产业尚未形成较大规模:近 5 年来,发达国家海洋经济特别是其第三产业中海洋旅游娱乐业的惊人发展,预示着人类一种全新的海洋生活方式正在迅速孕育和成长。滨海旅游是旅游活动的重要组成部分,在广东具有广阔的发展潜力,但目前广东对于滨海旅游的开发力度不足,尚未形成较高附加值。目前省内滨海旅游虽有一定基础,但海岛和海上旅游观光、度假、水上运动项目基础设施与设备落后,远不适应旅游发展的需要。特别是缺乏国际邮轮专用码头和大型邮轮,严重影响了旅游业的发展。滨海旅游也存在旅游形象定位模糊,宣传力度不够;海洋旅游规划不合理,景区布局分散,未形成整体优势,管理体制混乱,旅游产品开发处于初级阶段,结构单一等问题。此外,当前海洋第三产业的发展还不适应改革开放的新形势,特别是海洋信息咨询服务业发展不快,所占的比重仅为 0.2%,与全省信息产业所占的比重还相距甚远,这也需要加大投入力度。

三、广东海洋产业发展和结构优化的影响因素分析

(一)资金与政策

1. 资金

在现代社会生产过程中,资金是重要的生产要素。资金主导着生产要素的流动,可以说是现代经济的血液;如果资金短缺,就会造成经济发展的动力不足,使经济发展遭受"失血"之痛。综上所述,资金保障体系在经济、社会发展中的重要性不言而喻了。广东海洋

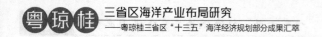
产业的发展，必须要确保充足的资金，政府应加大对开发区资金的投入。当然，相关部门还必须对所投资的资金进行监管，以保证资金使用的合理化、合法化。

2. 政策

政策是国家政权机关、政党组织和其他社会政治集团为了实现自己所代表的阶级、阶层的利益与意志，以权威形式标准化地规定在一定的历史时期内，应该达到的奋斗目标、遵循的行动原则、完成的明确任务、实行的工作方式、采取的一般步骤和具体措施。广东海洋产业的健康发展不能缺少相关海洋产业政策的支持，使三次海洋产业走上法制化、正常的轨道。

（二）科学技术

1988 年 9 月，邓小平根据当代科学技术发展的趋势和现状，提出了"科学技术是第一生产力"的论断。"科学技术是第一生产力"，既是现代科学技术发展的重要特点，也是科学技术发展的必然结果。社会生产力是人们改造自然的能力。作为人类认识自然、改造自然能力的自然科学，必然包括在社会生产力之中。科学技术一旦渗透和作用于生产过程中，便成为现实的、直接的生产力。现代科学技术发展的特点和现状告诉我们，科学技术特别是高技术，正以越来越快的速度向生产力诸要素全面渗透，同它们融合。

由以上诊断可以知道，广东海洋产业的发展也离不开科学技术的支撑，特别是海洋高新科学技术。例如海洋生物资源持续开发利用技术包括主要养殖对象优良品种选育技术、新养殖种类开发和苗种繁育技术，基因工程和克隆，健康养殖模式和养殖生态优化与调控技术；海水资源综合利用技术重点发展无污染海水循环冷却技术，大生活用海水后处理新技术，海水（浓缩海水）代替淡水作部分生产工艺用水新技术、新工艺；进一步发展低温蒸馏海水淡化和低温多效蒸馏海水淡化技术，反渗透海水淡化复合膜组器关键技术，深化海水化学元素提取技术，以及盐化工业有关的技术；海洋能利用技术开展中型潮汐电站开发技术及相应容量潮汐水轮发电机组研究，海岛新能源综合开发利用试验基地研究超波力电站、潮流电站和温差电站技术等等。

（三）人力资源

众所周知，在现代社会体系中，人力资源是社会第一资源，只有科学、合理的人力资源体系，才能更好地发挥其他资源的优势。人尽其才，物尽其用，是现代管理科学的基本原理。广东海洋产业的快速发展与结构优化，需要人力资源体系的建设与完善。首先要建立一支技术过硬，经验丰富，科研能力强的人力资源队伍。只有这样，才能更好地发挥广东海洋产业的发展优势。

（四）信息体系

随着计算机技术，网络技术和通信技术的发展和应用，信息服务对现代社会的发展起着关键性作用。广东海洋产业发展，需要现代信息技术的支撑服务。海洋部门应切实加强海洋信息化基础体系建设，开展海洋信息化关键应用技术研发；加强海洋信息化应用体系建设，重点推进海洋企事业单位的信息化建设，发展海洋信息服务业，进一步提高海洋信息的服务能力。

四、海陆统筹框架下的广东现代海洋产业体系构建

（一）建设广东现代海洋产业体系的原则

作为中国海洋经济大省，广东如何在我国各沿海省份尤其是环渤海地区大力发展海洋经济的激烈竞争中，突出自身海洋经济优势，优化升级海洋产业结构，实现从海洋经济大省向海洋经济强省的转变，就成为广东发展海洋经济的重要任务之一。新形势下，广东省提升产业竞争力与建设现代海洋产业体系应遵循以下基本原则。

1. 市场导向原则

以新思维推进海洋产业发展，坚持面向国内外两个市场，配置好国内外两种资源，打破地域封锁、行业界限，引导多种所有制经济介入海洋经济，鼓励海洋产业投资主体多元化，多边协同促进海洋综合开发，实现传统计划管理模式向市场导向模式的转变。

2. 科技兴海原则

通过加快技术创新，加大科技投入，加强科技能力建设，吸收与创新相结合，注重科技成果的转化和应用，实现海洋经济开发从粗放、传统型向集约、生态型转变。通过科技进步来调整和优化海洋产业结构，促进海洋产业的升级换代，推动海洋新兴产业的发展，努力实现海洋产业现代化，把海洋资源优势转化为海洋经济优势。

3. 综合开发原则

统筹规划海洋资源，增强海域综合开发意识，实现由单一产业开发向三次产业综合开发转变，由资源一次性利用向综合利用、循环利用和深度开发转变，由单一经营向多种经营转变。保护海洋环境，促进海洋产业可持续发展。

4. 海陆互动原则

处理好沿海地带与陆域城区开发的关系，促进海陆经济互动发展，海陆通用技术相互移植，沿海产业与中心城市功能相互衔接，海域水产养殖与陆域水产品加工、流通相互配套，滨海与陆域交通、旅游相互协调，海域环境保护与陆域污染治理相互推进。

5. 协调发展原则

充分利用现有基础，整体发挥地域、产业、资源、科技和服务优势，坚持有所为，有所不为，形成名副其实的特色经济、支柱产业、龙头企业和名牌产品。

6. 依法治海原则

加强海洋开发与海洋环境保护的法制建设，完善立法，严格执法，提高依法治海水平，为广东建设现代海洋产业提供法制保障。

7. 广泛合作原则

持续地推进海洋开发的对外开放，在资金、技术、人才等方面走"引进来"与"走出去"相结合的道路，以开放促开发，带动海洋产业发展。积极参与多边和双边的海洋开发国际合作，提升参与国际海洋开发事务的能力。

（二）广东现代海洋产业体系

21 世纪是海洋世纪，现代海洋产业体系是现代产业体系的一个重要组成部分。因此，现代海洋体系的概念也应该包括上述紧密相连的三个部分，即"一个核心、一个支撑、一个依托"。"一个核心"，是指以《海洋及相关产业分类》中的主要海洋产业（又称海洋经济核心层，包括海洋渔业、海洋油气业、海洋矿业、海洋制盐业、海洋船舶工业、海洋化工业、海洋生物医药业、海洋工程业、海水利用业、海滨电力业、海洋交通运输业、滨海旅游业）为主体产业群；"一个支撑"，即以《海洋及相关产业分类》中的海洋经济支持层里的部分产业（即海洋科研教育服务业，包括海洋科学研究、海洋教育、海洋地质勘查业、海洋技术服务业、海洋信息服务业、海洋保险与社会保障业、海洋环境保护业）为支撑；"一个依托"，是以政府海洋管理体制、海洋产业规划与产业政策、海洋建设项目融资环境、海洋法制环境、海洋资源与环境、海岸带基础设施、海洋文化环境等产业发展环境为依托。

（三）广东建设现代海洋产业体系的核心内容

1. 临港工业

（1）临海石化工业。发挥石化工业在广东省承接国际产业转移和带动产业升级的主导产业作用，加快临海石化工业的结构、规模调整和产业升级。打造沿海石化产业带，促进石化工业向园区化、规模化、集约化方向发展，把广东省建设成为亚洲主要的石化基地之一。

（2）临海钢铁工业。积极建设湛江钢铁基地和南沙高档板材深加工基地（只发展板材加工），高起点、高标准地建设大型现代化沿海钢铁基地，走节能、节水、降耗、低污染的发展途径。

（3）海洋油气业。借助国家开发南海油气资源的机遇，积极发展油气开发产业，提高油气资源储备和加工能力，逐步形成油气资源综合利用产业群。开发南海油气有助于泛珠江三角洲的经济可持续增长。该地区常规能源十分缺乏，尤其石油天然气短缺的矛盾十分突出。因此，南海的油气开发具有明显的区位比较优势。可以说，南海的油气是地理上距离泛珠三角最近的能源原产地，从海南岛到珠江三角洲的距离仅为从新疆到上海距离的1%。开发南海油气对于支撑我国华南经济乃至全国经济的持续发展具有巨大意义。

（4）加强海洋油气开发设备、技术和服务研究，勘探开发油气资源，发展油气加工业。推动海洋工程和技术服务业的发展，启动具有高附加值的依托油气资源的大型能源项目，综合开发利用油气加工废弃物和副产品，延伸油气资源综合利用产业链。

（5）海洋船舶制造业。提高船舶工业的产业地位，重点建设珠三角造船基地，以具备国际竞争力的产品为龙头，形成总装、配套、加工与合作的产业链，培育造船、修船、海上平台、钢结构和船舶配套等产业群。重点发展超大型油船、液化天然气船、液化石油气船和大型滚装船等高技术、高附加值的船舶产品和海洋钻井平台、移动式多功能修井平台、大型工程船和浮式生产储油船等海洋工程装备。

2. 海洋交通运输业

加强以沿海主枢纽港为重点的集装箱运输系统和能源运输系统建设，积极发展现代港口物流业，培育一批专业化和综合性互相配套的现代物流中心以及大型物流企业集团，加快港口信息化建设和港口航运支持系统发展等，为此，广东将用5到8年的时间，使全省的护岸和码头达到五十年一遇、防波堤达到百年一遇的标准，提高专业化运输水平。重点发展广州、深圳、珠海、汕头和湛江5个市的主枢纽港以及惠州、茂名等市的重要港口，加快发展沿海中小港口。重点建设大型专业化集装箱码头，形成干支结合的集装箱运输系统；建设以大型电厂、钢厂专用码头和广州港等为主的煤炭接卸系统；建设大型原油接卸泊位，完善油品码头布局。加快建设沿海主枢纽港出海航道，保证水深均能满足5万吨级以上船舶进出港的需要。

3. 滨海旅游业

发挥优势，整合资源，提高旅游业整体质量和效益。突出海洋生态和海洋文化特色，重点发展滨海度假旅游产品，建设具有国际水平以及广东特色的滨海度假旅游示范基地。加强旅游基础设施与生态环境建设，科学确定旅游环境容量，实现滨海旅游业的科学发展。打造集休闲娱乐、科普教育和绿色生态为一体的生态旅游品牌，大力发展游艇旅游、海岛休闲探险旅游、粤港澳城市观光与购物旅游、风能发电观光和垂钓旅游等特色旅游，积极发展红树林、珊瑚礁和海草床等热带海洋风光旅游。开发海洋民俗旅游，凸显潮汕和雷州等海洋文化艺术和饮食文化特色，以"南海Ⅰ号"宋代古沉船出水为契机，以"南海开渔节"为促销平台，开发广东海上丝绸之路博物馆等旅游项目，系统打造有广东特色的滨海旅游品牌。

4. 现代海洋渔业

（1）推进现代渔业建设，做大做强水产养殖业，增强水产品国际竞争力。加大力度培育区域性主导产品，建设一批无公害养殖基地和水产品出口原料基地，形成优势水产品产业带。以深水大网箱、工厂化养殖方法为切入点，促进从传统水产养殖向现代工业化水产养殖方式转变。加强科技储备与开发，提高水产养殖技术的科技含量。倡导和鼓励间养、轮养、套养和混养等生态养殖模式，逐步推广采用养殖互净清洁生产工艺。强化水产苗种检验监测，加快水产种苗原良种场的建设。

（2）大力发展远洋渔业，着重发展大洋性渔业，提高远洋渔业组织化水平和国际竞争力，形成高优化、产业化、现代化经营的新格局。

（3）推动水产加工业高效发展。重点发展水产品精深加工业，提高加工增值水平，挖掘海洋渔业资源精深加工潜力，大力发展合成产品、海洋医药、功能保健产品和美容产品等，不断提高产品质量和品位。强化产品具备国家质量安全认证的品质，扶持建设一批具有世界领先水平的水产品加工企业，提高水产品加工业的总体素质和核心竞争力。

（4）大力发展现代水产流通方式。加快水产品批发市场建设步伐，积极促进农民合作经济组织与连锁企业建立稳定的产销联系，实现水产品市场由数量扩张向内强素质、提升功能转变。结合泛珠三角港口区域合作，建设水产品流通绿色通道，加快构建有效开拓国际市场和国内产销紧密衔接的水产品营销促销服务体系。

（5）稳步推进休闲渔业发展。规划建设一批有特色、有规模的休闲渔业基地，开展丰富多彩的渔文化活动，结合人工鱼礁建设，积极发展海上游钓业。

5. 海洋新兴产业

（1）海水综合利用业。制订鼓励和扶持海水综合利用业发展的政策，初步建立海水综合利用的政策法规体系、技术服务体系和监督管理体系，营造产业发展和基础研究的良好环境。建设较大规模的海水淡化和海水直接利用产业化示范工程，在深圳、湛江市等地区创建国家级海水综合利用产业化基地。

（2）推进海水淡化和直接利用工作。建设滤膜法海水淡化技术装备生产基地，强化技术创新和转化能力，降低成本，使海水淡化水成为缺水地区和海岛的重要水源和以企业为主体的生产和生活用水。提高技术装备的设计、加工水平和产品产业化能力，在沿海地区的电力等重点行业大力推广利用海水为冷却水，在有条件的沿海城市建设海水冲厕示范小区。至 2015 年，全省海水淡化能力达到每日 25 000 立方米以上，海水直接利用能力达到每年 200 亿立方米，海水利用对解决沿海地区缺水问题的贡献率达到 16% 以上。

（3）海洋生物制药业。重点发展海洋生物活性物质筛选技术，重视海洋微生物资源的研究开发，加强医用海洋动植物的养殖和栽培。利用海洋生物资源，重点开发具有自主知识产权的抗肿瘤药物、抗心脑血管疾病药物以及抗菌和抗病毒药物，努力开发技术含量高、市场容量大、经济效益好的海洋中成药，积极开发农用海洋生物制品、工业海洋生物制品和海洋保健品。

（4）海洋化工业。加强海洋化工系列产品的开发和精深加工技术的研究，推进产品的综合利用和技术革新，拓宽应用领域。加强盐场保护区建设，扶持海洋化工业发展。加快苦卤化工技术改造，发展提取钾、溴、镁、锂及深加工的高附加值海水化学资源利用技术，扩大化工生产，提高海水化学资源开发和利用水平。

（5）海洋仪器装备制造业。主要依托国家海洋监测设备工程技术研究中心、国家海洋仪器装备国际科技合作基地等，推动潜标系统、大浮标、多功能现场监测节点传感器等新型海洋监测设备的生产应用，以自主创新和国产化为目标，构建海洋仪器研发平台，生产出一批高精尖的海洋仪器装备，努力实现海洋仪器装备的国产化，突出服务于国家海洋权益和国土安全，构筑集技术研发、设备研制、定型、实验和生产为一体的海洋装备制造业基地。

（6）海洋新材料。规模化生产高强轻质无机非金属材料及新金属材料、海洋涂层与功能材料等，研制开发深海探测、钻井平台、深潜设备、特种船舶制造等所需的特种海洋材料。

第三节　基于南海资源开发的广东战略性新兴海洋产业布局

南海资源的综合开发与利用，有助于推动广东战略性海洋新兴产业的发展，有助于优化广东海洋产业的结构，促进广东海洋经济的发展。下面就战略性海洋新兴产业的内涵、特征进行探讨。

一、战略性新兴海洋产业的内涵及特征

（一）战略性新兴海洋产业的内涵

从产业发展布局和我国的区域空间格局来看，"十二五"期间我国经济的发展少不了海洋经济发展的支撑，未来的经济发展重点在海洋经济，海洋经济发展的重点则在于战略性海洋产业的培育。战略性海洋新兴产业是以海洋为依托、以高科技创新为支撑、以生态可持续为基础的处于产业生命周期成长阶段并具有高产业关联度和导向性，以及良好经济效

益和社会效益,对其他产业和区域经济具有强带动作用的现代高素质产业。战略性海洋新兴产业关系到国民经济社会发展和产业结构优化升级,引导海洋经济的增长方式由粗放式向集约式转变,使之更加有利于海洋资源的综合合理开发和可持续利用。战略性海洋新兴产业必然带有全局性、长远性、导向性和动态性,忽视了战略性海洋新兴产业的发展,海洋经济甚至是整体的国家的产业经济就会失去后备竞争力和基础。迈克尔·波特把新兴产业界定为新建立的或是重新塑型的产业,他认为导致新兴产业出现的主要因素包括科技创新、相对成本结构的改变、新的顾客需求,或是因为经济与社会上的改变使得某项新产品或是服务具备开创新事业的机会。战略性海洋新兴产业强调的是通过战略性海洋产业的"预发展"来达到未来海洋产业的竞争力获取,战略性海洋新兴产业对海洋经济的发展具有"培基"作用,是海洋产业结构演进的新生力量。海洋产业最初只是被界定为海洋资源开发,而海洋经济定义是一种动态的扩充,海洋经济本身已由资源利用向区域系统性开发的方向发展。事实上,要把海洋经济活动与非海洋经济活动相互隔离,明确界定海洋产业的范畴并非易事,战略最终以涉海性海洋产业和海洋产业链作为海洋经济的基础和辐射范围。

(二)战略性新兴海洋产业的特征

战略性海洋产业的选择和发展本身是一个复杂的体系,产业发展的基点各有侧重。而战略性海洋新兴产业的共同特征基本可以归纳为资源涉海性、经济效益性、技术先进性、资本密集性、生态可持续性、产业导向性等六点。当然,这六点也是对战略性海洋新兴产业的一个范畴界定。

1. 资源涉海性

资源是产业发展的基础,任何产业都不可能脱离于生产要素的供给而独立存在。充分利用海洋资源是未来经济社会发展的必然选择,战略性海洋新兴产业的基础就在于对涉海资源的可持续开发和利用,其问题关键并不在于海洋新兴产业对资源依赖性有多强,而在于海洋产业发展能在价值链的核心环节上形成独特的竞争优势。

2. 经济效益性

产业是经济发展的基础,战略性海洋新兴产业必然要能以高的产出投入比来增进社会的福利和调整海洋经济的利益格局,一个缺少经济效益性的战略性产业很容易在未来的发展中失去动力。

3. 技术的先进性

战略性海洋新兴产业的基本特征是海洋高新技术,这是它的助推器,战略性海洋新兴产业与传统产业比较最显著的区别在于其产业技术引擎。这必然要求更多关注影响海洋科技的成果转化、孵化、产业化等问题,战略性海洋新兴产业实质是一种"技术锁定"。

4. 资本的密集性

当资本密集型产业逐渐取代劳动密集型产业而成为一国产业结构中的主导产业时，资本供给量取代劳动供给量而成为推动产业结构演进的主要因素。战略性海洋新兴产业需要市场培育和技术研发的不确定性，高风险、高投入需要大量的资本（包括资金资本和人力资本）注入。随着现代海洋科技的发展和经济全球化，海洋产业的集约化与规模化势成必然，客观要求劳动密集型海洋产业逐步向资本密集型和技术密集型产业发展。

5. 生态的可持续性

战略性海洋新兴产业立足于可持续发展和生态保护，是以高科技作为引擎的集约型产业，改变粗放型的传统海洋经济发展方式，引领海洋产业向低碳型、循环型的绿色经济发展方式转变，生态可持续性已成为现代产业经济和评价战略性海洋新兴产业的一个基准尺度。

6. 产业导向性

战略性海洋新兴产业是政府结合市场在国家层面的一种前瞻性的、政策性产业发展规划，发挥海洋新兴产业的示范性、带动性和导向性作用，弥补市场失灵和市场缺陷以获取未来相当长一段时间的产业竞争力，并带动其他产业和区域经济快速发展。

二、南海资源开发与战略性新兴海洋产业选择

（一）南海综合开发对广东战略性新兴海洋产业选择

综合前面所述，南海具有重要的战略地位和丰富的自然资源。由于广东省与南海所处的独特地理位置，因此南海综合资源的开发与广东经济的发展是密不可分的。广东要围绕构建现代海洋产业体系，以《广东海洋经济综合试验区发展规划》上升为国家战略为重大契机，以推进产业结构转型升级为主线，着力扶持发展潜力大、带动性强的海洋战略性新兴产业，突破关键核心技术，提升海洋产业核心竞争力。

1. 培育壮大海洋工程装备制造业

发展深海勘探开采设备、海洋新能源开发设备、海洋环保装备及海水利用成套装备制造，形成具有较强国际竞争力的海洋装备制造业集群。

2. 加快发展海洋生物医药业

充分利用南海海洋生物资源丰富的优势，重点研发生产海洋药物、工业海洋微生物产品、海洋生物功能制品及海洋生化制品，努力打造国家海洋生物医药产业创新和品牌基地。

3. 发展海水综合利用业

加快研发和推广海水综合利用的技术、工艺和装备，推进海水淡化综合利用关键技术

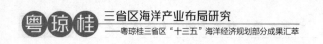

产业化,努力形成工业海水、生活海水、淡化海水三大产业群。

4. 积极发展海洋新能源产业

科学规划海洋新能源开发,加快海洋风电、波浪能、潮汐潮流能发电等技术创新和产业化发展,增强海洋开发的能源安全保障能力。

5. 加快培育现代海洋服务业

依托海洋中心城市、主要港口和临港工业基地,重点发展港口物流、海洋会展业、海洋信息服务和航运金融保险服务业,促进广东海洋产业结构由"资源开发型"向"海洋服务型"转变。

(二)广东战略性新兴海洋产业发展的路径

1. 着力推进海洋高技术创新和产业化

加快构建政产学研相结合的海洋高技术产业创新体系,推动建立海洋科技创新联盟,加强海洋科技重点攻关。创新海洋科技成果转化机制,加快打造一批海洋新兴产业研发孵化和产业化基地。

2. 加快布局海洋新兴产业基地

推动广州、深圳、珠海、中山等地打造世界级海洋工程装备制造产业带,加快建设广州、深圳国家生物产业基地和中山国家健康科技产业基地,在深圳、湛江、汕头等地建设海水淡化示范工程,在万山群岛等海岛建立海洋可再生能源开发利用技术实验基地,加快广州南沙、珠海横琴新区、深圳前海等沿海现代服务业合作区建设。

3. 培育壮大海洋新兴产业领军企业

在财政资金、能源及土地供应、上市融资、人才引进等方面制定激励政策,引导培育一批符合海洋新兴产业发展方向、具有核心竞争力的行业领军企业。

4. 拓宽海洋新兴产业投融资渠道

政府通过贷款贴息和补助等方式,支持海洋高技术企业创新能力建设和产业化发展。设立海洋新兴产业创业投资基金,引导各类风投基金及外资、民营资本投向海洋新兴产业领域。

(三)战略性新兴海洋产业的培育

"十三五"是中国经济发展的关键时期,也是广东经济发展的重要机遇。广东海洋经济的发展也必然面临着经济发展方式转型、海洋管理体制转轨和产业结构调整"三位一体"的历史性转变,而战略性海洋新兴产业正是对海洋经济发展的破局。战略性海洋新兴产业在广东海洋经济的发展中具备发展的基本要素和条件，但作为一种新兴产业，对其的培育和发展是需要耐心和魄力的，会存在和遇到很多问题。表现最为突出的是技术的创新问题，技术的原创性突破需要时间的积累，尤其主流的核心技术是经过市场长期选择的结果。新兴产业的技术不成熟，要允许失败和大胆地试错，产业的选择就需要勇气和魄力。其次是战略性海洋新兴产业的基础设施和服务体系的配套问题，战略性新兴产业发展是一种前瞻性的"预发展"，必然难以同步建立完善的配套基础设施和服务体系。需要解决的是用"老"体制来发展战略性海洋新兴产业的问题，新兴产业更多需要的是创新，旧体制的官僚性显然是难以与其匹配的。再者是战略性海洋新兴产业发展的成本问题，新兴产业发展的产业化程度和规模都偏小，这必然会带来高昂的边际成本，而且市场的不确定性也导致了投入的高风险，这些都是发展战略性海洋新兴产业所面临的和必须解决的问题。

战略性海洋新兴产业的发展应是一个非均衡发展系统工程，不能只从单一产业发展的角度着眼，割裂了各个产业间的联系。海洋工程装备和制造业与深远海开发业之间就存在很大的关联性，所谓的系统是由不同的要素按照一定的时空秩序或者功能上的关联性而构成的具有一定质态的整体，战略性海洋新兴产业的培育和发展不但要注重其时效性，还要形成一个有序的时空体系，在功能分工上有所侧重以获取产业综合竞争力和行业话语权。战略性海洋新兴产业系统可以看作由海洋政策和制度系统、海洋产业科技研发系统、海洋资源和生态系统、海洋产业经济系统等四大系统组成，这四大系统相辅相成、相互促进才能形成一个良性的战略性新兴海洋产业环境和空间。

三、战略性海洋新兴产业政策和制度系统的创设

国家战略性新兴产业发展规划为广东战略性海洋新兴产业的发展提供了宽松的政策环境和政策资源。广东必须不断优化产业发展规划、资金投入、扶持机制等政策体制，通过体制、政策和市场的综合制度设计，才能实现新兴技术的大规模化和产业化。战略性海洋新兴产业在其发展初期，大多为缺少竞争优势的弱势产业，对这些产业的政策培育和政策扶持是其快速发展的必要条件。广东省政府对新兴产业的培育和扶持集中表现在政策资源的乘数效应和制度的"规制效应"，政府的政策和制度不但引导和助推新技术研发，而且政府可以通过政策和制度的调整短时间内人为地创造"新兴"市场。我国在各种新能源（太阳能、风能、乙醇等）市场上的快速发展得益于政府的税收、补贴和信贷等政策杠杆的使用，很大程度是政府在创造市场和激发需求。战略性海洋新兴产业的发展必然伴随着海洋产业科技投入体制、产业投融资体系、财税体制以及知识产权管理体制等系统的更深刻、更广泛的变革，取代原来那种低层级、僵化的多头管理海洋体制和产业运作模式。

四、战略性海洋新兴产业科技研发系统的激活

高科技性是战略性海洋新兴产业的基本特征。战略性海洋新兴产业就是希望通过海洋

科技领域发生革命性的突破，以高科技为先导的前瞻性战略产业的"预发展"来寻求"弯道超车"的机会。广东的海水淡化和综合利用技术科技革新是需要积累和沉淀的，必须要有一个长效的技术和人力资本储备激励机制。要建立一批战略性海洋新兴产业国家研发中心、重点国家实验室、新兴海洋产业技术检测和评估平台和信息资源共享平台，从政府、企业、社会三个层面来激发战略性海洋新兴产业科技研发系统的活力。政府要建立新的风险分担与化解机制，允许试错与失败来加强对关键性、集成性、基础性和共性技术等核心技术领域进行突破，跳出低层次竞争，靠技术赢得市场。同时还要注重产业链整体技术突破和联动发展，加强技术与市场应用的互动性来提升科技成果的转换率，关键是要把握新时期技术经济新范式的内在要求和发展趋势，不能让战略性海洋新兴产业技术领先，却输掉了市场。

五、战略性海洋新兴产业资源和生态系统的优化

从资源条件看，广东的海洋资源总量、海洋经济产值及沿海产业基础设施为发展战略性海洋新兴产业提供了明显的比较优势。但战略性新兴产业要摒弃短视的经济观，战略性海洋新兴产业并不是"GDP 激素"。对资源的掠夺式开发势必削弱产业的竞争力，海洋生态的平衡为海洋资源提供良好的环境，可持续的海洋资源才为海洋产业经济的发展提供物质基础。战略性海洋新兴产业旨在促进海洋资源的综合利用和生态的平衡发展，如发展绿色海洋船舶工程加快节能减排，利用海洋生物工程技术对海域进行生态修复和海洋生物资源养护、发展"碳汇渔业"等等。海洋资源和生态系统的优化关键一点还在于实施以产业互动为基础的海陆统筹，实现海陆资源的互补，打造海陆一体化的产业资源联动平台，通过发展低碳经济、循环经济、绿色经济促进海洋产业系统的优化。

六、战略性海洋新兴产业经济系统的创新

广东战略性海洋新兴产业的发展离不开资金的支持，而省政府对产业的扶持也主要体现在政策投入和资金投入上。产业经济系统是政府投入的主要税收资金来源，战略性海洋新兴产业的发展要形成技术资本、产业资本和金融资本的有机耦合系统。政府要吸引风险投资资金向战略性新兴产业倾斜或建立新兴产业风险投资基金，通过多种渠道筹措，发挥金融杠杆的作用，大量吸引民间资本的进入，把战略性海洋新兴产业推向社会化、产业化。战略性海洋新兴产业是调整产业经济的新标杆，通过政策、资金和市场三个要素强化海洋新兴产业的带动性和关联度，以"项目+资源配置+政策设计+制度性执行"来推动战略性海洋新兴产业经济系统的创新和运作，引导海洋产业进行合理的空间布局和产业集聚。选择海洋新兴战略性产业要兼顾一、二、三产业和经济社会协调发展，统筹规划产业布局、结构调整、发展规模和建设时序，在最有基础、最优条件的领域率先突破。例如，海洋防腐蚀产业就是我们忽略的一个重要领域，海洋腐蚀所带来的经济损失已远远超过了自然灾

害损失，有学者因此提出了一个"五倍定律"。还有就是海水淡化和综合利用业，它能够产生巨大的经济效益，淡化的水对当地人民生活水平质量的提高，经济的发展还有新的大型工程项目的上马都起到重要的作用。广东战略性海洋新兴产业经济系统要立足构建具有区域特色的、具有创新性海洋新兴产业组织模式和产业运营机制，这种海洋新兴产业经济系统要突破收益递减规律的限制，通过激活内在的"产业基因"，保持产业综合要素产出率的动态提升，实现收益递增。

第四节　珠三角与中国—东盟自贸区耦合的广东海洋经济建设

一、中国与东盟自由贸易区发展对海洋综合开发的作用

（一）中国—东盟自由贸易区的发展阶段

中国和东盟自由贸易区建设分为三阶段。

1. 第一阶段（1991—1996 年）

在这一阶段，重点是中国与东盟国家的双边经贸合作不断有新的发展。

2. 第二阶段（1997—2000 年）

在这一阶段，中国与东盟增进合作，共同应对亚洲金融危机。1997 年中国与东盟确定了建立面向 21 世纪的睦邻互信伙伴关系，发表了《联合声明》。随后两年间，中国分别与东盟十国签署了关于未来双边合作框架的《联合声明》，确定了在睦邻合作、互信互利的基础上建立长期稳定的关系。上述这 11 个重要的《联合声明》都将相互间的经贸投资合作关系作为重要关系。至 2000 年，中国与东盟十国均签订了《鼓励和相互保护投资协定》。2000年在第四次中国—东盟领导人会议上，中国提出组建中国—东盟自由贸易区的建议。

3. 第三阶段（2001—2007 年）

在这一阶段，中国与东盟达成了组建中国—东盟自由贸易区的共识，之后签订了有关协议，并于 2005 年 7 月开始进入自贸区实质性运作时期。在这一阶段，中国与东盟间政治、经济合作良性互动，经贸合作在这一阶段一年一大步。2002 年，中国与东盟签署了《南海各方行为宣言》；2002 年 11 月，中国与东盟领导人共同签署了《全面经济合作框架协议》，决定在 2010 年建成中国—东盟自贸区；2003 年，中国率先加入了《东南亚友好合作条约》，与东盟率先建立了战略伙伴关系，双方还签署了《面向和平与繁荣的战略伙伴关系联合宣言》，2004 年，中国与东盟进一步签署了落实这一战略伙伴关系的《行动计划》；中国与东

盟关于自由贸易协定（FTA)的谈判正式启动于 2003 年，实质性谈判从"早期收获计划"（Early Harvest Program)开始，2003 年 10 月，中国与泰国"早期收获计划"开始实施，2004 年 1 月 1 日，"早期收获计划"广泛实施；2004 年 9 月，双方就货物贸易内容达成原则性协议，2004 年在第八次中国—东盟领导人会议上，双方签署了《中国—东盟自由贸易区货物贸易协议》和《中国与东盟全面经济合作框架协议争端解决机制协议》这两份自贸区重要文件，《争端解决机制协议》为日后可能的贸易争端的解决提供了法律依据；2005 年，中国—东盟自由贸易区进入实质性操作阶段，从当年 7 月 20 日开始，双方全面启动降税进程，首批 7445 种商品的关税降至 20%左右，中国对东盟 6 个老成员国平均关税降到了 8.1%，甚至比最惠国平均税率还低 1.8 个百分点；按照自贸区建设计划，到 2015 年，中国与东盟四个新成员国间绝大多数产品关税为零，一个由 11 个国家组建的统一市场正在打造，并将改写世界经济版图；在《中国—东盟自由贸易区货物贸易协议》的基础上，通过双方的共同努力，历经多轮磋商，最终就服务贸易协议的内容达成一致，2007 年 1 月 14 日，签署了中国—东盟自贸区《服务贸易协议》，它的签署为如期全面建成自贸区奠定了更为坚实的基础。中国与东南亚国家经贸合作不断加强的背景下，还涌现了中越两国共同提出的"两廊一圈"和由亚洲开发银行提出并支持的"湄公河次区域经济合作"两个次区域经济合作区域，他们是中国—东盟自由贸易区的有机组成部分，再加上居中的南宁—新加坡经济走廊，即构成"M"的经济合作战略，或"一轴两翼"。

（二）中国—东盟自由贸易区建设与广东经济发展分析

中国—东盟自由贸易区的建设无疑为广东外向型经济注入了新的生机和活力。广东与东南亚毗邻，20 世纪 80 年代以来广东是改革开放的先行地和排头兵，优先发展了对东南亚国家的经贸往来。在国际经济全球化、区域化、集团化的趋势下，中国—东盟自由贸易区的建设将对推动广东经济发展有重大而深远的意义。

1. 中国—东盟自由贸易区的建立将促进广东东盟双边贸易的扩大

近年来广东与东盟的双边贸易额呈稳步增长的趋势，年均增速达 21%。东盟目前已成为广东第 5 大贸易伙伴。尽管面临金融危机的压力，广东对东盟出口依然实现良好增长局面。

2. 中国—东盟自由贸易区的建立将促进广东产业升级

东盟 10 国自然资源、经济结构及经济技术水平差异较大，中国—东盟自由贸易区的建立，为广东产业升级提供了机遇与良好的政策环境。一方面，印度尼西亚、越南、缅甸、老挝等东盟国家自然资源与劳动力资源丰富，但经济技术水平低，工业基础薄弱，工业需求广，与之相比，广东工业优势明显，在多年的对外开放中已经形成一整套与国际接轨的进出口贸易机制，拥有一大批具有竞争力的产业群。将传统的劳动密集型产业转移到这些东盟劳动力价格相对低廉的国家，加大对东盟国家投资，可加速广东的产业升级。另一方面，新加坡、文莱等沿海国家，石化工业和电子工业相对发达，经济实力较强。越南、印度尼西亚、马来西亚的资源、能源、下游产品集群和来自新加坡的先进技术和管理经验一起向广东转移，广东企业可以采取互补性合作方式，学习其提升品牌技术、产品设计、人力资源、财务管理、企业融资等方面的特长，实现自身国际化发展。

3. 中国—东盟自由贸易区的建立将促进广东金融业发展

金融是现代经济的核心，在经济发展中发挥着"第一推动力"和"持续推动力"的重要作用。金融和贸易是带动区域经济实现实质性联合的两个轮子。由于中国与东盟在吸引区外资金方面存在着激烈的竞争，区内一些国家并不注重资金流出与跨国、跨区域的金融结算，金融服务效率还比较低，金融监管措施还不完善，金融合作层面不够深入。广东与东盟双边经贸关系的迅速发展必然要求配套的金融服务业的支持，对广东金融业提出了规范化、制度化、市场化的要求。中国人民银行表示，目前跨境贸易人民币结算试点的境内地区为上海市和广东省的广州、深圳、珠海和东莞四个城市，境外区域范围暂定为港澳地区和东盟国家，将稳步推进扩大跨境贸易人民币结算试点。2011年，中国和东盟金融合作不断取得进展，地区性金融机制建设迈出了实质性的步伐，中国人民银行将完善《清迈协议》框架下的货币互换合作，在增加货币互换的基础上，推动货币呼唤机制的多元化，加强资本流动，尤其是短期资本流动的多元化，促进资本的合理有序流动。

二、中国—东盟合作框架下优化海洋经济布局

（一）中国—东盟海洋经济的构想

中国—东盟海洋经济的构想，主要围绕三个方面来展开。应大力推动企业到东盟国家投资，大力加强与东盟国家的经贸往来，大力开展与东盟国家主要港口的深度对接，在中国—东盟合作的南宁陆线之外，于南海开辟一条中国—东盟合作的广东海线，从而把南海建成中国—东盟合作的经济内海。抓住中国—东盟自由贸易协定生效的历史机遇，构建中国—东盟合作的海上通道，力促中国—东盟合作的重心由陆地转向海洋，制定南海航运指数，把南海建成中国—东盟合作的"经济内海"。全方位对接好国家南海开放战略，承担国家南海开发战略任务，把广东建成为国家南海开发的物资供应和补给基地、研发和后勤保障基地、资源综合利用和加工基地、产品的推广运销基地、资金筹措和技术人才储备基地，即南海开发的后方总基地。

（二）优化广东海洋经济布局

广东要优化全省海洋生产力布局，结合海洋经济的分布态势，依照主体功能区的要求，形成不同特色的蓝色产业集聚功能区，在总体上形成"一带、三区、四岛群、六中心"的空间布局。

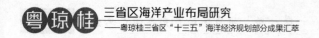

1. "一带"即指从湛江到汕头整个广东沿海的蓝色经济带

广东沿海各城市通过"一带"即蓝色经济带的串联作用，以点带轴、沿线突破（珠三角带动，东西突破）、沿线成带，形成在空间上有序格局的沿海蓝色经济走廊。

2. "三区"即珠三角海洋产业集聚区、粤东海洋产业集聚区和粤西海洋产业集聚区

珠三角以广州、深圳、珠海为重点，加强与港澳、东南亚的产业合作，重点发展临海重工业和现代海洋综合服务业。粤东以汕头为中心抱团融入海峡西岸经济区，加强与福建、台湾的产业对接，重点发展海洋能源业、临港重化工业、水产品深加工业。粤西以湛江为中心抱团融入北部湾经济区，加强与环北部湾城市和东盟的产业分工与合作，重点发展临海重化工业、外向型渔业、滨海旅游业。

3. "四岛群"即东海岛—海陵岛海域岛群、珠江口岛群、南澳岛群、上下川岛群

规划选取这四大岛群为岛屿开发重点，以临海重化工业和滨海旅游业等大项目拉动自主开发，打造区域海洋产业的发展中心。

4. "六中心"即广州、深圳、珠海、惠州、汕头、湛江

以这六个城市作为其所在海洋经济区的中心增长点，发挥其作为区域中心的辐射和带动功能，推动广东海洋产业整体发展。

第八章　广东主要海洋产业发展规划建议

随着《广东海洋经济综合试验区发展规划》上升为国家经济发展的战略之一，广东全面进入海洋经济发展时代。在新形势下构建海洋事业发展的新格局，发展蓝色经济，建设海洋经济强省，成为广东"十三五"时期的重要经济发展战略。

第一节　广东未来海洋经济发展的总体思路

广东海洋经济"十三五"发展要科学分析海洋经济基础及发展条件，对"十二五"期间海洋经济发展情况及成就回顾总结，结合其发展现状和存在问题，提出推动其发展的指导思想、发展定位、发展目标、发展机遇及基本原则。坚持贯彻国家建设"海洋强国"战略部署，按照广东海洋经济发展试验区总体要求，以建设海洋经济强省为目标，以"海上丝绸之路"主力省和南海综合开发承载省的优势为依托，提升高端临港工业、滨海旅游业、港口交通运输业等产业，积极培育海洋装备制造业、海洋生物制药业和海洋信息产业等海洋新兴产业，优化提升传统海洋渔业，加速调整海洋产业结构和布局，全力增强海洋产业和区域竞争力；以"一带一路"为契机，加强与港澳和东南亚等地区合作，优化海洋空间布局；充分利用资源优势和临港优势，保护开发海岸带和近海，科学开发远海和海底资源。

一、以产业调整带动经济发展

以海洋产业发展引领海洋资源开发，以海洋产业优化推动海洋经济发展方式转变。综合考虑资源禀赋、区域位置、基础条件、产业现状、环境容量、发展潜力、市场空间等因素，以高端临海能源工业、海洋交通运输业、滨海旅游业等三大产业为龙头，坚持绿色海洋发展；以形成拥有国际竞争力的产业集群为重点，加快海洋信息产业和海洋机械装备制造业等新兴战略性海洋产业的发展速度；着力推动海洋产业链、资金链和创新链的有效融合，构筑海洋技术创新平台，加快海洋科技体制机制改革，促进海洋科技创新和成果转化，打造全国海洋经济示范区。

二、以空间优化推动区域协作

立足毗邻港澳，濒临南海，紧靠东南亚，东接海峡西岸经济区，西连北部湾经济区，南临海南国际旅游岛等区位优势，实现珠三角核心区和广东其他地区的联动协调发展，推动基础设施的统筹建设、现代海洋产业的统筹发展和海陆经济的统筹开发，打造区域协作发展的纽带；坚持海陆统筹、合理布局，充分利用广东南海区位特色，调整海洋经济结构和功能布局，加强产业联动和资源整合，形成相互之间的协同发展、优势互补的海洋开发新格局。

三、以生态保护实现持续发展

科学制定海域使用规划，以近海开发与保护为重点，综合考量海洋环境容量、海洋工程承载力，实施陆海排污总量控制；科学合理、节约集约海洋资源的开发利用；加大海洋环境的保护强度，推进海洋生态的修复；深化海洋资源市场化配置，构建生态补偿机制，改善沿海地区的人居环境，进一步增强可持续发展能力；加快海洋综合管理的体制创新，加强陆海生态系统和岸线资源保护和管理，保证发展增速与资源环境承载力相协调，实现人海和谐发展。

第二节　广东未来海洋产业的升级发展

东盟地区作为世界第三大自贸区，与南海相邻，中国—东盟合作协议的生效必会使南海开发上升为国家重大的战略部署。广东要充分利用优越的区位条件和雄厚的产业基础优势，实现经济上与国家的"南海开发"战略对接，建立与东盟合作的海上通道，确保广东在东南亚地区的经济发展中起到核心作用；围绕"国家南海开发的桥头堡和支援基地"的定位，全面构建现代海洋产业体系；充分利用国家给予的先行先试权责，将南海作为广东海洋经济发展的重要方向和关键领域；依据南海优势资源，实施南海战略，实现广东的蓝色崛起。

一、推动南海油气开发，解决广东的能源瓶颈

作为中国经济发展活跃的地区之一，珠江三角洲在能源方面的需求与日俱增，区域内石油天然气等常规能源日益短缺的矛盾日渐突出。南海是我国唯一的深水海，实施南海战略的核心目的就是要推动南海的油气开发，缓解能源紧张的形势。广东要依托南海开发和港口、航道等优势，将自身打造成我国重要的油气资源战略储备基地。

二、发展海洋科技，推进广东海洋产业的优化转型

海洋开发必须以近陆为陆基支撑，广东位于南海之滨，经济技术实力雄厚，是南海开发的最好陆基。目前，广东经济面临着资源紧缺、劳动力短缺、环境恶化、土地空间紧缩等一系列发展问题，应瞄准南海开发陆基建设，充分利用南海丰富的海底资源，以增加海洋财富、保护海洋健康、提高海洋服务能力、推动科学发展为目的，实施高技术先导战略，建立高技术、关键技术和基础性工作相结合的海洋科技战略，从"珠江时代"引向"海洋时代"。

三、发展海洋战略新兴产业，构筑现代海洋产业体系

抢占蓝色制高点已成为各国发展海洋经济的共同目标。广东要围绕南海开发，加快海洋战略新兴产业的发展速度。开发近海风能发电，计划并实施潮流能发电和波浪能发电等示范性项目工程；建立涵盖生活海水、工业海水等海水淡化技术项目的海水利用综合产业及示范工程和示范区；依靠国家级生物产业基地，建设国家级海洋生物技术和海洋药物研究中心；综合全面提高海洋第三产业的开放度和辐射力。

四、以南海为中心加强海洋合作，完善产业布局和深化开放程度

加快推动以珠三角海洋经济区为基础，海洋现代综合服务业和临海重化工业为主要发展产业，连接港澳地区的粤港澳海洋经济合作圈；以粤东海洋经济区为基础，海洋能源业、临港重化工业、水产品深加工业为主要发展产业，连接海峡西岸经济区的粤闽台海洋经济合作圈；以粤西海洋经济区为基础，临海重化工业、外向型渔业、滨海旅游业为主要发展产业，连接北部湾经济区和海南国际旅游岛的粤琼桂海洋经济合作圈的"三圈"海洋合作。加强与东盟国家的海洋合作，大力推动企业到东盟国家投资，开展与东盟国家主要港口的深度对接，在中国—东盟合作的南宁陆线之外，与南海开辟一条中国—东盟合作的广东海线，从而把南海建成中国—东盟互助的经济内海。

第三节　推动广东未来海洋产业发展的对策建议

一、加强政府引导功能，建立组织协调机制

各涉海部门围绕体制机制创新提升海洋监管效能，明确工作职责，整合力量。推进大部门制改革，建立涉海部门联席会议，加强部门之间协调配合，增强对海洋经济发展重大决策和工程项目的协调力度及对政策措施的监督和实施力度。加强组织领导，成立对应的工作和领导机构，落实具体责任人，搞好分工协作，形成合力，加大协同推进力度。建立海洋工作协调机制，成立以省内主要领导为组长的海洋经济发展工作领导小组，并下设挂靠省发展改革委的海洋经济发展办公室。整合国土、水利、海洋、海事、海监、交通、港务、环保、公安等部门涉海管理的相关职能，大力推进涉海管理与监察执法的集中统一。

二、加强海洋管理能力，完善开发管理模式

健全和完善用海项目会审制度，大力推进区域性集中集约用海，强化海陆联动协调发展。积极探索区域性集中集约围填海开发管理模式，用好用活国家海域使用规划管理政策，大力创新岸线保护利用机制，建立区域海岸红线制度，保护原生态岸线资源，科学开发和利用海域资源和岸线资源。开展全省海岸线资源情况普查、岸线资源等级划分及价值评估

工作，建立岸线资源信息数据库，探索岸线资源使用费征收制度。建立健全海洋渔业部门与海关、海事、边防等涉海部门的联合执法机制，严厉打击各种海上违法行为。

三、改革海洋综合体制，合理整合海洋权限

进一步调整海洋管理的"多头管理"体制，提高中央海洋权益工作领导小组办公室在海洋管理中的作用，加大力度解决中央层面的 17 个涉海管理部委和机构部门臃肿，涉海事务交叉严重的问题。加快对农业部的中国渔政、公安部的边防海警和海关总署的海上缉私警察队伍的整合，从而加强海上执法力量整合、加快海上执法效率提升、切实增强海上维权能力，更好地保障和维护国家海洋权益。

四、拓宽投资融资渠道，设立海洋发展基金

充分运用资本市场，吸引国内、国际资本，拓宽发展海洋产业的融资渠道。加大政府财政扶持和金融支持，大力推动外资引进和民间集资，逐步构建多元化、开放式的投入机制。将海洋专项事业费纳入财政预算，鼓励外商采用多渠道的投资形式开办海洋融资企业。积极吸引社会资金投入海洋综合开发，着力实行股份制及股份合作制，为海洋经济企业提供创新海洋保险服务。开展银企合作，向海洋产业提供专项的借贷服务，优先考虑和着重支持海洋开发的重点项目。探索设立用于海洋基础设施建设和海洋经济综合开发的海洋经济发展基金，鼓励社会组织积极申报。采用海产品博览会、滨海旅游推介会、海洋经济投资洽谈会等方式进行招商引资，形成多元化海洋经济投资机制。

五、健全公共服务体系，构建海洋服务平台

加快海洋防灾减灾体系建设的完善速度，开展近岸精细化预报预警能力。加强渔政保障基础设施建设，建设执法快艇防台风避风锚地，保障执法快艇避风停泊。建设深水网箱后勤基地，探寻海岛多元化租赁模式。

六、打造科技创新体系，组建技术创新联盟

以科技创新引领海洋产业发展，建立产学研一体化平台，不断推升海洋科技研发水平。培育一批中小型海洋科技企业，发挥其在海洋科技创新中的主体功能。落实高新技术企业认定及相关税收优惠政策，建立海洋科研机构和企业研发投入激励机制，优化科技力量布局，加快科技成果转化。大力推行海洋科技合作战略，引导和支持创新要素向企业集聚，增加科技兴海专项资金，用于支持海洋开发的技术攻关、成果转化和推广应用。强化与海洋类高等科研院所的科技交流与合作，进行重大技术攻关，加快建立以市场为导向、以企业为主体、产学研结合的海洋产业技术创新战略联盟。

第九章　深莞惠汕湾区海洋产业布局构想

第一节　深莞惠汕海洋产业协调合作发展总体构想

在全球人口持续增长以及传统资源日益枯竭的 21 世纪,海洋成为解决人类食物、健康、能源等重大问题潜力巨大的资源宝库,世界沿海各国无不争相把发展重心放在海洋开发上,力争抢占海洋科技和产业发展的制高点。"21 世纪是海洋的世纪""谁控制了海洋,谁就赢得了未来",海洋产业发展成为世界性的热点问题,它支撑着一个国家和地区未来发展的战略空间,对国家和地区的未来国际竞争优势确立起着决定性作用。

自 2013 年国家提出"一带一路"倡议和"建设海洋强国"战略部署以来,广东省积极发展海洋产业,争当全国海洋经济发展"排头兵"。2014 年,经省政府主要领导批示,同意汕尾市按"3+1"(深莞惠+汕尾)模式参与深莞惠经济圈建设,为发展强度、密度已经很高的珠三角地区增加 455 千米的海岸线和 4235 平方千米的海域面积,从战略上整合了珠三角与粤东两大区域的海洋资源和海洋产业优势。这是广东学习贯彻习近平总书记系列重要讲话精神,全面落实海洋强国战略、构建 21 世纪海上丝绸之路的重大举措,是推动海洋资源开发、促进海洋产业转型升级、加快海洋科技创新、加强海洋生态文明建设、完善海洋灾害预防的重要途径。为更好掌握深莞惠汕海洋产业发展概况,探索海洋经济发展规律,打造海洋区域多方合作共赢格局,促进海洋强省目标早日实现,汕尾市海洋与渔业局联合汕尾市委党校和汕尾市海洋产业研究院,共同开展深莞惠汕海洋产业协调合作发展研究,形成本报告。

一、深莞惠汕海洋产业发展的新形势

(一)海洋产业发展是沿海大国与地区决胜未来的新领域

20 世纪 60 年代以来,日本、法国、美国、英国、澳大利亚、韩国等海洋大国为了竞争和保持其海洋科技的优势,分别制定了相关的海洋产业与科技发展规划,提出了优先发展海洋高新技术产业的战略决策。中国的海洋面积位居世界前十,重视海洋的利用和开发,在未来的国际海洋竞争中处于优势地位,是中国在未来顺应海洋发展潮流、奠定强国之路的必然选择。2011 年以来,国家先后批准了山东、浙江、广东、福建、天津五个海洋经济试验区,浙江舟山群岛新区获批成为首个以海洋经济为特色的国家级新区,辽宁沿海经济带、河北曹妃甸工业区、天津滨海新区、上海浦东新区、广西北部湾经济区、海南国际旅

游岛等沿海区域发展规划相继实施,逐步形成了各沿海省市发展海洋经济百舸争流的局面。2013 年,我国制定了"一带一路"和"建设海洋强国"的战略部署,海洋经济发展步入历史新阶段。

（二）广东建设海洋强省所面临的机遇与挑战

广东是我国海洋大省,拥有的海洋国土面积差不多是陆地面积的 2.5 倍,不仅具有发展海洋经济的资源优势,而且具有毗邻港澳台的进出口区位优势。随着广东经济的转型与发展,科学发展海洋经济的必要性与重要性日益凸显。早在 2004 年广东省委省政府就做出了《关于加快海洋经济发展的决定》,对广东省发展海洋经济的指导思想、原则和目标做出了指示,随后海洋经济开发受到省委省政府的高度重视。2008 年《广东省海洋功能区划》出台,2011 年《广东海洋经济综合试验区发展规划》获国务院批准,上升为国家战略,2013 年省委召开省委常委集中学习讨论会,围绕构建"21 世纪海上丝绸之路"的重大举措和党的十八大报告中关于建设"海洋强国"的战略部署,提出"奋力开创海洋强省建设新局面"的目标。

当前,广东发展海洋经济具备了良好的机遇与条件,也遇到了一定的挑战与制约。主要存在三大问题:一是区域不均衡,具体来说就是珠三角地区过度开发,资源环境约束趋紧,粤东粤西地区海洋资源丰富,却开发利用不足,资源优势未转化成经济优势;二是布局不合理,多年来的总产值增长并未伴随结构优化,沿海各地市在海洋产业开发上普遍存在各自为政、同质与重复建设、无秩竞争等现象;三是技术含量总体偏低,海洋高新技术产业发展缓慢,粗放型、资源依赖型的传统发展模式未能有效转变,海洋资源与生态环境制约加剧。

（三）深莞惠经济圈(3+2)是突破省海洋产业困境的重要平台

2014 年,经省政府主要领导批示,同意汕尾市按"3+2"（深莞惠+汕尾、河源）模式参与深莞惠经济圈建设,承接深莞惠地区辐射转移。汕尾加入深莞惠经济圈为发展强度、密度已经很高的珠三角地区增加 455 千米的海岸线和碣石湾、红海湾,使广东东部三大海湾悉数纳入珠三角。从战略上整合了珠三角与粤东两大区域的海洋资源和海洋产业优势,必将为的海洋产业转型升级、建设现代化海洋产业体系做出新的贡献。

二、深莞惠汕海洋产业协调合作发展的意义

深圳、东莞、惠州、汕尾是广东沿海的相邻城市,四市均具有优越的地理区位优势和丰富的海洋资源,并把海洋产业提升到重要的发展战略上,海洋产值超过自身经济总量的10%。但缺乏促进海洋经济发展的必要合作。打通彼此之间的合作通道,对于进一步做优做强海洋产业有着重大的现实意义。

（一）深莞惠汕海洋产业协调合作发展是落实省委省政府加快粤东西北振兴发展的需要

加快粤东西北振兴发展是全局发展新战略，深莞惠立足广东省发展全局，在海洋产业方面加快与汕尾合作，既为汕尾振兴发展带来新契机，同时也为自身进军粤东海洋市场奠定基础。粤东海洋区域是一块待开发的"净土"，以汕尾为例，汕尾海岸线长全省第二，海域面积 4235 平方千米，蕴藏丰富的水产、矿产、能源和旅游等资源。然而，从海洋产业产值来看，汕尾海洋经济总量偏小，资源利用率较低，与该市丰富的海洋资源不相适应。2013年广东省海洋经济生产总值达 1.23 万亿元，汕尾仅占全省 2%不到，海洋资源开发与利用率偏低；此外，汕尾海洋产业结构以海洋渔业、滨海旅游业和海水利用业为主，三大产业海洋产值占海洋经济总产值的 80%以上，临海工业、海洋医药、船舶制造等新兴产业仍处于起步阶段。这些数据表明汕尾海洋产业基数小，上升空间大，合作回报率高。

（二）深莞惠汕海洋产业协调合作发展是珠三角与粤东海洋产业转型升级、错位发展的需要

深莞惠是广东海洋经济发展基础最好、发展水平最高的区域之一，与之相对应的是较早地遇到了发展瓶颈，海洋资源开发过度，环境压力日趋增大，腹地空间不足。这种情况下需要进一步拓展发展空间，培育新的"后花园"来接纳产业转移，从而保证深莞惠能更好地转型升级新兴产业，促进海洋经济可持续发展。从《广东海洋经济综合试验区发展规划》目标看，要求深莞惠等珠三角海洋经济主体积极培育海洋新兴产业，重点发展海洋高端制造业和现代服务业，着力打造一批规模和水平居世界前列的现代海洋产业基地，而对汕尾等粤东海洋经济体则要求着力发展临海能源、临海现代工业、海洋交通运输、滨海旅游、水产品精深加工等产业。两大区域可以错位互补，携手共进。

（三）深莞惠汕海洋产业协调合作发展是建设海洋强省和探索区域协调发展改革的需要

广东省经济总量和海洋经济虽然长期位列全国首位，但是经济布局并不均衡，从地理分布来看，位于广东中部地区的珠三角地区经济最为发达，而处于带形区域两端的粤东和粤西则相对落后，与珠三角地区的经济相比，还存在不小的差距。深莞惠汕海洋产业协调合作发展是珠三角与粤东城市跨区域的合作发展模式，是《广东海洋经济综合试验区发展规划》与《中共广东省委、广东省人民政府关于进一步促进粤东西北地区振兴发展的决定》两大战略同步落实、交替前行的实践尝试，在海洋强省、海洋强国创新探索道路上走在全省乃至全国前列，为其他地区的海洋开发与区域协调提供有益的实践经验。

三、合作发展的基础

（一）优越的区位优势

深莞惠汕四市西连珠三角经济区，东接海峡西岸经济区，位于两大经济圈交汇处，区位

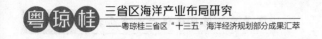

优势明显，水陆交通运输条件便利，海岸线较长，为海洋经济的合作发展奠定了空间优势。

（二）宽松的政策环境

进一步开发利用海洋资源，大力发展海洋经济已是大势所趋，无论党中央、国务院还是省、市政府都高度重视和扶持海洋经济的发展。深莞惠汕四市已达成广泛共识，积极营造宽松的政策环境为下一步的深入合作提供有力保障。

（三）厚实的产业基础

深莞惠汕四市在整体经济发展水平上虽呈不平衡之态，但具体到海洋产业的发展，四市各有千秋，发展总体水平较高，具有较为厚实的产业基础，资源优势和技术优势比较突出。

（四）良好的创新环境

深莞惠汕四市政府大力支持体制机制创新，鼓励和强化技术创新，精简放权，深化行政体制改革，积极为各方"松绑"，营造优良的创新环境，释放更大制度活力。尊重知识，尊重人才，尊重各方的首创精神，加快思想观念转变的步伐，形成人人敢创新、人人爱创新、人人能创新的开放与包容的大环境。

四、合作发展的总体思路

深莞惠汕海洋产业协调合作发展的整体思路是：在国家海洋经济发展战略的宏观框架内，在《广东省海洋经济发展"十二五"规划》《广东海洋经济综合试验区发展规划》等文件精神的指引下，牢牢立足区域实际，紧密结合各市特色，树立"大产业"思维，以海为媒，通力合作，抱团发展，着重在滨海旅游、现代海洋服务业、现代海洋渔业、临港工业、海洋生态资源保护、海洋防灾减灾、海洋教育事业等领域开展深度合作，以实现优势互补，达到双赢、多赢的效果。深莞惠汕四市在广泛调研基础上，选准海洋经济发展的共同点和发力点，积极培育新的海洋经济增长点，力促海洋三次产业的大协同、大发展，在振兴各市区域经济的同时，还有利于深莞惠经济圈（3+2）进一步扩容提质，最终有助于区域经济统筹协调发展和区域整体竞争力的跃升。

五、合作发展的目标

建成全省一流的海洋产业发展区域合作示范区，建立适应海洋产业协调合作发展需要的区域基础设施网络，建立公平开放的区域海洋市场体系，构建优势互补的区域海洋产业协作体系，打造深莞惠汕区域海洋合作品牌，提高区域整体竞争力和影响力，形成互联互动、协调发展、共同繁荣的海洋产业发展新格局。

上述总体目标又可以按时序分解为以下阶段性目标：

第一阶段是 2014—2016 年，以《深莞惠区域协调发展总体规划》为基础，打造四市海洋产业合作品牌。首先建成适应海洋产业市场需求的区域综合性基础设施网络；其次是发挥政府的公共行政职能，为区域内海洋经济要素和产品市场体系建设提供良好的制度环境；最后，凭借独特的区位优势，打造海洋经济发展的新平台与新经济增长点，形成较有影响力的海洋产业合作品牌。

第二阶段是 2016—2020 年，通过市场配置实现区域海洋产业协作发展，建立开放竞争的海洋经济要素和海洋商品市场体系，整体提高竞争力和影响力，形成区际之间互联互动的协调发展格局，不断提升本区域海洋产业发展的品位和层次。

六、合作发展的预期收益

（一）社会效益

通过深莞惠汕海洋产业协调合作发展，不仅有利于实现区域经济的协调发展，特别是有益于汕尾市经济社会的迎头赶上，最终有助于实现全省区域经济的统筹协调发展；还有利于大力贯彻国家及的海洋经济发展战略与政策，有助于区域知名度和影响力的提升。

（二）经济效益

通过深莞惠汕海洋产业协调合作发展，构建的区域统一海洋市场，破除了诸多区域市场壁垒，可以大大降低市场交易成本，提高市场交换效率，有效地节约了稀缺资源；通过深莞惠汕海洋产业协调合作发展，可以有效地实现海洋产业的集聚，通过规模经济谋求更高效益；通过深莞惠汕海洋产业协调合作发展，兴起和扶持的海洋产业相关企业会日渐增多，可以有效地吸纳剩余劳动力，有助于缓解就业压力；通过深莞惠汕海洋产业协调合作发展，有利于政府税收增加和区域经济的振兴与崛起。

（三）生态效益

通过深莞惠汕海洋产业协调合作，率先引进和发展海洋新兴产业，提高海洋产业的科技附加值，可形成低碳、环保产业集聚链条，有助于区域生态环境保护；通过海洋生态资源保护和防灾减灾工作的协同，现代渔港建设、湖海水质的修复与改善等，可以切实起到保护渔港环境、水质环境和生态景观之功效，有利于实现社会、经济和生态之综合效益。

第二节　深莞惠汕湾区滨海旅游业发展

一、基本情况分析

深圳、东莞、惠州、汕尾的滨海旅游资源存在一定程度的同质性，都具有优美的环境和高品质的沙滩，适合开展滨海度假旅游，如果不能协调发展，将会导致重复建设，造成区域内竞争，导致旅游资源的内耗，难以实现滨海旅游带整体水平的提升。应当考虑如何进行差异化开发与经营，以避免滨海旅游开发中最容易出现的"同质性"问题。

汕尾市沿海气候温暖宜人、阳光和煦明媚、空气清新舒适、沙滩柔软细润、海水蔚蓝洁净，优雅的环境对游客有较大的吸引力。根据广东省海域海岛地名普查，汕尾市共有海岛881个，无居民海岛879个（含陆连岛12个），滨海旅游自然资源非常丰富。汕尾滨海旅游资源表现出了四个特性：①观光类旅游资源的原生性；②度假类旅游资源的组合性；③海岛旅游资源的独特性；④水上运动休闲旅游资源的潜在性。总之，滨海旅游资源具有潜在竞争力。

二、深莞惠汕滨海旅游存在的主要问题

（一）旅游产品规划设计单一，内容不够丰富，游客滞留时间短

目前深莞惠汕滨海旅游产品多为观光型旅游产品，而这种产品是旅游产品中最基本的层次，不能满足游客多方面的需求，旅游体验的效果也不够好，进而造成旅游者的停留时间不长，所产生的经济效益十分有限。

游客可以参与的旅游项目主要是海上观光、餐饮娱乐、水上牵引伞、划船、摩托艇等。而现有游船总体上档次偏低，数量少，缺乏可提供观光、娱乐、餐饮等综合功能的中高档游艇，而豪华邮轮更是少见。建设可供游艇泊靠的码头、供游客休闲娱乐的度假区对提升深莞惠汕滨海旅游的层次大有裨益。

（二）滨海旅游文化底蕴开发不够，特色文化有待彰显

旅游与文化的关系一直是很多旅游学家热衷于讨论的话题之一，也是能不能做好旅游产品的关键。有学者认为刺激人们产生旅游动机的因素有直接、间接的旅游经验，而绝大多数旅游动机的刺激因素是文化性质的。有学者运用因子分析法对中国4个具有代表性的滨海旅游城市厦门、青岛、三亚和大连进行了实证分析，研究表明旅游文化特色和创新能力与游客数量呈正相关的关系。作为滨海旅游城市，深莞惠汕原生态的滨海旅游自然资源十分丰富，很多滨海旅游景点具有丰富的历史文化内涵。但是就目前深莞惠汕滨海旅游的发展看，没有很好地将历史文化与滨海景点的设计融为一体，特色文化有待彰显。

（三）深莞惠汕区域滨海旅游协调发展程度低，缺乏协调机制

深莞惠汕滨海旅游的发展水平参差不齐，滨海旅游各自为政，缺乏协调，造成过度开发和未开发并存的现象，目前没有有效的协调机制来协调深莞惠汕滨海旅游的发展。

三、深莞惠汕滨海旅游业协调合作发展路径

（一）将汕尾打造成广东滨海旅游的强有力的支点、珠三角的"后花园"

深圳作为广东滨海旅游带的"龙头"，其核心带动作用未能很好地体现，这折射出深莞

惠汕的区域协调合作尚处于较低水平。在滨海旅游带的合作中应当把深圳的核心作用进一步突显出来。由于深圳滨海旅游受海岸线的限制，深圳应当加强与滨海旅游带其他城市（特别是汕尾）的合作，对汕尾滨海旅游业的发展提供技术和资金支持，寻求互利多赢的发展模式（BOT/PFI/PPP），带动滨海旅游业的区域协调发展，汕尾拥有广阔的空间可供深圳、惠州、东莞开发。

（二）均衡滨海旅游带的整体发展

当前无障碍旅游发展较好的地区，主要是在客源上存在着较大互补性的区域之间，而对于存在较大客源竞争的区域之间，或者一方为客源地，一方为目的地的区域之间，无障碍旅游实施得并不理想。广东滨海旅游带的发展极不均衡，深圳、东莞、惠州、汕尾之间存在较大差距，汕尾作为旅游目的地和旅游客源地的发展都不理想，旅游业发展落后，区域旅游市场的双向互动格局未能形成，这样会导致城市之间的关联度不强，区域旅游协作的稳定性较差。因此，在强化深圳的区域核心作用的同时，必须加快其他城市旅游业的发展，实现区域滨海旅游业均衡，是深莞惠汕滨海旅游带区域协作稳定发展的关键。

（三）健全区域旅游协作机制

1. 构建完善的技术性支持平台

建立高响应度的信息共享与市场促销平台，高便捷度的交通体系，高互动性的游客组织系统与支持系统，强化高关联度的政府公共管理行为与民间资源配置能力。

2. 建立多元化的协调机制

通过政府间的磋商协调机制，完善政策法规体系，从宏观层面上消除行政边界的障碍与壁垒，通过民间组织的制度化谈判博弈机制，建立行业监管体系，走向理性的区域交融和产业转移、整合，通过企业间的市场化调节机制，构建产业结构体系，从微观层面上提升资源配置区域一体化的优势。签署深莞惠汕滨海旅游区域协调联动发展备忘录，协议起草由四市相关单位协调沟通完成，政府要引导深莞惠汕滨海旅游协调联动发展。成立深莞惠汕滨海旅游产业协会，将相关企业和协会都纳入其中，定期在协会内推介各市优质资源、优惠政策、使用成本、市场前景等，促使产业的合理转移、整合。

3. 协同制定发展战略，进行统一、明确的形象定位

协同制定发展战略，将深莞惠汕滨海旅游带作为一个整体来进行旅游规划与开发，突出各市的资源特色，避免区内竞争，造成资源内耗。缺乏统一、明确的形象定位一直是广东滨海旅游开发的一大缺陷，应对滨海旅游带进行鲜明的整体旅游形象定位。

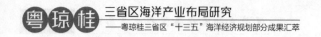

4. 激活互动化的运作要素

建立区域旅游合作领导机构，进行联合旅游推广，深莞惠汕联合申请广东省推出类似于"好客山东""醉美贵州""七彩云南"这样的高品质旅游宣传片，深莞惠汕合力申请，成功的概率大增。宣传景点向欠发达地区倾斜，例如红海湾、金厢滩等一系列汕尾优质景区都应该出现在宣传片上，通过这个宣传片再以中央一、四、十三频道为核心的一系列宣传媒体循环播放，让全国人民知晓深莞惠汕滨海旅游，促进深莞惠汕滨海旅游发展。

对跨边界的旅游线路进行无缝衔接，建设"无障碍旅游区"，为游客提供无缝隙服务，尤其是要推进"旅行社无障碍旅游"的发展，使现在旅行社的旅游运作模式由"游客——组团社——地接社——旅游目的地"模式向"游客——组团社——旅游目的地"和"游客——旅游目的地"的模式转变。

（四）短期内可以立即展开合作的几个方面

1. 开发海岛资源

深莞惠汕近岸海域分布着许多极具魅力的岛屿，但是目前海岛的旅游开发尚未起步，而有业内人士指出海岛旅游极具潜力，使海岛成为人们休闲度假娱乐的重要目的地，丰富的海岛资源将成为深莞惠汕滨海旅游的特色和亮点，海岛对高端游客有着巨大的吸引力，高端游客对经济发展有着潜在的推动力，深莞惠汕应重视和利用海岛资源。滨海旅游可以在海岛上大做文章，开发海岛相对阻力小，四市在海岛开发方面展开合作有着广阔的前景，有多元的合作模式可供我们选择，以实现互利多赢。丰富的海岛资源是深莞惠汕的一条珍珠链，将有力助推滨海旅游的发展。

2. 协调设计旅游航线

深莞惠汕应协调设计游艇航线，合理布点，突出各市特色文化，将滨海旅游资源融合为一个统一的整体，深莞惠汕区域一体化将首先在滨海旅游领域内实现。

第三节　深莞惠汕湾区港口物流与临港产业布局

一、基本情况分析

港口物流是指中心港口城市利用其自身口岸优势，以先进的软硬件环境为依托，强化对港口周边物流活动的辐射能力，突出港口集货、存货、配货特长，以临港产业为基础，以信息技术为支撑，以优化港口资源整合为目标，发展具有涵盖物流产业链所有环节特点的港口综合服务体系。国内外发展经验表明，对于沿海地区的经济发展，港口是带动区域经济发展的核心战略资源，港口物流作为港口经济的核心和重要支撑，已成为连接港口——

港口产业——港口城市发展的纽带。

随着世界经济全球化，贸易自由化和国际运输市场一体化的形成，尤其是现代物流的发展，港口已经成为全球供应链中的重要环节和关键节点。据统计，90%的世界贸易(按吨计算)是通过海上运输完成的，港口作为贸易链上的重要环节，吞吐量的增长与贸易增长密切相关。港口已不再是传统的仅具有单一的装卸、仓储和运输功能，被游离于生产、贸易和运输之外的企业，而是经济、贸易发展的催化剂，港口能对周围地区和腹地产生巨大的辐射功能，推动地区乃至世界经济与贸易的发展。

深莞惠汕港口物流业发展参差不齐，深圳、惠州发展水平较高，汕尾则尚未起步。汕尾市发展港口物流，依托港口物流承接珠三角产业转移，发展临港产业是汕尾"融珠"的必经之路。汕尾"融珠"港口物流、临港产业先行具有先天优势，可操作性强。汕尾市大力发展港口物流业已势在必行。当然仅仅依靠汕尾的资源来发展港口物流业条件尚不成熟。2013年省委、省政府提出《进一步促进粤东西北地区振兴发展的决定》，将汕尾定位为珠三角产业拓展的集聚地，深圳于2013年底成立深圳帮扶汕尾指挥部，珠三角向欠发达地区的产业转移正进行得如火如荼，汕尾市借力发展港口物流业的时机已经到来。

汕尾发展港口物流的战略考量是通过引进成熟的港口集团打造港口物流的基础设施，带来先进的管理理念和成熟的管理制度，以港口物流作为吸引凤凰的梧桐树，吸引涉及港口物流的企业在产业转移的过程中选择合作区，发展临港产业，以港口物流、临港产业作为支撑，带动汕尾经济社会的快速发展。

二、深莞惠汕协调联动发展港口物流

（一）优化政府服务搭建合作平台

加强对港口物流发展统一的决策、调控、规划、管理和扶持，合理配置深莞惠汕港口资源，提高流通效率，促进深莞惠汕港口物流一体化的建设。要加强规划调控，抓紧编制港口物流业发展规划，以规划引导发展，以规划促进发展。理顺港航体制，培育壮大港务集团，激发行业内部发展活力。强化政策争取，积极向上争取包括口岸保税政策等各项政策，为港口物流业发展打造广阔空间。加强港航发展的战略研究和工作研究，争取港航发展更大的主动权和在省内、国内的发言权。整合行政资源，形成部门合力。在理顺港行体制，发展港口物流方面拥有很多有益的探索，在优化政府服务这一方面与深莞惠开展交流，通过学习借鉴，提高政府服务水平。深莞惠汕搭建政府间合作的平台，将沿海港口资源通盘考虑，搭建深莞惠汕港口物流联动发展的贸易网和物流网，此举将有力地推动区域经济一体化和区域经济协调联动发展。山东半岛蓝色经济区模式具有一定的借鉴意义。

（二）推进战略合作

汕尾发展港口物流业底子薄、困难多，推进战略合作，可引进一流合作伙伴。着眼物流链上关键环节和一流企业，通过合资、合作、资源出让、特许经营等方式，用相对较小的投入换取最大的回报。积极构建与物流链上下游企业的合作关系，主要包括原材料企业、生产企业、外贸企业、货代企业等，着重开辟货物供销市场，掌握物流的市场主动权。努力与物流链运输环节企业结成战略伙伴，包括海运方面的码头运营商、船公司、船东，陆运方面的专业物流企业、集卡公司等，通过分工合作、利益共享，掌握货物流向。深莞惠汕在港口物流合作方面构筑战略联盟，巩固、拓展、分割更大的物流腹地。

深汕特别合作区小漠国际物流港开发建设项目，正是在这样的契机下应运而生，契合深圳汕尾的实际情况，这个项目由深圳市特区建设发展集团有限公司（乙方）、深圳市盐田港集团有限公司（丙方）投资建设，该项目总投资约 264 亿元，其中起步工程（2 个散杂货泊位、LNG 泊位以及起步物流园区）总投资约 23 亿元。投资方具体负责小漠国际物流港用地进行土地一级开发，同时承接小漠国际物流港的港口、临港产业、物流园区的投资、开发、建设与经营。这是一种优势互补、互利共赢的发展模式，汕尾将为这些项目提供全力支持，鼓励深莞惠有实力、有信誉、有成熟管理经验的公司参与后续的基础设施项目，深莞惠的企业在汕尾是大有可为的。这种模式是一种有益探索，深莞惠汕可以积累经验，展开全方位的协调合作发展。

（三）加强政策支持

认真落实国家及省出台的有关物流业发展的政策意见如《物流业发展中长期规划（2014—2020 年）》《广东省物流调整和振兴规划》《推进珠三角地区物流一体化行动计划（2014—2020）》等，用足用好各项政策。从实际出发，抓紧研究制定包括准入、用地、税收、融资等在内的配套政策措施，促进物流业快速发展。鼓励和扶持本地物流企业发展，促进汕尾港口物流业进入珠三角物流体系，加快发展壮大。利用深汕合作的契机，深汕特别合作区的企业应最大限度地争取深圳的支持。

（四）抓好人才引进与培养合理配置深莞惠汕物流人才

物流人才紧缺是港口物流业发展面临的一大难题，花大力气引进和培养专业物流人才，一方面实行柔性用人机制，全方位、多渠道借脑、引智、招才，不拘一格缓解港口物流业发展的"专业人才荒"。另一方面，积极开展对港口、物流企业管理人员的培训，送出去深造、内部培训两手抓，既培养中高级物流人才，又培养物流蓝领工人，形成合理的人才梯度。可以引导汕尾职业技术学院与国内物流专业水平高的院校合作，设立港口物流专业，培育港口物流人才。深莞惠汕可以探索港口物流人才交流培养机制，共同提高域内港口物流人才水平，不要出现发达地区人才富余，欠发达地区人才稀缺的现象。

（五）完善基础设施强化物流配套

汕尾市要统一规划，按照企业市场运作的原则，完善运输工具、站场设施、仓库、装卸工具、通信设施等支撑物流系统的基础设施，不断提高装卸设备的技术水平。在基础设施建设方面，深莞惠汕拥有广阔的合作空间，选择条件成熟，适合开发的项目，通过多赢的合作模式展开合作，利益、风险合理分配。

三、深莞惠汕临港产业联动发展

充分利用沿海优势和便利的海运优势，港口物流联动发展，以港口物流联动发展为基础，加快临港产业发展，进而产生联动效应，对于拉动深莞惠汕经济发展、提升区域经济协调发展水平具有积极意义。

（一）优化产业布局，提高临港产业集聚程度

深莞惠汕临港产业正处于产业聚集与产业联动紧密相连的关键阶段。多数临港产业区产业布局在规划设计时没有将港口特色、腹地经济考虑其中，存在产业同构、产品同构的结构性障碍。产业高度、产业集聚程度和产业转移力度，决定着产业拓展空间。产业规划和布局，不仅应充分考虑临港产业区自身的条件和特点，还应统筹兼顾临近产业区以及腹地产业的发展状况，在促使区域内部产业高度关联的同时，亦可将临港产业链向外拓展延伸，从而使产业联动发展由要素集聚阶段向要素扩散阶段演变，辐射效应逐渐扩大。着眼长远，临港产业区应结合区域特性、港口发展、腹地经济等情况，因地制宜优化产业布局。通过优化产业布局，形成一批投资规模大、关联度强、科技含量高、带动作用强、产品附加值高的优势产业集群，着力打造和延长产业链，提高区域产业竞争力和赢利能力，进而有效地提高产业整体的竞争实力和对区域经济发展的支撑力。

（二）完善配套设施建设，促进临港产业转移和整合

基础设施的优良、便利是增强区域产业联动发展的一个重要推动力。产业联动进程中，必然伴随着生产要素的流动，而生产要素的有序自由流动离不开方便快捷的交通和通信网络作支撑。道路交通网络、水电供应体系等都是反映区域产业合作、城市联动发展水平的基本要素。

良好的物流交通条件能够优化区域环境，整合物流资源，降低区域互动、产业关联的运输成本，促进资本、人才、商品的最优配置，进而增强临港产业链前后向的联系，推动相关产业的转移和承接，产生联动发展效应。随着交通物流基础设施的建设和系统功能的完善，区域内分工协作越发合理和高效，区域产业联动进入活跃期。目前，囿于行政区划分割，区域间交通通信等临港产业配套设施建设尚没有形成一个完整的网络体系。因此，应结合深莞惠汕区域空间发展要求，统筹规划、联合建设、合作经营，加强区域间道路衔

接、产业片区供应体系等基础设施建设，在此基础上实现配套设施共建共享，以此带动区域间产业联动发展。

（三）加强政策引导，实现产业优势互补和协作共赢

在临港产业发展中，主导产业的形成和壮大在给区域发展带来竞争优势的同时，亦拉大了与其他产业的距离，不利于形成优势互补、协作共赢的局面。在当前企业、产业和区域可持续发展中，越来越强调通过构建和延伸产业链，来获取产业联动效应，提高产业经济效益。

因此，政府应及时发挥宏观调控作用，通过政策引导，扶持带动相关产业的协同发展，延伸产业链，将整个区域内的产业调动起来，使不同梯队的产业能够寻求更多的壮大发展机会，形成多方互利，多方共赢的发展局面。区域内的行业组织在产业联动制度环境中也应发挥应有的作用，科学合理制定行业规范或技术标准，避免行业间的恶性竞争，引导产业从"区域竞争模式"逐步向"区域合作模式"转变。

深莞惠汕联合签署《深莞惠汕临港产业联动发展备忘录》，协议具体内容由四市沟通商定。

成立《深莞惠汕临港产业协会》，将深莞惠汕相关企业全部纳入协会。将深莞惠汕的基础设施条件和使用成本定期在协会内推介，促使企业在区域内合理转移、整合，达到资源配置的最优化。

（四）搭建信息平台，实现产业联动市场化发展

目前，产业联动发展受市场需求、生产成本、产品利润等因素的影响越加明显，这意味着市场主导型产业联动机制已开始发挥作用。当然，目前市场主导型的区域产业联动机制还不成熟，产业联动发展的领域在很大程度上受到政府政策的影响和制约。"产业联动领域的政府主导比例过大、市场化程度不高，一般主要集中在资源、能源、基础设施、房地产以及大型娱乐场所开发等方面。"因此，当务之急是增加市场在区域产业联动发展中的主导作用。要发挥市场的主导作用，首先应建立综合信息平台，避免信息不对称导致的市场失灵。由于区域间、部门间、行业间、企业间的信息标准不一致，加之条块分割、各自为政在一定程度上还存在，现有的市场信息资源不能共同分享、信息系统缺少有机连接，造成了联动发展中的"信息孤岛"现象，严重地阻碍着临港产业的联动发展。因此，为推动产业的联动发展，应加快区域信息平台构建，并以此整合信息资源，提高区域间、产业间的信息关联度，消除产业发展中的"信息孤岛"现象，实现产业联动信息化、市场化发展。

第四节　深莞惠汕湾区现代海洋渔业布局

深莞惠汕现代渔业发展，深莞惠已成规模，汕尾开发潜力大，四市在海洋渔业产业协调发展方面有着广泛的合作共赢空间。

一、基本情况分析

四市海洋渔业发展各有特点：就开发程度与开发技术而言，深莞惠要远胜于汕尾，但其地处珠三角工业带，海洋污染形势较为严峻；就水质与水产资源而言，汕尾工业污染少，水质大部分达到国家海洋水质一类和二类标准。汕尾海湾滩涂和浅海面积宽阔，远岸海域岛礁众多，水质肥沃，养殖条件优越，成为许多经济鱼类生长繁殖的好场所，且多数鱼类具有经济价值高、分布广、繁殖力强、无污染等优势，是全国著名的优质渔场。因此，现代海洋渔业的发展应以汕尾为中心开展区域合作，着力打造汕尾"南国渔都"品牌。

二、深莞惠汕湾区现代海洋渔业发展存在的主要问题

（一）资金投入不足，渔业基础设施和配套装备落后

汕尾全市共有渔港12个，其中汕尾渔港、甲子渔港为部一级渔港，碣石渔港为省一级渔港。由于全市经济基础总体薄弱，资金投入匮乏，许多渔港经营与维护困难，后勤配套建设跟不上，未能充分发挥其对渔业的带动和辐射作用。通过对样本户的调查发现，有超过一半的渔民认为渔业基础设施及其配套设施建设落后制约了渔业的可持续发展。而部分渔船破旧，捕捞设备落后，致使捕捞生产效益不佳，渔民仍难以发家致富。

（二）渔业产业化程度低，产业结构不合理

主要体现在两方面：一是产业化程度低，产品附加值低。目前，大部分地区水产品养殖仍沿用小农经济模式，工厂化、规模化养殖场较少，渔业机械使用率低，离集约、高效、标准化养殖之路还有一段路要走；二是养殖业、加工业和市场供需三大结构失衡。养殖业占据大头，加工业发展滞后，精深加工、技术含量高成品较少且种类较单一，难以满足市场安全、新鲜、规模、多样需求。

（三）养殖户组织化程度不高，市场竞争力不强

汕尾水产养殖户多为小规模的农户，对他们来说，参加合作社是其适应大市场的根本出路。从现实的情况来看，目前大宗养殖合作社少，养鱼户组织化程度不高，现有合作经济组织的服务能力低，带动能力弱，风险信息不灵通，市场竞争力不强。常出现在鱼苗、饲料、渔药供应和产品销售方面严重受制于经销商和鱼贩等现象，个体市场活动也只是"以街为市、以路为集"的零散模式，难以形成规模效应。

（四）物流水平滞后，影响经营利润和经营模式创新

在深圳、东莞等海洋渔业发达地区，生鲜产品从采收—商品化处理—运输—贮藏—销售整个过程基本在冷链(冷藏库或气调库)中进行，保质措施到位，有效控制了物流成本，提高了鲜农产品的毛利。目前，汕尾海鲜进入冷链系统的水产品仅为20%左右，水产品在流通环节成本高、损失大，直接影响经营利润。此外流通现代化程度较低还影响了销售模式的转型。水产品流通配送、连锁经营、拍卖交易、电子商务等新型交易方式还处于起步阶段，许多商家因物流成本压力而仍主要采用面对面的交易方式，一定程度上导致汕尾渔业封闭，难以走出外地、打响自身品牌。

三、深莞惠汕湾区现代海洋渔业合作路径

（一）以汕尾（马宫）中心渔港为依托，打造南国渔都

充分发挥汕尾海域、海岸、渔港和水产资源优势，大力拓展渔业经济发展空间，提高渔港现代化建设水平，注重延伸渔业产业链条，推进渔港综合功能开发，以中心渔港为依托，着力打造集水产品流通与加工、休闲渔业和城市建设为一体的沿海发达经济区域，形成以港兴区、港区联动的现代渔业经济发展新格局，树立汕尾"南国渔都"品牌。

1. 积极探索市场化运作，创新融资方式

在税收、土地租金、渔港管理等方面制定相应政策，按照"谁投资、谁受益"的原则，积极吸引本地和深莞惠企业等民间资金技术，以股份制、特许经营权（BOT）、PPP、股权、公益项目与盈利项目组合（捆绑）招标等多种形式参与港区建设开发，实现投资主体多元化，使汕尾渔业基础设施建设开发尽快进入良性快速发展轨道。

2. 完善基础设施建设

加强完善汕尾（马宫）中心渔港码头、交易物流、展销服务和加工仓储等配套设施，大力拓展渔港区的多元功能，积极筹建集水产品交易和物流配送中心、检验检疫中心、海洋产品展贸中心、休闲观光等于一体的汕尾（马宫）海洋渔业科技产业园区。

3. 积极引进渔业项目

以海洋捕捞业、海淡水养殖业和水产品深加工为重点，积极引进大型渔业项目落户。

4. 做好宣传工作

加大宣传力度，积极策划组办名优水产品、全国水产品展销会等活动，树立水产品牌。

（二）加大传统海洋渔业的改造力度，促进渔业转型升级

1. 加快水域养殖开发

积极发展特色名贵品种养殖，合理控制养殖的区域及面积，积极防治养殖污染。第一，引进深莞惠资金与技术，共同开发，加快水域滩涂、荒沙荒地和低产田的整治，加强养殖基地化建设等措施，逐渐形成罗非鱼、虾类、蟹类、鲍类等养殖支柱产业。第二，共同提高贝类和鱼类网箱养殖的综合效益。第三，重视发展休闲渔业，共同发展渔业观光旅游、水族观赏、观赏鱼养殖和满足休闲娱乐要求的垂钓活动等。

2. 发展水产品精深加工及配套服务产业，推进深莞惠汕形成紧密的产业链

首先，帮扶汕尾提升水产品物流水平，建立健全水产品冷冻加工基地以及水产品的冷藏链系统，建成水产品物流中心，形成深莞惠汕企业开拓粤东市场的基地。其次，以深圳为龙头，发挥惠州、东莞发达的物流基地与批发市场作用，加快汕尾海产品出口步伐。

3. 更新渔船装备设备，加快发展外深海捕捞与开采

汕尾市海岛数量多，众多海岛渔产丰富，却由于渔船配套落后而难以进行捕捞、开采。深莞惠汕四市可以整合各自人力、物力、财力，扶持建设装备先进和生产力水平较高的渔业船队，向外深海捕捞与开采"进军"，形成"共同开发、共同受益"的格局。

（三）健全海洋渔业服务体系，提升政府公共服务能力

学习深莞惠经验，整合汕尾全市渔业捕捞、水产养殖、远洋渔业、水产品流通与加工等力量，成立渔业协会，鼓励渔民建立现代渔业合作社，充分调动民间组织和民间力量，让民众自发组织学习交流、互补互促，形成强大的渔业经济发展网络，打造一支全产业链联合舰队。当然，政府在这支"舰队"中要始终加强公共服务能力，为渔民提供优质的公共服务，如养殖技术服务、市场信息服务、良种体系及饲料服务、渔机渔具服务、信贷保险服务以及落实各种惠渔政策。

第五节　深莞惠汕海洋生态资源布局发展

海洋是一个不可分割的整体，由于海水流动的自然属性，一个区域的海洋污染往往会通过海水漂流牵连到另一区域，因此海洋开发和保护也必然需要各方的共同努力。深莞惠汕作为海域邻近的城市更应相互合作，采取有效对策，共同保护海洋生态环境，实现深莞惠汕海洋产业的可持续发展。

一、深莞惠汕海洋生态资源基本情况分析

深莞惠汕四市基本上都不同程度地感受到近海生态环境和资源瓶颈制约的压力。

（一）深圳

由于近年来海域开发过度以及污染严重，面临各种生物资源和养殖用地均急剧减少，岸线资源消耗殆尽，滨海旅游资源日益减少等问题。从西部海域看，海水水质标准为中四类或劣四类，已基本不能用于养殖。从东部海域（大鹏湾和大亚湾）看，其水质尚好，符合二类标准，但在沙头角湾口等部分海域无机氮和无机磷的污染水平也已经达到了四类标准，再加上大亚湾核电站制约，显然东部沿线开发有限，且空间日益压缩。

（二）东莞

当前海洋环境质量总体继续保持稳定，局部有所改善，但全海域海水依然劣于海水水质四类标准，属于严重污染海域。

（三）惠州

海域生态环境较前两市状况乐观，但随着海洋经济的发展和连年污染也给近岸海域生态系统造成严重破坏。例如，大亚湾沿海岸线由于围海造地、海水养殖、码头泊位建设等因素，海岸带被过度开发，滨海湿地大幅度减少，近岸海域生态系统破坏严重。

（四）汕尾

市辖内近岸海域海水水质总体较好，大部分监测指标达到国家《海水水质标准》一类或二类标准。然而，随着城市扩容以及临海工业的快速发展，再加上陆域污染源的增多以及海水养殖中的自污染问题，汕尾海域正面临着巨大的海洋环保压力。

二、深莞惠汕湾区海洋生态协调合作路径

（一）以科学发展观为指导，转变粗放型的海洋开发模式

以"减量化、再利用、资源化"为原则，建立深莞惠汕高效联动的海洋经济产业链和特色海洋产业集群，加快绿色、科学、合理的海洋产业结构转型，实现人与海洋的和谐发展。

（二）加强海洋科技支撑

积极发挥深圳科技辐射作用，建立多元化的海洋科技投入体制，拓宽资金渠道，促进创业投资发展，积极推荐和协助有实力、成长性强的海洋高新技术企业到其他三市投资，带动和扶持当地蓝色经济走向现代化。建设一批工程技术研究中心、成果转化与推广平台、信息服务平台、环境安全保障平台和示范区（基地、园区），形成技术集成度高、企业和高等院校及科研院所相结合的科技创新平台。

（三）加大海洋保护区建设，争取把四市重点港（湖）纳入省和国家海岸带综合整治修复试点

将海岸线保护、海堤建设、海岸防护林建设有机结合起来，统筹规划，有序推进海岸带综合整治修复，加强海岸、防护林带、红树林、滨海湿地等生态系统维护，为市民提供更多洁净沙滩和亲海平台。

（四）提高海洋环境监测水平及风险防范应急能力

一是加强海洋环境质量与污染源状况监测，以掌握各功能区陆源入海污水量、污染物种类以及浓度和近岸海域海洋生态受污染状况；二是加快污水处理厂和截污管网建设，强化污水处理厂运行监督，最大限度降低陆域污染源对海域的污染；三是加强海洋与渔业环境灾害和污染事故应急监视监测和管理，避免污染扩大化。

（五）加强海监、渔政、边防海警巡航舰艇和执法基地建设

包括联合有关政府部门共同重点治理环境污染，加强各地海洋环境监测信息平台建设和信息互通，建立促进海洋生态环境保护的联动机制，建立区域海事、海洋与渔业、港务、边防、海警、消防、海上搜救部门间的协调合作和联合执法机制。四市海陆联动，依法从严查处陆源污染，坚决关停不能稳定达标排放的污染企业。

第六节　深莞惠汕湾区的海洋防灾减灾统筹

一、深莞惠汕海洋防灾减灾基本情况分析

广东省是海洋大省，也是我国海洋灾害最严重的地区之一，海洋灾害范围广、频率高、成灾重。当前，随着陆域空间和资源的日益匮乏，经济社会发展对海洋的依赖和需求程度越来越高。深莞惠汕四市开发利用海洋的热情亦空前高涨、力度不断加大，人口和产业也正在以更快的速度向该区域聚集。在这种形势下，海洋灾害发生的风险和所带来的损失都呈明显上升趋势。海洋灾害对沿海地区经济社会发展和人民群众生命财产安全的威胁越来越大。因此，加强防灾减灾的协同已是刻不容缓的任务。

国家和省政府高度重视海洋防灾减灾工作。党的十八大对海洋工作和防灾减灾体系建设都作出了重要部署。"十二五"规划明确提出要完善海洋防灾减灾体系，增强海上突发事件应急处置能力。为贯彻落实相关精神与要求，近年来，四市已各自独立地开展了一些卓有成效的工作，取得了较好的成绩。但从四市协调合作发展的角度而言，还比较突出地存在着以下问题：①海洋防灾减灾相互间协作较少，防灾救灾资源无法实现整合，体制、机制建设亟待加强；②海洋防灾减灾投入资金不足，灾害救援装备比较落后；③海洋防灾减灾专业队伍

尚未建立,人才比较匮乏;④海洋灾害监测预警能力不强,各类灾害监测基础设施比较薄弱;⑤海洋综合科技防灾减灾能力薄弱,应急机制、灾情信息系统不够健全,快速协调反应程度不高,灾害评估技术和手段相对落后;⑥海洋防灾减灾意识和自我防范风险能力不强,灾害防御能力普遍较低;⑦防灾减灾法律、法规不够健全,亟须进一步完善。

二、深莞惠汕湾区的海洋防灾减灾统筹路径

（一）想方设法完善防灾减灾工作机制

四市应进一步强化减灾防灾综合协调职能,健全地方各级政府防灾减灾综合协调机制,建立部门间协同、上下联动、社会参与、分工合作的防灾减灾决策和运行机制,建立健全防灾减灾资金投入、信息共享、征用补偿、社会动员、人才培养、区域合作等机制,完善防灾减灾绩效评估、责任追究制度,形成较为完善的区域综合防灾减灾体制和机制。

首先,四市可重点着手建立健全各类海洋灾害监测预警机制如气象灾害监测预警以期推进气象防灾减灾基础能力体系建设;水、旱、风灾害监测预警以期实现灾害信息及预测预警信息共享,保证信息传递和反馈的高效和快捷等。其次,可着手重点建立健全海洋灾害预防抗御机制。最后可重点建立健全海洋灾害应急指挥救援机制,整合灾害应急指挥资源,健全灾害信息交流和应急联动机制,实现信息的互联互通。

（二）成立区域海洋防灾减灾协同创新中心

海洋防灾减灾工作的协同与开展是与海洋技术特别是现代海洋高新技术的应用密不可分的。成立区域性的海洋防灾减灾协同创新中心的基本目的就是进行现代海洋高新技术的研发与推广。具体说来,重点要加强防灾减灾科学研究,开展灾害形成机理和演化规律研究,推进海洋灾害应急指挥技术、灾情速报和应急救灾基础数据库系统建设,为灾害应急工作提供有力的技术和信息保障;重点开展 GPS（全球卫星定位系统）、GIS（地理信息系统）、RS（遥感系统）技术在灾情趋势分析和影响范围、程度动态监测中的应用;重点研究、完善和强化灾害灾情快速评估、上报和发布技术与制度等,建立灾情收集网络和灾害评价体系,及时开展自然灾害损失评估模型研究,提高灾情评估的时效性和科学性。

（三）加强抢险救灾专业队伍建设

海洋防灾减灾,人才是关键。四市可整体性开发防灾减灾人才资源,扩充队伍总量,优化队伍结构,完善队伍管理,提高队伍素质。以公安、消防等专业队伍为依托,组建抢险救灾专业队伍,形成以专业队伍为主体、社区志愿者队伍为辅助的专群结合的社会抢险队伍,提高快速反应和协同作战能力。

四市可协同完善各类灾害应急预案,抓好相关单位的应急预案编制工作。开展海洋灾害联合应急演练,加强应急工作培训和检查,提高应急反应能力。开展灾害风险分析和应

急资源普查，精诚合作，建立应急救援基础数据库。加强与外界防灾减灾的科学交流与技术合作。加强防灾减灾科学研究、工程技术、救灾抢险和行政管理等方面的人才培养，结合救灾抢险工作特点，定期开展针对性训练和技能培训。加强基层灾害信息员队伍建设，推进防灾减灾社会工作人才队伍建设。

（四）加大防灾减灾投入

深莞惠汕四市要建立起与经济社会发展相协调的海洋防灾减灾投入机制，加大对防灾减灾的投入力度，尤其是要加大防灾减灾基础设施建设、重大工程建设、科学研究、技术开发、科普宣传和教育培训的经费投入。通过政府扶持和引导，开辟海洋灾害的商业保险和社会融资渠道。广泛开展社会捐款活动，逐步建立政府主导、社会各方共同参与的防灾减灾救助和恢复重建的多元补偿机制。完善灾害救助政策，健全救灾补助项目，规范补助标准，确保灾后顺利重建。

（五）增强防灾减灾意识

四市要加强对防灾减灾工作的领导，增强社会各界防灾减灾意识。可通过编制群众喜闻易懂的宣传手册或手机短信、民调歌谣、宣传电视节目等形式，强化防灾减灾宣传教育和科普；可开发防灾减灾宣传教育网络平台，建立资源数据库和专家库，实现资源共享、在线交流、远程教育等功能；还可开发防灾减灾系列科普读物、挂图和音像制品，编制适合不同群体的防灾减灾教育培训教材，组织形式多样的防灾减灾知识宣传活动和专业性教育培训，增强公众防灾减灾意识，提高自救互救技能。

与此同时，还应加强防灾减灾文化建设，提高综合防灾减灾软实力。进一步完善政府部门、社会组织和新闻媒体等合作开展防灾减灾宣传教育的工作机制。努力提升社会各界防灾减灾意识和文化素养。结合"防灾减灾日"和"国际减灾日"等，组织开展多种形式的防灾减灾宣传教育活动。

第七节　深莞惠汕湾区海洋科教事业布局

一、深莞惠汕湾区海洋科教事业基本情况分析

（一）海洋经济发展的"重要性"与科技、人才需要的"匮乏性"并存

遵循经济发展的一般规律，未来人类经济活动将会越来越依赖于海洋领域，"趋海性"特征是海洋经济发展"重要性"的集中体现。但另一方面，海洋经济人才和海洋科技的"匮乏性"日益凸显。随着海洋经济不断深入推进，对复合型海洋人才需求也会越来越大，对综合海洋科技要求也会越来越高。迫切需要引进和培养一大批掌握海水养殖和放牧技术、养殖海域生态优化科学技术、海洋生物深加工技术、海洋医药技术、海水综合利用科学技

术、海底油气勘探开发科学技术、深海科学技术和海洋观测（监测）等技术的优秀人才。

（二）海洋科教事业发展的"不均衡性"与"不充分性"同在

比较而言，深莞惠汕四市海洋科教事业具有发展的"不均衡性"。深圳（如深圳大学有海洋科学专业）和汕尾（如海洋产业研究院）均有相应的海洋科学专业或者海洋产业研究机构，东莞和惠州则相对欠缺。长远而言，四市海洋科教事业的发展又是极为不充分的。正是这种"不充分性"孕育了巨大的合作空间与潜力。

二、深莞惠汕湾区海洋科教事业合作路径

（一）联合攻关，积极开展海洋科学研究

党的十八大作出了建设海洋强国的重大部署，发展海洋科学技术是海洋强国的重要支撑，只有依靠科技进步和创新，才能有效地推动海洋经济发展，保护海洋生态。科学研究是人才培养与技术进步的重要途径。四市可以抽调精干力量，组成联合科研攻关小组，或者整合社会各界资源成立海洋经济的综合研究院，始终坚持以科技创新平台建设为抓手，以服务社会需求为导向，强化产学研有机结合，努力开展海洋科学研究，逐步建立起服务海洋产业发展的技术支撑体系，为其提供高质量、高水准的科技与人才服务。

（二）多措并举，联合开发优秀海洋人才

1. "内培"

为了实现海洋人才的有序供给，"内培"模式必不可少。如相关部门可以重点扶持深圳大学的海洋专业的发展，进一步壮大汕尾海洋产业研究院的实力。积极鼓励东莞理工学院、惠州学院和汕尾职业技术学院等单位结合区域实际申报和开办海洋经济相关专业，为海洋经济发展源源不断地提供人才。

2. "外引"

在做好"内培"工作的基础上，还要善用"外脑"，有针对性地"外引"。如可以考虑以院士专家工作站建设为抓手，促进海洋科技创新。致力于核心关键技术的攻关与应用，鼓励采取柔性引才方式，采取院士专家工作站等方式吸引高层次人才（团队）参与短期项目合作或项目攻关。还可以借地方科协平台，充分利用中国科协"海智计划"来网罗优秀人才，通过海外人才智力引进、国际学术交流、技术引进和创新、项目合作、决策咨询等多种方式，积极搭建平台，服务深莞惠经济圈经济社会发展。

3. "优化"

四市应进一步优化用人环境，优化引进人才的思路，更重要的要优化人才政策。在引进海洋人才方面，要进一步做好安家支持、创业扶持、创新激励和服务保障等各方面的工

作，想方设法吸引人才、培育人才和留住人才。海洋防灾减灾工作的协同与开展是与海洋技术特别是现代海洋高新技术的应用密不可分的。成立区域性的海洋防灾减灾协同创新中心的基本目的就是进行现代海洋高新技术的研发与推广。具体说来，重点要加强防灾减灾科学研究，开展灾害形成机理和演化规律研究，推进海洋灾害应急指挥技术、灾情速报和应急救灾基础数据库系统建设，为灾害应急工作提供有力的技术和信息保障；重点开展 GPS（全球卫星定位系统）、GIS（地理信息系统）、RS（遥感系统）技术在灾情趋势分析和影响范围、程度动态监测中的应用；重点研究、完善和强化灾害灾情快速评估、上报和发布技术与制度等，建立灾情收集网络和灾害评价体系，及时开展自然灾害损失评估模型研究，提高灾情评估的时效性和科学性。

（三）加强宣传，携手做好海洋文化推广工作

1. 普及海洋科学知识

四市可通过共同策划，利用网站、科普宣传栏、科普电影、科普动漫短片等载体，逐渐普及海洋科学知识；还可以利用网络、手机等现代媒体组织开展科普学习活动，及时迅速地传播现代海洋科学技术。在全国科普日、科技周和世界环境日等重大科普活动中，联合广泛宣传海洋科普知识、海洋产品，努力提高广大公众保护海洋的意识，营造科学开发和利用海洋资源的良好氛围。

2. 建立科普联盟实现海洋科普资源共建共享

四市可以组建科普联盟理事会，将学校、海事部门、海洋相关企业等单位作为重要成员纳入其中，积极成立海洋科普教育基地和构建海洋科普展示厅，并以二者为平台，实现海洋科普资源的共建共享。共同策划实施科普进社区、科普大讲堂等活动，通过发放宣传资料、举办讲座、办展览、科技咨询等多种方式，大力普及海洋科学文化知识。

3. 打造海洋特色文化品牌

四市可以紧紧围绕海洋主题，以海洋科普、海洋保护和海洋文化为重点内容并结合"海上丝绸之路"建设，挖掘海洋文化的历史与内涵，着力打造几个海洋特色文化品牌，不仅有助于海洋文化的普及，还有利于区域知名度的提升。

第八节　惠汕湾区海洋产业布局个案研究

一、惠州、汕尾两市联合开发红海湾概况

红海湾地理区位优越，可供开发和利用的海洋资源丰富。惠州市与汕尾市均拥有较长的海岸线，对于红海湾丰富的海洋资源无疑是"近水楼台先得月"。红海湾有优质的滨海旅

游资源，湖泊、岛屿、港湾交错，沙滩蜿蜒连绵，沿岸礁岩多姿，有 57 千米的漫长海岸线，滨海风光秀丽，人文古迹众多，具有独特的亚热带海滨风光，成为每年海边休闲游的大热之地。红海湾有丰富的电能和风能资源。风力发电场首期工程也已并网发电，每年可输送 4500 万千瓦时的绿色环保优质电力。总投资 200 多亿元的汕尾发电厂将成为粤东地区重要的电力供应基地。红海湾还有丰富的土地资源，土地几乎均为平缓山坡地、荒沙滩和旱地，十分便于大规模成片开发和建设。红海湾港口码头条件不断完善，为海洋经济发展提供了便捷的海陆交通条件。

然而实际情况却是，两市对于红海湾海洋资源的开发与利用存在诸多急需改进的地方：第一，开发缺乏系统、前瞻和科学的规划，零散、无序开发现象突出；第二，对优势海洋资源挖掘不够，开发程度和层次较低，水平亦不高；第三，存在重复开发与建设、项目雷同和恶性竞争的现象；第四，缺乏协同开发、利用与环境保护，缺乏协调机制的构建。惠州、汕尾两市只要通力合作，错位发展，协同推进，共同开发红海湾的空间巨大，前景广阔。

二、惠州、汕尾两市联合开发红海湾海洋资源的机制

红海湾海洋资源的开发利用，一方面有赖于一批重大项目的具体运作，另一方面也有赖于创造形成符合市场经济要求的新型区域协调机制。两市应高度重视区域合作机制创新，形成推进红海湾快速发展的机制保障。

（一）探索构建高效的组织协调机制

国内外许多区域合作的成功经验表明：建立一个合理、高效的组织协调机制是何其重要，它是避免区域冲突、解决利益争端的有效措施。省政府、地方政府、各类区域协会、企业集团和居民等都在区域海洋经济合作协调机制中发挥着不可替代的作用。

具体思路如下：①在深莞惠汕协调合作发展的大背景下，先构建深莞惠汕协调发展委员会，然后在委员会的总体框架下，再建立针对两市组织协调的分支机构或分项协调机制；②组织两市相关部门和单位成立"红海湾海洋经济发展协调领导小组"，负责制定和统筹红海湾海洋资源的协同开发与利用，负责制定海洋经济发展的战略和总体规划，提出区域合作的思路与建议；③可以考虑成立旅游企业联盟，通过协调与合作，相互借鉴与学习，在更高层次上，以更高的水平推动红海湾滨海旅游的迅速发展。倡导双方在旅游资源开发、项目建设等方面进一步开展合作；加强各类招商引资信息和旅游资源开发信息的交流，推介适合双方的招商项目，实现旅游资源开发信息共享。努力构建 1~2 个区域性旅游龙头企业集团，发挥旅游企业在区域合作中的市场主体作用。

（二）探索构建便捷的信息沟通机制

信息不对称往往是影响合作的主要原因。惠州、汕尾两市应加强对话协商，强化协作

交流，积极建立便捷的信息沟通机制，尽快搭建区域信息沟通平台，可利用现代互联网等先进技术，实现两市政务、商务及公共信息的公开、交流与共享，在深莞惠经济圈的框架下，建立定期或不定期的区域论坛、会晤以及不同领域的交流会议等信息沟通机制，提高信息沟通的速度和效率。或者在深莞惠汕框架内建立联席会议制度，以此来形成对话协商机制，共同解决区域间的协调发展问题。

两市在制定和实施红海湾开发利用规划的过程中，还需要建立及时的信息反馈机制。对于涉及协调发展、需要共同协商解决的重大问题，要及时向对方反馈信息，双方应在充分沟通和协商的基础上，达成共识，及时向两市和省政府作出专题报告。经各级政府同意后，再纳入各自的相关规划之中予以落实。

（三）探索构建完善的法律法规协调机制

制定和完善法律法规的出发点是规范和约束区域合作中各方在具体实践中的行为，规避其损人利己、机会主义等不良行径，以法律法规来切实保障合作的健康、有序进行。应在深莞惠汕区域合作的大背景下，在国家、省等相关规章、制度的约束前提下，制定区域性的具体实施细则，以此维系合作的有序发展。从规范内容来看，一方面是出台、完善具有保护及促进作用的区域性经济合作制度与规范，如对区域生产要素合理流动的维护、区域资源的保护等；另一方面是出台和制定具有约束和惩戒作用的制度与规范，如反对地方保护、重大损失责任追究等法规与制度。

（四）探索构建双赢的利益分配机制

区域的合作涉及不同主体的利益，合作能否取得实质性进展，达到预期的目的和效果，关键在于合作双方是否真正地达成合作共识，而能否达成共识主要取决于合作过程中的利益分配是否合理，双方利益能否得到平衡。因此，建立明确的利益分配机制就显得极为迫切和重要。双赢利益分配机制的构建是维系双方深入合作的根本保障。惠州、汕尾双方应在利益分配方式、利益导向、利益补偿机制等方面进行深入、有效的探索。应根据双方海洋产业合作的阶段、合作的内容、合作的方式建立多元化的利益分配机制。在具体合作实践中，正确的利益导向与利益补偿机制也是必不可少的。

双赢利益分配机制的构建还需要建立完善有效的合作激励机制。有效的激励机制对于提高区域内的政府、涉海企业甚至是个人参与海洋合作的积极性与主动性均会起到重大的推动作用。双方要制定合理的激励措施，从企业发展资金、技术支持、人员调配等各方面鼓励更多的涉海企业积极投身到新一轮海洋产业发展的大潮之中。

（五）探索构建和谐的政策协调机制

惠州、汕尾两市应本着开放包容、合作共赢的积极心态，创新区域合作机制，实现两市政策的无缝对接，构筑良性的政策协调机制。为此，就需要双方积极消除地方性政策壁

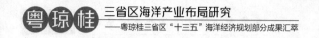

垒，加强共同政策的研究与衔接，定期进行区域规划、政策及重大合作项目的协调。加强海洋基础设施、市场监管和准入标准等方面的政策对接。努力在税收、土地利用、人才流动、社会保障、争议解决等方面加强地区间的政策协调，以期实现区域利益最大化和各方利益的公平分享。

和谐的政策协调机制还需要建立配套的区域要素流动机制。人流、物流、资金流、信息流的畅通是区域合作顺利推进的必要条件。要积极创造条件，突破体制机制障碍，建立要素流动机制，相互开放要素市场，努力实现区域内资金、技术、人才、信息等要素的自由流动。

第四篇

广西海洋产业布局研究

第十章　南海综合开发背景下的广西海洋经济发展

第一节　广西发展环境与基础

广西壮族自治区地处祖国南疆，陆地面积 23.6 万平方千米，其中沿海地区国土总面积 20 299 平方千米，占广西国土总面积的 8.5%；人口 5253 万，占全区总人口的 11.2%。广西沿海地区以英罗港为起点，沿铁山港、北海港、大风江、钦州湾、防城港、珍珠港等沿岸，西对北仑河口，沿海有北海市、钦州市、防城港市等三个地级市，构成新月形中枢地带，具有十分重要的地理位置，加上沿海开放、民族区域自治、"一带一路"等政策优势及宽松的投资环境，广西发展海洋经济具有非常有利的基础条件。

一、广西海洋经济发展的环境

近年来，我国海洋经济发展的内外环境发生了深刻变化，国内经济正处于调结构、转方式的新常态，"十三五"时期，我国海洋经济发展既面临难得的历史机遇，同样也面临着诸多不稳定、不确定的因素。随着"海洋强国"和"一带一路"倡议的加快推进，海洋经济将继续保持缓中趋稳的发展态势。

（一）广西海洋经济发展的经济环境

1. 国际经济环境

国际上，各主要海洋国家都越来越重视海洋经济的发展，不断加大对海洋产业的支持，为海洋经济发展提供了有力的金融政策、法律法规支持等。美国用于海洋资源开发和利用的财政预算投入每年超过 500 亿美元，对有益于海洋生态环境保护和海洋可持续开发利用的项目开展和技术研发政府财政会给予更大的支持，加强对海洋药物研制的支持，加大对海洋生物工艺学术界和产业界的奖励投资，并对海洋生物工程技术研究及海洋生物环境研究大力补助。日本整个国民经济对海洋的依赖性极强，政府及国民对海洋重要性及其经济作用的认识由来已久，每年投资于海洋开发的预算接近 9000 亿日元，海洋经济对国民经济的贡献超过 50%。2008 年以来，受国际金融经济危机影响，全球产业结构发生深刻调整，主要涉海国家对海洋重视程度进一步提升，海洋经济发展必将迎来新的机遇。同时，我们也清醒认识到，我国海洋经济发展也面临较为严峻的外部环境。后国际金融危机时期，世界经济进入新一轮调整，全球需求结构变动和各种形式的贸易保护主义抬头对外向型海洋产业发展产生较大影响，国际社会对海洋开发关注度的提高，也将对我国海洋资源开发进程带来更加严峻的挑战。

2. 国内经济环境

在国内，我国经济正处于经济增长速度换挡期、结构调整阵痛期、前期刺激政策消化期"三期叠加"的时期，经济将向形态更高级、分工更复杂、结构更合理的阶段演化，经济发展进入新常态，正从高速增长转向中高速增长，经济发展方式正从规模速度型粗放增长转向质量效率型集约增长，经济发展动力正从传统增长点转向新的增长点。新常态下，传统产业和消费方式均面临加快转型的新要求，的确为海洋经济发展提供了更加广阔的发展空间。全面改革的深入，为促进海洋经济体制机制创新，增强海洋经济发展活力提供了重要制度保障。但与此同时，也对提升海洋经济综合实力与竞争力，协调海洋经济与陆地区域经济、海洋经济增长和生态环境保护的关系，提高海洋开发能力等提出了更高的要求。

（二）广西海洋经济发展的政策环境

国家高度重视海洋经济发展，党的十八大作出了建设海洋强国的战略部署。党的十八届三中全会明确要推进丝绸之路经济带、海上丝绸之路建设，形成全方位开放新格局。习近平总书记在2013年中共中央政治局第八次集体学习时强调，要进一步关心海洋、认识海洋、经略海洋，推动海洋强国建设不断取得新成就。明确提出要提高海洋资源开发能力，着力推动海洋经济向质量效益型转变，提高海洋产业对经济增长的贡献率，努力使海洋产业成为国民经济的支柱产业；保护海洋生态环境，把海洋生态文明建设纳入海洋开发总布局之中，着力推动海洋开发方式向循环利用型转变；发展海洋科学技术，着力推动海洋科技向创新引领型转变；维护国家海洋权益，着力推动海洋维权向统筹兼顾型转变等。李克强总理也指出，海洋是我们宝贵的蓝色国土，要坚持陆海统筹，全面实施海洋战略，发展海洋经济，保护海洋环境，坚决维护国家海洋权益，大力建设海洋强国。

另外，国家海洋经济发展规划政策和法律法规体系不断完善。基本形成了涵盖全国海洋经济发展规划、海洋功能区划、国家海洋事业规划、海水利用专项规划、全国沿海港口布局规划、全国海洋监测体系规划、全国海洋标准化规划、科技兴海规划、重点海域环境保护规划和重点地区海洋经济发展试点规划等在内的点、线、面相结合的海洋规划体系。在各方面的大力支持下，出台了一系列促进海洋经济发展的财税、金融、投资、改革等政策举措，国务院批复设立全国海洋经济发展部际联席会议等，为海洋经济发展创造了良好的政策环境。涉海法律法规有望进一步健全，经过多年实践，海洋经济发展建立了包括《中华人民共和国海洋环境保护法》《中华人民共和国海域使用管理法》《中华人民共和国领海及毗连区法》《中华人民共和国专属经济区和大陆架法》《中华人民共和国渔业法》《中华人民共和国海岛保护法》等在内的涉海法律法规体系。党的十八届五中全会就全面推进依法治国提出明确要求，为海洋经济发展的法律法规体系进一步健全奠定了坚实基础。近期，国家先后印发实施生态文明建设总体方案和全国海洋主体功能区划，为优化海洋经济发展空间布局提供了指导和引领。

（三）广西发展海洋经济的自身环境

广西背靠大西南，面向东南亚，是西南地区通向我国沿海、东南亚乃至世界各地的重要交通要道之一，还是西南地区最便捷的出海口。沿海岸线曲折，港湾众多，可供开发建设 3 万吨级以上的深水泊位 100 多个。现在港口总吞吐能力已超过 4500 多万吨，与世界上 80 多个国家和地区的 180 多个港口有贸易往来。实施西部大开发战略后，广西沿海作为西南地区出海大通道的桥头堡作用得到进一步强化。另外，广西所辖绝大部分海域为清洁海域和较清洁海域，海域的海洋沉积物、海洋生物质量基本保持良好状态。近岸典型生态系统基本健康，海洋功能区海水水质满足使用功能要求，海洋自然保护区内的珍稀濒危物种和生态环境得到有效保护。充分利用好这一生态环境良好的优势，打造广西海洋产业转型升级，可为拓展经济社会发展空间，提高人民生活水平做出更大贡献。

习近平总书记在两会上指示，发挥广西与东盟国家陆海相邻的独特优势，加快北部湾经济区和珠江—西江经济带开放开发，构建面向东盟的国际大通道，打造西南中南地区开放发展新的战略支点，形成"21 世纪海上丝绸之路"与丝绸之路经济带有机衔接的重要门户。接下来，国家发布《推动共建丝绸之路经济带和 21 世纪海上丝绸之路的愿景与行动》，将广西定位为"21 世纪海上丝绸之路"与丝绸之路经济带有机衔接的重要门户。这是党中央和国家赋予广西最新、最明确、最全面的定位，是迄今为止广西获得的最大的政策红利，是科学谋划广西海洋经济发展"十三五"规划的重要战略依据和方向，这为广西发展海洋经济创造了有利的宏观环境，提供了广阔的发展空间和良好契机。

二、广西发展海洋经济的独特优势

（一）交通优势

广西背靠大西南，面向东南亚，是西南地区通向我国沿海、东南亚乃至世界各地的重要交通要道之一，同时是西南地区最便捷的出海口。广西沿海岸线曲折，港湾众多，可开发的大小港口 21 个，其中可开发泊靠能力万吨以上的有钦州港、铁山港、防城港、珍珠港、北海港等多处；可建 10 万吨级码头的有钦州港和铁山港等；除防城港、北海港、钦州港三个中型深水港口之外，可供发展万吨级以上深水码头的海湾、岸段有 10 多处，如：铁山港的石头埠岸段、北海的石步岭岸段、涠洲南湾、钦州湾的勒沟、防城的暗埠江口、珍珠港等；可建万吨级以上深水泊位 100 多个，现在港口总吞吐能力已超过 1500 万吨，与世界上 80 多个国家和地区的 180 多个港口有贸易往来。广西沿海港湾水深，不冻、淤积少，掩护条件良好，具有建港口的良好条件，开发利用潜力很大，南昆铁路建成通车后，西南地区货物通过广西沿海港口群进出的条件有了明显改善，进出口货物种类不断增加，货运量持续扩大。实施西部大开发战略后，广西沿海地区作为西南地区出海大通道的桥头堡作用得到进一步强化。

（二）海岛与海洋空间优势

广西拥有海岸线 1595 千米，500 平方米以上岛屿 651 个，岛屿面积为 45.81 平方千米，岛屿岸线长 53 120 千米。这些岛屿上有多种资源，在海洋资源开发中占有重要地位。

广西除与广东、海南、越南共享北部湾及南海海域空间资源外，其沿海自身还拥有滩涂约 1005 平方千米，20 米水深以内的浅海约 6000 平方千米，具有很强的海洋空间优势。

（三）滨海旅游特色优势

广西海洋旅游资源丰富，海岛、海滨、海岸及海面的旅游活动形式多样，形成了以滨海观光为主，康体疗养、休闲度假为辅的海洋旅游产品。与水有关的旅游新业态如江河、湖泊、瀑布、漂流、温泉、溪谷、湿地等遍布全区，发展海洋旅游具有得天独厚的资源优势。钦州拥有占广西总数一半的海岛，海域总面积达 1649 平方千米，海洋旅游资源极其丰富。在三娘湾，具有"海上大熊猫"之称的中华白海豚，数量多、种类全，是垄断性特色旅游资源，是钦州旅游的一大亮点。除了三娘湾旅游区外，钦州还有茅尾海、麻蓝岛等景区，也吸引了不少游客。北海市旅游业已经成为全市的四大支柱产业之一。北海现已初步构筑以"海水、海滩、海岛、海鲜、海洋珍品、海底珊瑚、海洋运动、海上森林、海上航线、海洋文化"为代表的"十全十美"海洋之旅。拥有"天下第一滩"美誉、首批国家 4A 级旅游区的北海银滩被国家旅游局评为中国 35 个"王牌景点"中"最美的休憩地"，每年都吸引大批中外游客前往。防城港有着广西最大的半岛——双逢江山半岛。半岛海岸线长 32 千米，面积 208 平方千米，分布着白浪滩、月亮湾、怪石滩、白沙湾等景区。白浪滩海滩最宽处约 2.8 千米，最长约 5 千米，堪称中国最大的海滩。白浪滩沙质细软，沙滩坡度极小，潮差带长达几百米，是开展海滨体育运动的最佳场所，可供几万人开展海滨体育运动。目前，沙滩汽车赛、沙丁车、沙滩足球、沙滩排球及海上摩托艇、海上降落伞、海上滑水等活动吸引了大批游客。此外，一些区内自驾车游客还热衷于租船出海打鱼、围网捕鱼、海钓、挖沙蟹等自然闲适的海边生活。综上所述，广西的滨海旅游具有强大的优势。

（四）海洋生物资源优势

广西南部濒临的北部湾，面积为 12.93 万平方千米，平均水深 38 米，最大水深 100 米，有白马、西口、涠洲、莺歌海、青湾、夜莺岛、昌化等 10 多个渔场，是我国的传统渔区。北部湾海域属热带海洋，适于各种鱼类繁殖生产，加上陆上河流挟带而来的大量有机物及营养盐类，使北部湾成为高生物量的海区之一。出产的鱼贝类 500 多种，以红鱼、石斑、马鲛鱼、鲳鱼、立鱼、金线鱼等 10 多种最为著名，其他海产中的鱿鱼、墨鱼、青蟹、对虾、泥蚶、文蛤、扇贝等品种，以优质、无污染而在国内外市场享有盛誉，举世闻名的合浦珍珠也产于这一带海域。鱼类总资源为 140 万吨，其中底栖鱼类资源量为 35 万吨，约占总资源量的 47%，总可捕量约为 70 万吨。广西沿海滩涂生物资源丰富，共有 47 科、140 多种，以贝类为主。其中，牡蛎资源量 4000 吨，文蛤资源量 8500 吨，毛蚶资源量 22 000 吨，方格星虫资源量 4000 吨，锯缘青蟹资源量 140 吨，江蓠资源量 190 吨。浅海区有浮游植物 104 种，浮游动物 132 种，年均总量分别为每立方米 1850 万个细胞和 137 毫克。另外，北部湾有昂贵药用价值的海洋生物资源也较为丰富。其中，鲎 4 种，资源量数万吨，年产量约 20 万对；河豚 8 种，仅棕斑兔头每年可捕量就达 1.1 万吨；海蛇 9 种，沿海的活海蛇年产量约 75 吨。广西沿海滩涂生长有面积占全国 40% 的红树林，总面积约 5654 平方千米，涠洲岛周围浅海生长有珊瑚礁，这两类重要的热带生态系具有极大的科研和生态价值。这些海洋生物资源对发展海洋捕捞海水养殖、海产品加工、海洋生物制药和价值的提取以及科学研究都有非常重要的地位。

（五）海洋矿产资源优势

广西沿海地区海洋矿产资源丰富，已探明矿产有 28 种，主要有煤、泥炭、铝、锡、锌、汞、金、锆英石、黄金、钛铁矿、石英砂、石膏、石灰石、花岗岩、陶土等。其中，石英砂矿远景储量 10 亿吨以上，石膏矿保有储量 3 亿多吨，石灰石矿保有储量 1.5 亿吨，陶瓷用陶土矿保有储量约为 300 万吨。特别是石英砂矿尤为丰富，且质量好，品位高，是发展玻璃制造业和建筑材料的良好原料。此外，钛铁矿比较丰富，沿岸已知产地 8 处，其中的 3 处初步勘查估算地质储量近 2500 万吨，如西场宫井，矿区面积 20 多平方千米，矿层平均厚度为 1.2～3.4 米，储量近 100 万吨，而且矿体表露，易于开采，钛铁矿中伴生有氧化二钪、金红石、锆英石、黄玉等，综合开发利用的潜在价值很大。根据远景区分级含量标准，北部湾海域中的矿产资源产地划分为一级远景区的有 9 个，它们皆分布于水深 10～20 米的近海区域，开发前景广阔。

（六）海洋石油、天然气资源优势

广西沿海地区和北部湾蕴藏着丰富的石油和天然气资源，有北部湾盆地、莺歌海盆地和合浦盆地三个含油沉积盆地。已开发的油气田有涠 10-3、涠 6-1、涠 11-4。北部湾盆地具有良好的生储油条件，具有 12.6 亿吨的石油天然气储量，现已探明含油气面积 45.87 平方千米，地质储量 1.157 亿吨。截至 1994 年，钻探获得工业油气井 39 口，采气井 2 口，注水井 2 口，初步显示出良好的石油天然气开发前景。莺歌海盆地已发现局部构造 117 个，初步探明含油气面积 53 075 平方千米，天然气储量 911.83 亿立方米，远景石油地质储量近 6 亿吨，是我国日前海陆勘探所发现的最大海上天然气田，合浦盆地探明石油储量为 3.5 亿吨，是全国最有开发前景的八大石油小盆地之一。

（七）盐化工资源优势

广西沿海地区海水化学资源丰富，海水平均盐度为 30～32。平均海水温度 23℃，滩涂平坦、广阔，同时，日照时间长，热辐射达 447 千焦/平方厘米，是发展盐业和海水化工的较好场所。此外，还可利用现有盐田发展溴素、氯化钾、氧化镁、硫化钠等化工产品。

（八）海洋能源资源优势

广西沿海的风能资源是比较丰富的。大致分为三个区域，第一个是白龙尾半岛附近至钦州湾以西沿岸，该区年均有效风能值约为 1000 千瓦·时/平方米，最高值在白龙尾附近，年均有效风能达 1253 千瓦·时/平方米；第二个区域是涠洲岛及其近海，年均有效风能约为 800 千瓦·时/平方米；第三个区域是合浦竹林盐场至铁山港附近沿岸，年均有效风能约为 500 千瓦·时/平方米。三个区域的年平均有效时数均在 4000 小时以上，年有效风能频率约为 50%左右。平均来说，冬半年（10 月至次年 3 月）的能量值约占全年值的 66%。广西潮汐能理论蕴藏量为 140 亿千瓦·时，并有多个潮汐站址，仅北海就有 6 个，分别位于北海港、白虎头、西村、白龙、铁山港和沙田，发展潜力很大。

（九）淡水资源优势

广西沿海地区有 22 条河流入海，年径流总量 250 亿立方米，其中具有 100 立方千米以上流域面积的河流 13 条，以年径流量 225 亿立方米。南流江、大风江、钦江、茅岭江、防城河、北仑河 6 条为最大，占沿海河流流域面积的 79%，年径流量为 182 亿立方米。

广西沿海地区降雨量 1900 毫米，东面岸段差异较大，年平均降雨量北海、合浦为 1500～1600 毫米，钦州为 2040 毫米，防城为 2610 毫米，东兴沿岸区则高达 3000 毫米以上，是全国的暴雨中心之一，沿海地下水资源比较丰富。据估算，沿海地区保证率 50%的地下水资源储量为 45.5 亿立方米，可利用地下水资源 13.6 亿立方米，东部岸段区较丰富，仅北海地下水储量就达 20 亿立方米。

（十）海洋科技优势

近年来，随着国家的重视和技术的飞速发展，广西的海洋生物研究进入一个新的发展时期。广西对于海洋生物的科技研究始于 20 世纪 80 年代，经过近 20 年来的发展，研究更为成熟。广西大自然生物多样性保护中心，作为国家海洋局第三研究所的研究基地，一直致力于海洋生物的研究，这些研究对保护海洋及海洋资源起着重要作用，研究也取得了很多成果。如广西大自然生物多样性研究保护中心和广西绿城制药有限公司将合作多年的北海湾野生海参的研究成果——海晶源进行了展示。综上所述，广西的海洋生物研究方面的潜力很大。

（十一）其他资源优势

广西沿海地区地处北热带、南亚热带，气候温和，雨量充沛，长年无霜冻，冬天有"天然温室"之称，适宜于多种农作物和生物资源的生长和发育，林业和植被资源比较丰富，面积约为3644平方千米，森林总蓄积量超过160多立方千米，森林覆盖率超过30%。

第二节 广西海洋经济发展总体的现状分析

一、主要成就

（一）海洋经济规模不断扩大

2015年海洋生产总值1098亿元，比2011年增加444亿元，占全区GDP比重为6.5%。"十二五"期间，海洋生产总值年均增速10.9%，海洋经济在全区经济社会发展中的地位显著提升。

（二）海洋经济结构日趋优化

海洋三次产业结构由2011年的20.6∶37.5∶41.9优化到2015年的16.9∶36.2∶46.9。传统海洋产业加快转型，海洋渔业、海洋交通运输业、海洋化工业持续增长；战略性海洋新兴产业发展势头强劲，海洋生物医药、海洋工程装备制造、海洋高端船舶制造等海洋新兴产业快速成长；滨海旅游等海洋服务业比重稳步提高，现代海洋产业体系初现雏形。

（三）海洋科技取得较大突破

科技对海洋产业的支撑能力明显增强，海洋研究与试验发展经费占海洋生产总值比重逐年增长，海洋科技进步对海洋经济的贡献率达56%。

（四）涉海基础设施建设快速推进

渔港建设稳步推进，港口集疏运体系不断完善，通关能力显著增强。钦州、北海和防城港三市港口泊位和深水航道建设步伐加快，集聚效应和腹地辐射效应初步显现。

（五）海洋生态环境有效改善

海洋环境监测体系日益完善，海洋污染防治成效显著。海洋自然保护区和特别保护区建设稳步推进，海洋环境和珍稀物种得到有效保护。2015年广西近岸海域海水水质总体良好，海水环境功能区达标率为88.6%，海洋生态文明建设取得实质性进展。

（六）海洋综合管控能力逐步提升

建立了海洋管理综合协调机制，编制实施《广西海洋生态文明建设规划》和《广西海洋生态红线区规划》等，制定《广西壮族自治区海洋环境保护条例》《广西壮族自治区海域使用管理条例》和《广西壮族自治区无居民海岛保护条例》等地方性法规。联合执法模式不断优化,北部湾海域维权巡航执法力度持续增强。海洋预报减灾与公共服务能力明显提升。

综上所述,"十二五"期间广西海洋经济发展的目标基本实现,在海洋经济发展与生态环境保护方面取得长足发展。海洋经济总量快速增加,海洋产业体系逐步完善,海洋新兴产业成绩显著,为"十三五"发展奠定了扎实的基础。但在各项任务的完成过程中,也存在着很多的问题。

二、存在问题

从总体上看,广西海洋经济总量和产业规模还很小,生产总值仅占全国海洋生产总值的1.7%,占全区GDP的6.5%。海洋经济总体布局不尽合理,海洋经济结构层次较低,没有形成明确的主导海洋产业,产业同质化现象较为严重。广西海洋自主创新能力薄弱,海洋人才欠缺,海洋经济发展的科技教育支撑能力较差,科研机构和学术机构少,海洋科技创新体系尚未形成。海洋意识也亟待加强,对海洋文化资源挖掘深度不够。海洋产业融资能力弱,财政投入不足。海域资源尚未做到集约节约和生态利用。海洋防灾减灾与维权执法能力仍显薄弱,海洋法律体系有待进一步完善。

三、发展机遇

(一)政策机遇

中共十八大提出建设海洋强国的战略目标,确立了海洋事业在国家战略中的地位。中共十八届五中全会提出"创新、协调、绿色、开放、共享"的五大发展理念,为海洋经济发展指明了方向。国家先后印发《海洋生态文明建设实施方案》(2015—2020年)和《全国海洋主体功能区规划》,为优化海洋经济空间布局提供了指导和引领。《推动共建丝绸之路经济带和21世纪海上丝绸之路的愿景与行动》将广西定位为21世纪海上丝绸之路与丝绸之路经济带有机衔接的重要门户。沿海开放、西部大开发、自由贸易、少数民族地区等政策聚焦广西,为广西建立现代海洋产业体系、推动海洋产业开放发展提供了广阔空间。

(二)打造中国—东盟自贸区升级版机遇

与东盟国家的务实合作和纵深发展,不断地扩大对外开放,为广西海洋经济支柱产业发展拓宽通道。举办中国—东盟博览会,广西与东盟地区之间的经贸往来与海洋产业合作不断深入,有助于实现政策、设施、资金、贸易和民心五个互联互通。

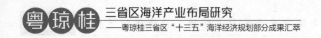
（三）北部湾经济区和珠江—西江经济带建设机遇

国家明确将北部湾经济区作为西部大开发和面向东盟开放合作的重点地区，为广西沿海三市发展海洋经济提供重要机遇。珠江—西江经济带发展上升为国家战略，"泛珠江三角洲"经济圈基本形成，为广西发展海洋经济注入新的活力。

（四）推进海洋经济发展方式转变的机遇

现阶段我国海洋经济发展从规模速度型向质量效益型转变。广西海洋资源和生态环境保存较为完好，是我国大陆沿海最洁净的海域之一。充分利用好生态环境优势，大力发展滨海旅游业、海洋生物医药产业、现代海洋服务业、高值优质海水养殖业等，可实现海洋生态环境优势向产业发展优势转变，促进广西海洋产业转型升级。

四、面临挑战

（一）国际方面

国际经济发展低迷，加之南海局势动荡，特别是海上安全问题突出，致使广西的海洋经济发展尤其是与东盟海洋的纵深合作步履维艰。国内方面，中国正处于增长速度换挡期、结构调整阵痛期、前期政策消化期，多种矛盾聚合，经济下行压力仍然较大，对广西海洋经济发展影响深远。加之，沿海地区已经进入工业化的中后期，工业产能已超过了需求，压缩了广西沿海这样的后发地区靠投资拉动、工业带动的发展空间。区域间海洋产业竞争加剧，产业同质化严重，使广西面临严峻考验。

（二）自身方面

广西海洋经济一直存在着经济增长方式粗放、产业结构单一、配套建设能力滞后等问题。与发达的沿海省市相比，广西海洋经济规模仅为广东省的7.4%，产业升级转型和增长方式转变的起步更低、路途更远、难度更大。而经济快速发展给海洋产业发展和生态环境保护带来巨大压力，工业和城镇化项目与海水增养殖、生态景观的海域使用冲突性增加。集约节约用海水平较低，近海资源无序开发与开发过度并存，滨海湿地和具有生态修复功能的海水增养殖区域减少，局部海域呈现出生物多样性下降趋势。

五、重大工程及政策

（一）重大工程

1. "蓝色粮仓"现代渔业提升工程

健全海洋水产原良种体系，实现良种化生产；加快生态海水养殖设施装备建设，重点实施海水池塘标准化改造、养殖排筏、深水网箱、工厂化养殖、养殖节能减排等五大生态工程;升级改造海洋捕捞渔船,发展大马力钢质渔船;建设现代渔港,完善避风锚地安全辅助、监控指挥和后勤保障基础设施;加快海洋牧场建设、渔业资源增殖放流、国家和自治区级海洋水产种质资源保护区建设;创建沿海三市海洋水产品加工示范基地;推行海洋渔业科技、标准池塘与工厂化、规模抗风浪网箱、休闲渔业、渔港经济等多元化的新型渔业园区建设;建设信息智能化示范基地,提升海洋渔业信息化水平。

2. "通江拓海"航道输运建设工程

有序推进沿海港口建设,优先开展重点港口大型专业化泊位、重大项目配套码头泊位的建设。全面实施亿吨大港工程,推进钦州港三墩作业区二期扩区;拓展钦州保税港区功能,以钦州保税港区为核心,打造千万标箱大港和北部湾集装箱枢纽港。加快建设防城港40万吨级码头及配套航道,重点建设渔澫港区和企沙港区。加强北海铁山港深水泊位和专业码头建设,推动西港区大型深水泊位的建设,开发建设铁山港东港区。整合钦州联运资源,开展平陆运河前期研究工作,完善内河港口及航道等基础设施建设,推进江海联运,促进西江沿线柳州、梧州、贵港、南宁、百色等重点城市运输船舶与北部湾北海、钦州、防城港等城市大型海运船舶实现顺利转运。推动组建北部湾航运交易所,促进港航、物流、保险、结算、科研、海事仲裁等资源要素的广泛合作和集成创新。着力建设北部湾千万标箱现代化港口群,加快形成区域性国际航运中心。联合钦州、北海港域,加强与后方腹地的区域合作,加快形成覆盖西南、中南各省重要物流节点,以南宁、昆明、贵阳为一级节点,以玉林、桂林、柳州、梧州、贺州、福泉、自贡等为二级节点的无水港群。

3. "绿岛蓝湾"生态文明示范工程

建立广西海岛功能分类保护体系,科学划定海岛保护区域。加快涠洲岛火山国家地质公园、涠洲岛自治区级鸟类自然保护区、广西涠洲岛珊瑚礁国家级海洋公园等项目建设,重点保护沿岸海域海岛的红树林生态系统。实施茅尾海、麻蓝头岛沙滩、钦州龙门岛、沙井岛、大墩岛沿岸红树林滩、防城港西湾海域环境等整治修复工程,提升海岛防灾减灾能力。试点实施重点海湾污染总量控制管理。建立海洋资源环境承载力预警机制,全面建设北海市国家级海洋生态文明示范区。实施北部湾近岸海域陆海统筹生态环境保护工程,推进山口国家级红树林生态自然保护区、北仑河口国家级自然保护区建设。探索建立海洋生态损害补偿和赔偿制度,打造国家级生态补偿示范区。积极开展茅尾海红树林自然保护区、茅尾海国家海洋公园和三娘湾区域的保护及生态修复工作。推进防城港市百里黄金海岸人文生态廊道工程建设,建设一批海洋观光体验园、红树林公园及海岸景观带等基础设施,搭建亲海休闲娱乐平台,建设北部湾沿海生态环保服务基地。

4. "头雁孵化"新兴产业培育工程

重点研发海洋药物、海洋生物功能制品。发展褐藻酸钠、甘露醇、岩藻聚糖硫酸酯等优势产品；加快防城港天然绿色生物交替产业园的建设，推进钦州海洋生物提取及制药项目、中国东盟生物医药产业园尽快建成投产。加快中船钦州大型海工修造及保障基地、防城港海森特海工装备制造和服务基地建设，实施北部湾通用航空及船艇产业园项目。加快游艇及关键零部件制造等项目的建设，支持钦州创建国家级"船配船饰"产业综合配套服务示范区。推进 LNG 储运及冷能利用项目，加快建设防城港红沙核电二期，引进海上风电、波浪能、潮汐能项目，完善海洋能源体系。

5. "扬帆致远"人才科技创新工程

加强广西本土海洋人才培养，在北海建设"广西第三个高校密集区"、"北部湾职业教育园区"，加快筹建北部湾大学、北京航空航天大学北海学院等高等学校，健全海洋学科体系。实施海洋高层次人才引进计划，建立海洋系统人员海洋业务培训与交流机制。依托北海现有的海洋产业科技园，打造北海国家级海洋科技城、北部湾海洋产业示范园。建设中国—东盟海洋经济合作试验区，设立国家海洋第四研究所，推进北海国家农业（海洋）科技园区发展。鼓励海洋创业创新，大力扶持海洋中小微企业，利用中马（钦州）国家联合实验室项目，建设科技研发创新平台、高科技孵化基地。加快科创慧谷（北海）项目建设，打造海洋科技强区。

6. "智慧海洋"信息平台重点工程

加快物联网、云计算、大数据等新一代信息技术在海洋领域的应用。依托中国—东盟信息港，建设集海洋信息采集、数据传输交换、海洋综合管理、行政审批、辅助决策与公众信息服务一体化的"智慧海洋"平台。建设一批海洋观测监测站点和信息数据库，推动数据资源开放共享，统一规划和建设各项海洋数据安全传输与通信网络，加强陆地与海岛、海岛与海岛间的基础传输网络建设。加强重点用海项目、重点海域动态监视监测，建立广西海洋在线监视监测网，实行海域网格化管理。加快广西海洋经济运行监测和评估系统建设，构建海洋数据网络平台。推进近岸海域环境监控与预警系统和近岸海域河口环境监测船项目，加快渔政、海监综合管理信息系统平台建设。

7. "聚力创优"海洋服务品牌工程

建设北海银滩、涠洲岛、防城港白浪滩、防城港金滩国际旅游岛等 5A 级滨海旅游景区，有序发展无居民海岛游、原生态湿地游，促进滨海旅游度假精品区的形成。建设沿海三市邮轮母港，开通海上丝绸之路客货运"穿梭巴士"和邮轮航线，发展滨海跨国邮轮旅游，打造"海上丝绸之路黄金旅游带"。加快建设国际海事法庭、海上救援中心、中国—东盟海洋合作研究中心、海洋生物种质资源库和海产品质量检测中心等海洋服务重点项目，打造现代海洋服务业集聚区。

8. "立制强基"海洋综合管控工程

推进广西海洋综合管理配套改革，健全广西海洋综合管理体制机制和法律体系。创新海洋决策、执法与监督体制机制。完善海洋资源市场化配置制度，优化项目用海行政审批流程，进一步简政放权。完善北部湾海域污染损害应急方案。探索建立与东盟的海洋环境监测、灾害预警预报及重大环境事故应急响应公共服务平台。推进广西海洋综合管理机构改革，完善各级管理队伍，实行强基工程。

9. "搭台筑梦"区域合作开放工程

推进中国（北部湾）自由贸易试验区升级版建设。利用钦州中—马产业园、跨境经济合作区、综合保税区（港区）、国家重点开发开放试验区为开放合作平台，加快中国—印尼（防城港）产业园、中国—东盟海上丝绸之路文化产业园、中国—东盟文化产业创业基地、中国—东盟（防城港江山）旅游接纳基地、中国—东盟跨国旅游集散中心等项目建设，推动面向东盟的开放合作和先行先试。探索设立中国—东盟区域性股权交易中心和技术转移产业联盟，建设中国—东盟竞技体育训练基地和中国—东盟信息港，构建中国—东盟海上合作示范区。积极承接港澳台、珠三角、长三角先进产业转移，引进和培育海洋新兴产业。加强与华东和北方港口以及日韩、中东、欧美、非洲等地港口合作，探索与周边港口建立全面战略伙伴合作关系。

（二）重大政策

1. 财税政策

研究制定扶持海洋经济发展的相关政策和优惠措施，积极争取国家和自治区各类扶持海洋经济及涉海领域发展的相关专项资金。同时加大对海洋经济发展的投入力度，重点支持海洋新兴产业发展、海洋环境保护与生态修复项目。对海洋科技创新及成果推广、沿海渔民转产转业、现代海洋服务业发展等领域予以支持。

2. 投融资政策

探索市场化设立北部湾自贸区"一带一路"投资基金，广西政府投资引导基金适当参与投资基金，引进社会资本推动"一带一路"项目建设。完善落实国家和自治区开发性金融促进海洋经济发展试点，鼓励和促进民间资本通过 PPP 等模式参与涉海基础设施建设，支持涉海企业以发行股票、公司债券等方式筹集资金。加快金融服务体系的创新，鼓励和引导社会资金投向海洋经济发展领域。探索建立自治区级和市级海洋产业发展担保基金，搭建银企合作平台，建立海洋融资项目信息库，引导银行业金融机构采取项目贷款、银团贷款多种形式满足海洋产业资金需求，投入海洋新兴产业、现代海洋服务业、现代海洋渔业等特色优势产业。积极探索海洋自然灾害保险的运作机制，研究建立由被保险人、保险

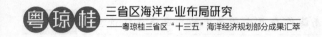
公司、相关政府和融资市场风险共担的保险机制。

3. 用岛用海政策

修编海洋功能区划，完善广西海域和无居民海岛使用权流转管理制度，推进海域和无居民海岛使用权招拍挂，优化海域使用权抵押贷款制度。严格控制传统养殖区和捕捞区的建设用海和围填海，完善渔业水域、滩涂占用补偿制度。完善海域和海岛使用金制度，进一步完善区域用海用岛相关政策，探索海域及海岛收储管理和集约节约用海审批办法。规划建设公共亲水岸线，将公共海岸线指标纳入沿海三市城市发展规划。

4. 人才政策

涉海高校要大力培养海洋科技人才、经营管理人才和高素质的海洋产业技工人才。建设完善海洋科技与管理人才的培养、激励和使用机制，加强高端人才的引进，加快培养涉海学科带头人和创新型人才。探索制定在国内有竞争力的人才激励政策，创造引进和留系人才的良好环境，逐步形成一支高素质海洋人才队伍。加强智库建设，培育广西海洋智囊团。

第三节　广西主要海洋产业现状分析

一、海洋渔业现状分析

（一）海洋渔业发展趋势

1. 市场需求持续增长

海洋渔业资源是保障沿海各国粮食安全、人民生活及经济社会发展的重要资源，随着世界经济发展和国民生活水平的提高，世界各国对水产品的消费需求日益增长，水产品已经成为世界众多人口摄取营养和动物性蛋白的重要来源。在我国，伴随人口的增长和人民生活水平的快速提高，对水产品的需求及消费量亦保持快速增长，使得水产品特别是海洋渔业产品处于供不应求的状态。在未来，我国持续、快速增长的水产品消费需求对于海洋渔业的发展将形成持续而强劲的拉动力。

2. 海水养殖成为海洋渔业增量发展的主要空间

20 世纪中叶以来，世界海洋捕捞渔业曾经历了长期的快速增长，但随着人类的过度捕捞，野生渔业资源种类和数量日益减少，进入 21 世纪之后，海洋捕捞产量便已进入逐渐下降阶段，海洋渔业资源的自然生产力是稳定的，因此海洋捕捞产量将趋于稳定。面对日益增长的海洋水产品需求，世界各国及时调整发展理念，推动海洋渔业向"以养为主"转变，海水养殖规模不断扩大，海水养殖业成为弥补供需缺口的主导力量。我国作为世界捕鱼第一大国，却是以长期的过度捕捞为代价的，海洋捕捞的强度远远超过了海洋渔业资源的承受范围，因此，控制、调整海洋捕捞业，大力发展海水养殖，是我国海洋渔业可持续发展的必由之路，海水养殖是满足未来增量市场需求的主要途径。

3. 海洋渔业向深远海拓展

世界的海洋渔业经历了由捕捞向养殖，由近海向深远海拓展的发展历程。海洋捕捞业方面，经过长时期的高强度捕捞，近海的天然渔业资源已出现明显衰退，不仅威胁海洋渔业的可持续发展，并且影响到海洋生物种群的正常更替和海洋生态系统的稳定，因此，世界各国纷纷将海洋捕捞业向深海、远海拓展。而随着海洋经济的发展，规模逐步扩大的近岸海水养殖业也日益逼近近海生态环境容量的上限，并带来较为严重的环境污染和生态破坏，与其他海洋产业在占用海洋空间上的矛盾也日益尖锐，因此随着深水网箱养殖技术的成熟，海水养殖也将日益走向深海、远海。我国作为发展中国家，海洋渔业发展水平相对较低，近海开发过度与远海开发不足并存，因此深海、远海更是未来我国海洋渔业发展的主战场。

4. 海水养殖将向集约化、深水化、高技术化发展

未来在发达国家和地区先进管理模式和技术的引领下，世界海水养殖业将向集约化、深水化、高技术化发展。首先，高效率、智能化、自动化的工厂化养殖模式将日益普及，推动海水养殖业劳动生产率的提高；其次，随着深水网箱养殖技术的成熟，海水养殖将突破近海的资源、环境、空间制约，逐步走向深海，有效拓展海水养殖的发展空间；再次，未来海水养殖生产力的提高和可持续发展将主要通过科技进步来实现，海水养殖业将成为一个集现代生物技术、海洋工程技术、电子技术、智能控制技术、新材料技术等于一体的技术密集型产业，生态养殖、绿色养殖方式也将得到更多应用，为海水养殖业的可持续发展提供保障；另外，海水养殖业的产业组织化程度也将不断提高，与海水养殖相关联的各类生产性服务组织将形成产前、产中、产后各环节有机结合的服务系统，拉长海水养殖业的产业链条，围绕海水养殖形成一个完整、稳定的产业生态系统。

（二）广西海洋渔业发展的现状与问题

1. 海洋渔业基础设施体系不完善

在目前的渔港管理体制下，广西现有的渔港所有权属于各级渔业主管部门，作为公益性事业，国家和各级地方政府是渔港建设的投资主体，但仅仅依靠政府无法满足海洋渔业发展对渔港的需求，因此，广西渔港普遍存在着建设资金紧缺、维护资金缺乏、功能不完善等问题。当前渔港建设的整体水平还比较低，渔港基础设施建设仍然滞后，码头泊位偏

少，渔船容量不足，导致渔船大量进港时埋下碰撞、火灾、风灾等隐患；大多数渔港的防灾救灾、通信导航、执法管理等配套基础设施不完善，具有防风防浪能力的渔港较少，尚不能完全解决渔船的安全避风问题，渔港功能较为单一，缺乏与陆区经济的联动。

2. 近海捕捞遭遇资源瓶颈，远洋渔业发展落后

广西海洋捕捞业一直以近海捕捞为主，受限于远洋渔业成本高风险大、自身经济技术水平低、南海主权争端等因素，远洋渔业发展较为滞后。由于长期的高强度捕捞，再加上近些年沿海地区工业化、城市化进程加快，沿海生态破坏和环境污染问题逐渐凸显，导致广西浅海滩涂生物资源出现衰退，近海捕捞遭遇资源环境瓶颈。广西统计年鉴显示，自2000年以来，天然生产的海水产品产量就开始逐年下降，至2013年，已从高峰期的88万余吨下滑到了65万吨左右，海洋捕捞业亟须向远海拓展发展空间。

3. 海水养殖增长迅速，但发展质量偏低

在市场需求快速增长和海洋捕捞发展受限的双重因素驱动下，广西的海水养殖业自20世纪90年代后期开始迅猛发展，人工养殖的海水产品产量逐步超过了天然捕捞产量，2013年已达到105万余吨，成为广西海洋水产品生产的主导力量。但广西的海水养殖业发展重规模，轻质量，基本处于低水平扩张的状态，产品结构不尽合理，养殖技术水平和整体效益偏低，海水养殖集中在近岸水域，深水养殖处于探索、起步阶段，对近海滩涂的水质和生态环境造成了污染和破坏，也影响其他海洋产业对海岸空间的利用。

4. 产业结构不合理，产业组织化程度低

目前广西海洋渔业以初级的捕捞、养殖为主，第一产业占比偏高，而水产品加工业、流通和服务业等二、三产业却发展滞后，跟不上第一产业的发展，海洋水产品的附加值没有得到充分的挖掘和提升，海洋渔业对其他相关产业的组织、带动能力未得到有效发挥。从经营模式上看，广西海洋渔业绝大多数是个体经营，上规模的龙头企业较少，处于分散的小农经济状态，产业组织化程度低，不利于提高市场竞争力和对自然风险的抵御能力。

（三）广西海洋渔业发展重点

1. 完善海洋渔业基础设施体系

积极争取国家渔港建设资金，增加地方财政投入力度，广泛吸收社会资本，合理引导渔民自筹资金，形成多元化的渔业基础设施建设资金筹集渠道，保障渔港基础设施建设的资金需求。按照渔港建设规划，着重建设完善中心渔港和重点渔港，增建渔业码头，配套相关服务设施，提高建设标准，增强其停泊避风和综合服务能力，并对其他渔港进行改造提升，尽快解决渔船的安全靠泊避风问题，支持渔区经济发展。

2. 恢复近海渔业资源，增强远洋捕捞能力

依法加强海洋渔业管理，控制捕捞强度，使海洋渔业资源得到休养生息，通过各类海洋保护区建设以及人工繁育保护和恢复海洋种质资源，保障海洋渔业可持续发展。从资金、技术、服务等方面加强对远洋捕捞业的支持力度，建造一批集捕捞、加工、冷藏于一体的大型远洋渔船，推动海洋捕捞业向远海拓展。

3. 提升海水养殖业发展水平

增强并整合渔业科研能力，推进产学研结合，建设一批海洋渔业科技示范基地，推动先进养殖技术的推广应用，提高水产养殖的标准化、智能化、生态化水平。根据市场需求及时调整养殖结构，加强对特色、高值水产品种的产业化开发，依托特色养殖基地发展休闲旅游、科研教育等服务业，提升海水养殖业的综合效益。支持深海网箱养殖技术的应用，推动海水养殖向深远海拓展。

4. 优化海洋渔业产业结构，培育现代化产业体系

加快发展海洋水产品加工、流通等二、三产业，打造一批水产品加工龙头企业和交易中心、物流基地，构建产、加、销一体化的产业集群，形成一、二、三产业相互促进、协同发展的格局。增强水产加工企业技术研发及转化应用能力，提高精深加工比例，提升海洋水产品附加值。通过"龙头企业+基地+渔户""龙头企业+金融机构+渔户"、渔业专业合作社等多种方式提高海洋渔业生产的产业化和组织化程度，培育各类渔业中介服务组织，支持渔民和企业在渔业生产各环节开展合作与服务，推动海洋渔业生产方式变革。

二、海洋工程建筑业现状分析

（一）海洋工程建筑业的发展形势

1. 临海工业的发展对海洋工程建筑业提出巨大需求

从 20 世纪 50 年代中期起，基于大宗货物远洋运输产生的海运革命，极大地降低了长距离海洋运输的成本，为国际贸易的大发展创造了条件。港口由于既面向市场又靠近原料来源地，成为出口导向型的国家或地区发展工业的最佳区位，特别是对大宗货物运输依赖度高的重化工业，更是在临海、临港地区集中布局。日本在战后以发展重化工型临海工业为抓手，取得了经济发展的巨大成功。当前，沿海地区不仅是世界范围内工业布局的重心地带，也是人类生产生活活动日益集中的场所，未来将有更多的人口向沿海地带迁移和居住，由此便将对海洋工程建筑业产生更多的需求。在我国，经过多年的改革开放，沿海地区成为工业化和城镇化水平最高的地区，重化工业临海、临港布局的规律也已显现，河北、山东、福建、广东等沿海省份均已规划建设了一批石化、钢铁、能源、海洋工程装备等临

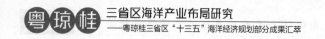

海工业基地，经济活动在沿海的集聚，对涉海交通、电力、建筑、仓储等工程设施的建设提出巨大需求。

2. 海洋资源开发要求海洋工程建筑业提供基础支持

随着人类社会经济的迅速发展，陆地有限的空间和资源已难以满足人类社会日益增加的需求，海洋成为人类未来获取能源资源和生存发展空间的重要依托。海洋蕴藏丰富的能源、矿产、生物等资源，已越来越多地被人类发现和利用，而海洋资源的开发需要各类海洋工程建筑业的支撑，在未来，港口码头、海上电站、钻井平台、人工岛、海底管道等海洋工程设施的建设需求将持续增加。在我国资源能源日益短缺的情况下，不论是开发利用海洋资源，还是进口国外资源，对海洋的依赖都将与日俱增，需要提升海洋资源开发利用能力，完善港口的仓储、加工及集疏运设施。

（二）广西海洋工程建筑业面临的形势

1. 北部湾经济区建设为海洋工程建筑业带来大量需求

北部湾经济区是广西区域经济发展的核心支撑板块，将建成中国—东盟开放合作的物流基地、商贸基地、加工制造基地和信息交流中心。按照国家规划，北部湾经济区工业主要发展石油化工、冶金、造纸、海洋等加工制造业以及加工贸易和战略性新兴产业，重点建设沿海石化工程、沿海钢铁基地、沿海林浆纸基地、沿海能源基地、沿海海洋产业基地等工业项目，并完善交通、能源、信息等基础设施，建成面向东盟服务西南、中南的国际大通道，为开放合作、加快发展提供有力支撑。北部湾经济区临海工业基地和综合交通网络、能源基地、信息交流中心的建设对各类海洋工程建筑带来了大量建设需求。

2. 广西参与"一带一路"建设为海洋工程建筑业创造新机遇

当前，国家全面推进实施"一带一路"倡议，广西背靠大西南，面向东南亚，是我国唯一与东盟陆海相连的省区，在国家战略中，广西被定位为"一带一路"有机衔接的重要门户，西南、中南地区开放发展新的战略支点。广西将加快北部湾港口、铁路、公路、综合物流基地、产业集聚区等基础设施建设，构建跨境综合交通运输网络，畅通西南出海大通道，为西南、中南地区对外开放合作创造便利条件，为发达地区产业转移营造良好环境和平台，并以海洋经济为主题深化与东盟的经济、文化交流与合作，打造中国—东盟合作的桥头堡。广西参与"一带一路"建设对北部湾港口及集疏运系统的投资建设产生了新的驱动力。

（三）广西海洋工程建筑业的发展重点

1. 加快北部湾港口物流设施建设，构建陆海统筹的综合交通运输网络

按照规模化和专业化的要求，优化港口功能布局，根据北部湾及西南地区产业发展重点，建设集装箱、煤炭、矿石、粮食、油气等重点货种专业码头，及时配套建设铁路、公路、管道等港口集疏运交通体系，加强港口与产业集聚区、重点工业园区及企业的联系，促进临港产业发展。推动实施出海航道工程，浚深、拓宽北部湾港出海航道，满足大型船舶通航要求，提高北部湾港口通航效率和安全水平。对港口码头装卸设施进行现代化改造，提高自动化、智能化、信息化水平，提高港口的装卸能力和效率。以港口为核心构建多式联运体系，拓展金融、商贸、口岸等港口服务功能，完善相应服务设施，建设专业化、特色化的物流园区，形成大宗物资转运体系、临港商贸物流体系、保税物流体系、专业物流体系等四大物流体系。

2. 科学开展围填海工程，加强沿海环保及安全设施建设

在广西海洋功能区划、海岸及海岛保护利用规划以及其他相关法定规划允许的范围内，合理开展围填海工程，加强环境影响评价，采用先进工程技术，降低对海洋生态环境的影响和工程成本，完善防风、防浪、防洪等安全防护设施，为北部湾经济区工农业发展及城镇建设提供发展空间。加强沿海城镇、产业园区、港口、岛屿等特殊、敏感区域的环保、安全监测预警设施及防护工程建设，增强对突发环境事件和海洋地质、气象灾害的应急防控能力，提高沿海地区海洋环境和社会经济系统的安全保障水平。

三、船舶工业现状分析

（一）广西船舶工业发展形势

1. 船舶工业规模较小，发展基础薄弱

船舶工业包括船舶及海洋工程装备的制造、配套、修理、拆解等行业，具有资金、技术、劳动力密集的特征，对机电、材料、冶金、航运等产业具有较强的带动作用。近几年广西的船舶工业有了较快的发展，具备一定的修造船能力，但产业总体规模较小，以内河中小型船舶修造为主，沿海船舶工业发展基础薄弱；企业规模小、实力弱，产业集中度低，配套能力较弱，缺乏大型修造船企业。船舶工业发展落后，不利于发挥广西的区位优势，制约了广西海洋经济及其他相关产业的发展。

2. 广西船舶工业发展面临重大历史机遇

首先，国家提出建设海洋强国的发展目标，大力支持船舶及海洋工程装备制造业发展壮大，经过长期的积累和发展，船舶工业正成为我国具有较强国际竞争力的产业之一，发

展前景较为广阔。其次，中国—东盟自贸区的建立、广西北部湾经济区的开发开放、"一带一路"倡议的推进实施，使广西成为中国面向东盟开放合作的前沿，西南、中南地区开放开发的国际大通道，必将推动海洋交通运输、海洋旅游等行业的快速发展。根据北部湾经济区发展规划，北部湾港的通过能力将达到 5 亿吨，其中集装箱达到 1000 万标箱，旅客吞吐量超过 500 万人次，再加上海洋资源开发的加快，将产生对船舶及海洋工程装备制造、维修的大量需求。此外，目前国内外发达地区正推进经济转型升级，一些制造业正向低梯度地区转移，而广西得天独厚的自然条件、区位优势以及广阔的市场前景将为吸引、承接区外船舶工业转移创造有利条件。

（二）广西船舶工业发展重点

1. 大力发展修造船业，提升港口航运保障能力

面向北部湾地区船舶需求，重点发展大型集装箱船、特种货轮、渔船、游艇等船舶的制造和维修服务业，为北部湾地区港口航运、海洋渔业、海洋旅游等产业的发展提供支持和保障。引入以中船重工为代表的龙头造船企业，发挥对广西造船业的龙头带动作用，支持大型船坞及造船码头、泊位的建设，完善配套基础设施，吸引配套企业落户，促进修造船及配套企业集聚发展，打造北海修造船基地。推动广西本地修造船企业与龙头企业、科研院所加强合作，通过合并重组、业务分工、协同创新等方式扩大企业规模，提高技术水平和修造能力，实现各类修造船企业共同发展。

2. 积极培育邮轮行业，支持北部湾旅游业发展

抓住环北部湾旅游区建设的机遇，率先布局邮轮产业，在防城港、北海等地建设邮轮母港，完善配套旅游服务设施，吸引国内外主要邮轮公司进驻，开辟北部湾至南海、东南亚、南亚、南太平洋等地区的国际邮轮航线，进而带动酒店、商业、文化娱乐、会议展览等业态的发展，将广西沿海地区打造成为我国重要的国际旅游集散、中转基地。依托大型造船企业发展邮轮制造及维修业，将广西建设成为环北部湾地区的邮轮制造、维修基地，提高修造船企业产品及服务的附加值。

四、海洋旅游业及生态环境保护现状分析

（一）海洋旅游业发展趋势

海洋旅游业是世界海洋经济的最大产业之一，海洋旅游在世界旅游业中占有举足轻重的地位并仍呈强劲增长态势，在沿海各国国民经济中的地位也日趋重要。热带和亚热带目的地在世界海洋旅游中占主导地位，形成了地中海地区、加勒比海地区、东南亚地区等一批世界级海洋旅游目的地。随着旅游产品结构调整的深化和旅游市场的逐步发展成熟，世界海洋旅游业呈现出以下几方面趋势。

1. 多元化

一方面是旅游功能的多元化,随着旅游消费需求结构的升级,海洋旅游正向观光、休闲度假、康体、娱乐、疗养等多种功能有机结合的方向发展;另一方面,是旅游产品类型的多样化,由传统的阳光、沙滩、海水等单一产品拓展出高尔夫、滑水、游艇、潜水等项目,形成海边、海上、海底立体式的海洋旅游产品系列。

2. 生态化

纯净、优美、原生态的海洋风光是吸引海洋旅游者的核心要素,回归自然、放松身心是海洋旅游度假者的主要动机之一,对生态旅游产品日益增长的需求使具有先天优势的海洋旅游业向着生态化的方向发展。可持续发展观念的引入和普及也是海洋旅游生态化发展的一大动因,生态环境是海洋旅游业发展的重要根基成为越来越多人的共识。

3. 休闲化

随着经济的发展和社会的进步,人们将更多的时间和财力用于休闲之中,休闲化成为社会发展和人们生活的趋势,休闲体验成为旅游者消费需求的一大特征,而海洋旅游所具有的良好环境、丰富内容能为旅游者提供特殊的休闲体验,在未来的海洋旅游发展中旅游产品的休闲功能将日益增强。

4. 创新化

随着旅游市场的成熟程度不断提高,新的需求不断涌现,旅游市场需求结构不断变迁,海洋旅游要保持持续稳定发展,就必须根据市场变化及时做出创新和调整,海洋旅游的创新主要表现在规划开发、经营模式、产品设计、营销管理等方面。

（二）广西海洋旅游业面临的形势

1. 国家大力推动海洋旅游发展,周边地区已有较好发展基础

改革开放之后,国家开始支持和推动旅游产业的发展,海洋旅游也开始起步,并日益得到国家的重视,国务院、发展改革委、国家海洋局、旅游局以及沿海地方政府均颁布了有关海洋旅游的政策文件,内容涉及海洋旅游产业发展、海洋旅游经济、海洋旅游资源保护等方面,海洋旅游业伴随我国旅游业的大发展,也迅速成长为我国海洋经济的支柱产业,其产值占海洋经济总产值的比重已超过 1/4,成为海洋服务业的主体。广西周边的广东、海南等省海洋旅游起步早、发展快,已有较好的发展基础,特别是海南省充分利用其海洋旅游资源优势,建设了一批有影响的度假区,其推出的温泉、疗养、冲浪、潜水、邮轮游艇等旅游产品在国内外已颇具影响,目前,海南国际旅游岛建设已进入国家的重大战略部署之中,周边地区海洋旅游发展的成功经验,可以为广西提供有益借鉴,有利于广西与其共

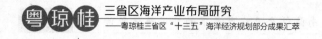

享客源，共建环北部湾旅游区。

2. 一系列国家战略的实施为广西海洋旅游业发展创造重大机遇

随着国家深入推进西部大开发和新一轮改革开放，广西北部湾地区成为开发开放的热土，北部湾经济区、中国—东盟自贸区、"一带一路"等的推进实施为广西海洋旅游业的发展带来了重大机遇和广阔空间。《广西北部湾经济区发展规划（2014年修订）》提出将北部湾经济区打造成国际旅游度假区和区域性国际邮轮母港，加强中国—东盟旅游合作，加快建设中越国际旅游合作区，联合广东、海南共同打造中国—东盟海上及陆上跨国旅游通道。中国—东盟自贸区的建立和发展必将有力促进区内各国之间人员、物资、信息的流通，紧密中国与东盟的经济社会联系，使广西作为中国—东盟合作的窗口作用更加凸显，为广西海洋旅游业的发展创造良好环境和巨大市场需求。2015年3月国家发布的共建"一带一路"的愿景与行动，明确了广西在"一带一路"倡议中的重要定位，提出推动21世纪海上丝绸之路邮轮旅游合作，旅游业往往扮演区域经济一体化的先导角色，广西作为"一带一路"有机衔接的重要门户，在推进与国内外的区域经济合作中，海洋旅游业将发挥重要作用。

（三）广西海洋旅游业发展重点

1. 加快旅游景区基础设施建设，提升接待能力和景区等级

加快建设完善北海涠洲岛，钦州七十二泾群岛，防城港市江山半岛、金滩旅游岛、长榄岛、东兴京岛等重点开发景区的道路、供水、供电、港口、码头等基础设施以及酒店、购物、游览、休闲度假、滨海运动等旅游服务设施，完善安全设施和环境卫生设施，提升景区接待、服务能力和品位等级，建设一批国际知名、各具特色的旅游景区和度假区。将涠洲岛建成著名的国际休闲度假岛，创建"涠洲岛火山国家地质公园"国家5A级景区；将长榄岛打造成国际化海岛型总部休闲基地，将江山半岛建设成为中国—东盟旅游接待基地、海上高尔夫产业基地、国际滨海旅游目的地，推动江山半岛旅游度假区创建国家5A级景区。

2. 加强旅游产品创新和生态环境保护，推动海洋旅游创新发展、绿色发展、可持续发展

加强对旅游市场的跟踪和研判，提升旅游规划、设计的前瞻性，面向国内外多层次、多元化需求，高起点发展海洋旅游。重点开发满足大众市场需求的观光、休闲、度假、养生、娱乐、海上运动等旅游产品以及面向国内外高端需求的会议、展览、游艇、邮轮、高尔夫等旅游产品，积极拓展、引入新兴旅游业态，促进各景区差异化发展；发挥沿海沿边、少数民族聚居的地域特色，建设一批主题性文化旅游区，将民族文化、异域风情融入旅游开发之中，促进中外文化交流和民族文化保护。顺应旅游生态化发展趋势，加强生态观光、生态度假、休闲养生等海洋生态旅游产品的开发，结合红树林、珊瑚礁等自然保护区建设，

进行适度、合理的旅游开发活动，探索建立多种类型的国家公园，形成集自然环境保护与自然景观观赏和休闲娱乐为一体的生态旅游景区，实现生态效益、经济效益、社会效益的统一。在旅游开发的同时确保环境卫生及安全设施的建设运行，在重点生态功能区建立环境监测、预警、控制系统，推进茅尾海等重点海域综合整治，使海洋旅游与海洋环境相互促进、良性循环。

五、港口建设现状分析

（一）广西海港发展现状及问题

广西沿海港口一直是我国西南地区对外交流的重要口岸，20世纪90年代以来，广西沿海港口建设步伐加快，港口基础设施初具规模，初步形成了以防城港、北海、钦州三港公用码头为主体，商贸、企业专用码头为补充的总体格局，港口规模和服务范围得到较大拓展，逐步成为广西经济发展的重要依托和西南地区联系国内外市场的重要出海口。2007年，广西对防城港、北海港、钦州港进行重组整合，成立广西北部湾国际港务集团，对广西沿海港口进行统一运营，2011年自治区政府正式批准广西沿海防城港、钦州港、北海港统一使用"广西北部湾港"名称。2014年，广西北部湾港码头总长度为34.097千米，其中北海港域6.04千米，防城港域14.897千米，钦州港域13.16千米；货物吞吐量突破2亿吨，达到2.0189亿吨，同比增长8.1%，其中北海港域吞吐2276万吨，防城港域吞吐11 501万吨，钦州港域吞吐6412万吨，北部湾港吞吐量的增速仍高于全国港口6.2%的增速。沿海港口的快速发展对推动广西北部湾经济区开放开发，促进临海工业发展起到了重要作用。

目前，广西北部湾港仍存在以下问题和不足：①码头泊位尤其是10万吨级以上的大型泊位数量不足，与当前海运船舶大型化的趋势不相适应，难以满足未来大型临港工业发展和港口腹地快速增长的进出港运输需求；②码头泊位功能较单一，结构性矛盾突出，大部分是普通泊位，而集装箱、油气、矿石、煤炭、游客等专业化码头泊位数量不足；③港口航道等级不高，配套设施不完善，通过能力不足，难以承载大吨位、大数量船舶通过需求；④公路、铁路、管道等集疏运交通设施不完善，港口的中转、运输效率有待提高，综合运输枢纽作用未得到有效发挥；⑤岸线资源利用不充分。

（二）广西海港面临形势及建设重点

根据广西北部湾经济区发展规划，广西沿海地区将依托港口资源，重点建设石油化工、钢铁、林浆纸、能源电力等工业项目，并承接、发展加工贸易产业，目前，神华国华广投（北海）发电项目、中石化北海炼化项目、中石油钦州LNG项目等已相继落地，此类工业项目均需要相应专业性码头泊位的配套支撑。另一方面，包括广西在内的广大中西部省区将成为今后承接国外及东部产业转移的主要地区，其自身的经济发展也将步入快车道，广西北部湾港的腹地涵盖广西、云南、贵州、四川、重庆以及湘、粤两省西部等地区，是上述地区最便捷的出海大通道，随着这些省区对外经济联系的扩大和海陆间交通网络的逐步完善，其对资源性产品以及加工制成品的进出口将主要通过北部湾港完成，从而对北部湾港门户和通道作用的发挥提出更高要求。

1. 加快各重点港区大型专业化码头泊位建设

按照广西沿海港口布局规划、广西北部湾港总体规划、广西海岸保护与利用规划以及其他相关法定规划，有序推进沿海港口建设，优先开展重点港口大型专业化泊位、重大项目配套码头泊位的建设。北海港域重点建设铁山港区、沙田港区的一批万吨级以上码头泊位以及中石化北海炼化项目石化码头、北海邮轮码头，主要满足液体化工、大宗散货、集装箱、件杂货、旅游客运以及通用运输需求，支持北海出口加工区等产业园区发展；钦州港域重点建设大榄坪作业区、大环作业区、三墩作业区的一批 5 万吨级以上泊位以及中石油钦州 LNG 项目配套泊位、沙井国际邮轮码头，主要满足矿石、煤炭、集装箱、油品、液化石油气等大宗物资以及汽车滚装运输需求，支持钦州保税港区以及其他临港工业发展；防城港域重点推进渔澫港区、企沙作业区、潭油作业区的一批万吨级以上泊位以及大西南临港工业园区配套码头、企沙中心渔港、渔洲渔业码头建设，并建设北部湾集装箱办理站等集装箱业务配套服务设施以及仓储码头设施，主要满足集装箱、散货、件杂货、化工品的中转、仓储、运输需求以及海洋渔业发展需要，支持防城港建设北部湾地区国际物流和贸易基地，形成辐射大西南和泛北部湾地区的大型集装箱港口。

2. 同步推进各港区深水航道工程

根据海运船舶大型化趋势和北部湾港口业务发展的要求，推进重点港区航道的疏浚、拓宽、加深和标准化建设，构建安全、畅通、大能力的航运通道体系。北海港域重点开展铁山港区航道二期、三期工程和沙田港进港航道二期工程，满足 LNG 船以及万吨级以上船舶的通航要求；钦州港重点开展 30 万~45 万吨进港航道、三墩南航道、大环 20 万吨级航道、金鼓江航道以及钦州港东、中、西航道的建设、扩建工程，以满足矿石、煤炭、集装箱、石油气等大宗货轮通行需求；防城港重点开展企沙南航道、防城港 30 万吨级航道、东湾潭油航道的建设，提高超大型集装箱货轮的通行能力；建设防城港东港区、南港区防波堤工程，增强防城港对海洋灾害的抵御能力，保障港口全天候安全作业。推进航道标准化和管理信息化，完善助航、导航设施，通过智能化调度提高航道的通行能力和安全水平。

六、海洋文化产业现状分析

（一）海洋文化产业发展环境

随着经济社会的发展和产业结构的升级，发达国家和地区的经济呈现出轻型化、服务化、知识化的趋势和规律，我国经济也已呈现出同样的趋势，目前我国第三产业增加值占国内生产总值的比重已超过第二产业并继续升高，这意味着我国经济正由工业主导向服务业主导加快转变。文化产业是现代服务业的重要组成部分，具有创新性强、正效益高的特征，随着居民消费结构的快速升级，对文化服务产品的需求迅速增长，而我国作为举世闻名的文明古国，拥有辉煌灿烂的文化积淀和风格各异的地域文化，具有发展文化产业的优越条件。近年来，国家日益重视文化产业发展，党的十七大最先提出"大力发展文化产业"，"推动社会主义文化大发展大繁荣"；2009年国家出台《文化产业振兴规划》，对我国文化产业发展做出了总体部署；2014年国务院发布《关于推进文化创意和设计服务与相关产业融合发展的若干意见》（国发〔2014〕10号），着力推进文化创意和设计服务等新型、高端服务业发展，促进其与制造业、旅游业、体育等产业深度融合；此后，文化部和财政部联合发布《关于推动特色文化产业发展的指导意见》（文产发[2014]28号），将更好地推动特色文化产业健康快速发展。

中国既是一个陆地大国，又是一个海洋大国，从史前的石器时代至今，中国沿海居民创造了海洋捕捞、养殖、制盐、航海、商贸、审美等丰富灿烂的海洋文化，并留下了诸如贝雕遗址等大量海洋文化遗产，中国早在西汉时期就与外国有贸易和文化交往，并开辟了海上丝绸之路、陶瓷之路、茶叶之路、香料之路、白银之路通往世界各地。中国沿海居民依托海洋所形成的生产生活习惯和社会风俗，承载着沿海人民的价值取向和审美情趣，具有宝贵的社会价值、艺术价值、经济价值和文化传承价值。在中国确立建设新世纪海洋强国、文化强国的宏伟目标，特别是大力实施"一带一路"倡议的时代背景下，加快我国海洋文化遗存的挖掘、保护和开发利用，具有重要而深远的意义，海洋文化将与海洋旅游等产业深度融合，成为一个具有广泛的社会、经济效益和政治意义的产业。

（二）广西海洋文化产业发展条件

1. 海洋文化资源丰富

广西作为我国西部地区唯一的沿海省区，拥有深厚的海洋文化积淀和丰富的海洋文化资源，海洋文化在地区文化中占有重要地位。早在新石器时代，广西沿海居民就从事渔猎和农业活动；在汉代，合浦是海上丝绸之路的始发港之一，出土了众多全国罕见的大型汉墓。现存于沿海各地的新石器时代贝丘遗址、古运河、古商道、伏波庙、白龙珍珠城、京族哈节、珠还合浦及三娘湾神话传说等，都体现着广西厚重的海洋文化历史。

广西具有浓厚的海洋民族文化特色，这里有全国唯一的海洋民族——京族，有被称为"海上吉卜赛"的疍家和耕海的客家。广西海洋文化以骆越文化为基础，融汇了中原文化、楚文化和巴蜀文化，在与海外的交流中又接纳了基督教文化、佛教文化和近代西方文化等元素，同时受到了广府文化、福佬文化和壮族文化的影响。但是，广西海洋文化始终保持着自己的独特性，呈现出多种文化共存共生的特征。

广西拥有独特的海洋渔业景观，沿海有 130 多个渔业村，共有渔民 70 万余人，沿海地区长期以渔业为中心的生产生活方式，形成了一大批各具特色的渔港、渔村、鱼市以及与渔业相关的民间习俗、节庆活动等渔业文化景观。南珠文化是广西海洋文化的一朵奇葩，自古以来，广西沿海海域就是驰名世界的南珠产地，围绕着南珠的收集、加工和贸易等，留下了众多历史文化古迹，形成了发达的珍珠文化。

此外，广西沿海还有着众多特色鲜明的非物质文化遗产，截至 2012 年 5 月，沿海三市已列入自治区级以上非物质文化遗产名录的有 23 项，如民间传说《合浦珠还》《美人鱼传说》，传统民俗"京族哈节""外沙龙母庙会""疍家婚礼"，传统手工技艺"北海贝雕技艺""京族服饰制作技艺""京族鱼露""北海疍家服饰制作技艺"，民间音乐"京族独弦琴艺术"、《北海咸水歌》，以及民间曲艺《老杨公》《京族民歌》等。其中，"京族哈节""京族独弦琴艺术"和"钦州坭兴陶制作技艺"被列入国家级非物质文化遗产名录。

2. 海洋文化产业发展机遇良好

（1）国家战略及政策环境有利于广西海洋产业发展。目前国家正大力推动海洋强国、文化强国建设，海洋文化产业作为这两大国家战略目标的交汇点，其重要性越加凸显，将得到国家的重视和支持，目前已出台的一系列政策措施为海洋文化产业发展创造了良好环境和便利条件。此外，"一带一路"倡议的深入实施将有力促进中国与沿线国家的经济文化交流，海洋文化在其中将扮演重要角色，并获得重大利好。

（2）海洋旅游业的大发展为海洋文化产业发展注入强大动力。海洋旅游业是与海洋文化最紧密的结合点之一，海洋旅游业的快速发展是海洋文化开发的最大带动力量。2014 年我国海洋旅游业继续保持快速发展态势，滨海旅游业增加值同比增长 12.1%，占海洋产业增加值的比重达到 35.3%，在海洋产业中的支柱性地位日益加强，但同期广西海洋旅游业增加值仅占海洋经济增加值的 14.7%，与全国水平差距甚大，具有很大的提升、发展空间。放眼未来，随着国内外旅游消费层次的提升和环北部湾地区交流融合程度的加深，广西海洋旅游业势必保持快速发展势头，也将促进和带动海洋文化资源的开发。

（3）广西海洋文化产业的发展也已经得到国家及自治区政府和社会的重视与支持。2008 年，广西北部湾经济区开放开发被正式纳入国家战略，北部湾的文化发展也纳入经济区的整体规划中。2012 年，广西的海洋经济发展"十二五"规划中指出，要大力发展海洋文化产业，弘扬海洋文化，充分挖掘海洋文化内涵，打造一批海洋文化品牌。2014 年，自治区海洋局委托相关研究单位编制了《广西壮族自治区海洋文化发展规划纲要》，对广西海洋文化事业及文化产业的发展做了全面研究和部署。

（三）广西海洋文化产业发展重点

1. 加强海洋文化遗存的挖掘和保护

在全区开展海洋文化古迹、遗址的整理、修复和保护工作，重点对白龙珍珠城遗址、贝丘新石器时代遗址、合浦汉墓、北海丝绸之路等文化遗迹进行挖掘和保护。加强非物质文化遗产的整理、保护和传承，对京族文化、疍家文化、传统技艺和艺术以及代表性的民间传说进行系统保护和合理开发，赋予其持续的生命力。依托重要海洋文化遗存加快建设各种主题的海洋博物馆、海洋遗址公园、海洋科技馆等海洋公共文化设施，支持民间力量建设各种类型的海洋公共文化场馆，形成完善的海洋文化设施布局。扩大海洋公共文化设施的开放度，加强宣传教育和海洋文化传播，提高公众的海洋文化认知和广西海洋文化的知名度，促进与国内外其他地区的海洋文化交流。

2. 推动海洋文化与海洋旅游、海洋体育融合发展

依托广西沿海丰富、多样的海洋民俗、海洋渔村、海洋文化遗迹以及海洋自然景观，培育发展海洋节庆会展、海洋文化创意等产业，打造一批有影响力和代表性的海洋文化产业品牌，培育、建设若干特色鲜明的海洋文化产业集聚区，推进海洋文化产业规模化和集群化发展。强化海洋文化资源和海洋旅游资源的综合利用，推动海洋文化产业和海洋旅游产业的联动发展，不断创新海洋文化产业和海洋旅游业的融合发展模式，使具有广西特色的海洋文化融入旅游产品、旅游活动之中，以旅游业为载体实现海洋文化的保护和传承。重点推动北海市、涠洲岛、防城港江山半岛等优势区域海洋文化、海洋旅游的一体化开发。

七、临港物流业现状分析

（一）广西临港物流业发展形势

世界港口的发展经历了从纯粹运输中心向综合性国际物流中心的转变，即除了作为海运通道在国际贸易中继续保持有形商品的集散功能外，还具有集有形商品、技术、资本、信息等要素于一体的物流、交易功能。临港物流业是现代服务业的重要组成部分，是在全球化背景下随着国际贸易的大发展而产生、发展起来的，可以有效提高港口运输效率、扩大港口腹地范围、增强港口综合服务功能，有力促进临港工业和腹地经济的发展。目前，在国内各主要港口均已建设了临港物流园区，并呈现要素流通便利化、自由化的趋势，成为各类要素的集散中心和地方经济发展的重要引擎。

广西沿海地区大规模开发开放起步较晚，经济发展水平相对较低，因此在缺乏需求刺激的情况下临港物流业也尚未形成气候。目前，广西临港物流业发展所依赖的港口集疏运系统尚不完善，缺少物流企业集聚发展的平台和带动能力强的龙头物流企业，专业化的交

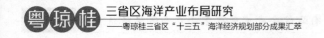

易中心也尚不发育，配套服务设施不健全。

随着北部湾经济区的开发开放以及中国与东盟、新西兰、智利等国家和地区签署自由贸易协定，广西的经济发展和对外贸易驶入了快车道。2014 年广西进出口总额达到 2491.1 亿元，与 2010 年相比翻了一番，年均增长 20%，在我国外贸整体遇冷的情况下实现了逆势上扬，并呈现出加工贸易发展提速、贸易伙伴多元化、内生动力不断增强的特征和趋势。未来，新一轮西部大开发的实施、自由贸易区建设的深化、"一带一路"倡议的实施，将继续助推泛北部湾地区国际贸易的繁荣，对临港物流的发展产生强大的需求拉力。国家在《广西北部湾经济区发展规划（2014 年修订）》中指出要构建面向东盟、连接西南中南、通达珠三角的高效低成本现代物流服务体系，实现多种运输方式无缝衔接和高效联运，建设面向东盟的区域性商贸物流基地、物流信息和集散中心，并打造中国—东盟跨境电子商务基地。

（二）广西临港物流业发展重点

1. 大力引入、培育第三方物流企业

以第三方物流作为发展重点，积极引入区外龙头物流企业，促进广西中良物流、金信物流等本土物流企业发展壮大，引导物流企业错位竞争、紧密协作，建立临港物流园区，促进不同类型的物流企业集聚发展，推动公、铁、水、空、管等不同运输方式以及各物流企业运输设施的有机衔接，构建快捷、高效的多式联运中心、平台。

2. 建立专业化物流园区

针对北部湾港口的货品结构及发展趋势，建立矿石、煤炭、油品、集装箱、粮食、水产品、电子商务等专业化物流园区，形成分工明确、结构合理的物流园区体系，提高港口物流的运行效率和安全水平。

3. 配套发展商贸业

发挥广西沿海港口的区位和政策优势，推动临港物流与加工、制造、商贸业联动融合发展，降低加工制造和商贸企业的运营成本，提升其对市场变化的反应能力，同时也培养物流企业的稳定客户群，促进临港物流业稳健发展，充分发挥港口对陆域经济的带动和服务功能。

4. 提升保税物流发展水平

推动钦州保税港区转型升级、集约发展，进一步提升基础设施承载能力，拓展、完善保税港区功能，发展高值业务，引入高端企业，提高园区的产出密度和综合效益，发挥对腹地经济的服务作用。

八、临港石化、能源重大工程及项目

（一）广西临港石化、能源发展形势

能源是人类文明发展的重要驱动力量，随着世界各国推动本国的现代化进程，对油气、煤炭、电力等能源的消费需求也日益旺盛，能源已成为世界各国争夺的焦点之一。改革开放以来，我国的能源消费量快速增长，由石油出口国转为净进口国，并且石油的对外依存度越来越高，石油进口地和所经航线又是世界上矛盾多发的地区，对我国能源安全和国家安全构成了潜在威胁。为确保我国的能源安全，国家一方面大力开发可再生能源，优化能源消费结构，推进节能减排；另一方面也积极拓展能源进口渠道，推动进口来源多元化，并加大了对深海油气资源的勘探开发力度。北部湾是我国沿海六大含油盆地之一，石油资源量 16.7 亿吨，天然气资源量 1457 亿立方米，开发潜力极大。目前，以"海洋石油 981"钻井平台的投入使用，标志着我国基本具备了开发深海油气资源的技术能力，海洋油气资源的开发将逐步向深海挺进。

广西濒临北部湾和广阔的南海海域，临近我国南海的石油进口通道，并且拥有众多的深水大港，有条件建成我国南海区域开采、进口油气的接纳、加工、储备基地，也便于煤炭等大宗物资的运输。北部湾经济区的开发建设将带来能源消费需求的快速增长，毗邻的珠三角地区和西南、中南地区也有着广阔的能源消费市场。建设广西沿海石化、能源基地，是国家对北部湾经济区的重要安排，更是广西自身发展的需要，同时也有利于为西南、华南、中南等地区的发展提供能源保障和支持。

（二）广西临港石化、能源发展重点

1. 建设大型油气储备基地和接收、输配系统

加快建设北海、钦州港区的石油、LNG 专用码头泊位，形成大型油气运输船舶的停泊、装卸能力；在北海、钦州等地结合油气码头和石化项目，建设原油、液化天然气、成品油等大型储备库，建成国家重要的石油储备基地；完善配套的油气输配系统，为国家南海油气资源开发和国外油气进口以及周边省区能源利用提供服务保障。

2. 推进炼化、热电项目建设，建成沿海石化、能源工业基地

石化工业以北海、钦州为重点，保障和支持中石化北海炼化项目、中石油广西石化炼化一体化项目、钦州三墩岛化工型炼化一体化项目等骨干工程项目的落地实施，以骨干项目为依托拉长石化产业链条，促进相关企业集聚发展，培育石化产业集群。电力方面，主要开展神华国华广投北海能源基地一期及配套的煤炭配送中心、国投北部湾发电有限公司北海电厂二期、钦州三墩石化岛天然气发电及天然气热电联产等新项目建设，高标准配置超临界、超超临界燃煤发电机组以及脱硫、脱硝等环保设施，对北海铁山港热电联产一期

项目原有机组进行改造，建成高效、低污染的电力工业基地。

3. 加强生物质能源的开发利用，建设南海油气开发后勤保障基地

发挥广西生物资源丰富、初级生产力高的优势，引入生物质能源研究开发企业，推动生物质能源的产业化开发利用，支持北海凯迪生物能源有限公司建设年产 60 万吨生物质合成油项目，发挥对生物质能源开发利用的示范作用。针对南海油气资源开发，建设海上石油钻井平台专用码头泊位，配套建设服务设施及工程机械设备，支持海洋油气开发企业把广西沿海港口作为南海油气开发的后勤保障基地。

九、产业园区、基地现状分析

（一）广西沿海产业园区、基地发展形势

产业园区是现代产业布局的主要形式，有利于同类企业集群式发展，获取集聚效益，也便于管理方针对园区企业提供专门化公共服务和公用设施。目前，产业园区呈现小型化、多样化、专业化、创新化的发展趋势，与早期动辄几十平方千米、包罗多种产业和企业的经开区、高新区不同，当前的产业园区表现出更高的灵活性和专门性，各种各样因需而设的产业园区层出不穷，园区发展对土地的依赖逐渐减弱，而是更加依靠科技、管理机制和经济模式的创新，园区的发展质量不断提高，对地方经济和科技发展的支撑和促进作用越加凸显，与此同时，产业园区的功能由早期单一的经济定位向综合性新城区发展转变，由此也往往成为城市新区开发的前导力量。

目前，广西沿海已经建成北海工业园区、出口加工区，东兴边境经济合作区，钦州港经济开发区、保税港区等产业园区，成为广西沿海产业集聚、开发开放的重要平台和地方经济的重要支撑，但存在专业性不强、创新能力较弱、特色与优势不明显等不足。在我国经济发展进入新常态的背景下，产业园区的建设亟须走出过去相对粗放的发展模式，向专业化、集约化、特色化、创新化转型。作为中国与东盟交流、合作的重要窗口，在新的发展形势下，广西需要进一步扩大对外开放，加快发展方式转型，推动自身经济社会发展和对外开放合作进入新阶段、新高度；需要增强和发挥产业园区的独特作用，依托资源和区位优势，把握经济发展趋势和国家政策导向，以海洋产业、加工贸易、国际商贸物流等产业为重点，建设一批开放度高、专业性强、特色鲜明、优势突出、集约高效的产业园区，作为培育新兴、主导产业的突破口，开放合作的窗口平台以及科技创新的重要支点。

（二）广西沿海产业园区、基地建设重点

1. 建设科技型海洋产业园区，推动海洋产业升级

以海洋渔业、海产品深加工、海洋生物制药、海洋化工等产业为重点方向，建立若干科技型产业园区，完善科技、金融、人才、政策等支持和服务体系，引入相关科技型企业和科研机构，推动其建立公共创新平台或创新共同体，加强园区与国外的海洋科技交流协作，促进科技研发和产业化应用紧密结合，以此提高广西海洋传统产业发展质量，培育海洋新兴产业。依托北海市海陆空区位优势和资源优势，按照"一区三园"模式建设广西北海国家（海洋）农业科技园区暨北海海洋产业园区项目，将海洋科研创新、海洋加工物流以及海洋科普观光相结合，形成集科研教育、加工制造、商贸物流等功能为一体的综合性海洋产业园区，发挥对全区海洋产业园区建设的示范作用。发挥防城港海域气候、环境及生物资源优势，建设北部湾海洋生物种业产业园，培育和推广优质种苗，促进广西及北部湾地区海洋水产业技术和效益的提高。

2. 建设加工贸易产业园区，深化对外经济合作

按照优势互补、互利共赢的原则，利用中国与东盟国家之间的发展阶段差，立足中国、东盟的产业结构、相对优势和市场需求，建设粮油、海产品、农资、机电、建材等类型的加工贸易产业园区，一方面承接国内优势产能的转移，开拓东盟及其他地区市场；另一方面开展粮油、海产品、水果等东南亚、南亚地区优势产品的转口、加工、贸易，满足国内外市场多样化需求。重点建设北部湾沙田港东盟工业加工集中区基地项目、中国—东盟（钦州）粮油产业园、东兴海产品加工贸易园区等项目，通过园区建设稳步推进广西沿海加工贸易产业发展，深化中国与东盟在各自优势领域的合作，推动实现共同发展繁荣。

3. 培育专业性交易中心，打造国际商贸物流基地

发挥广西的区位优势，着眼于环北部湾地区以及中国与海上丝绸之路沿线区域的贸易结构和发展需求，培育粮油、糖类、水果、海（水）产品、矿石、钢材、船舶等国际性商品交易中心，综合开展商品现货、期货、期权等交易，掌握商品定价能力，并促进物流、金融、评估、咨询、法律等配套服务业的发展，将广西沿海地区打造成为区域性国际商贸物流基地。"十三五"期间重点支持钦州东盟虎邱钢材交易中心、钦州船舶交易中心、钦州港祥丰化肥硫黄物流基地等项目的建设，并依托中国—东盟（钦州）粮油产业园、东兴海产品加工贸易园区等园区建设农产品、海产品的交易中心。

十、海洋工程装备业现状分析

（一）广西海洋工程装备业发展形势

海洋工程装备主要指海洋资源（特别是海洋油气资源）勘探、开采、加工、储运、管理、后勤服务等方面的大型工程装备和辅助装备，海洋工程装备产业是开发利用海洋的物质和技术基础。欧美国家作为世界海洋油气资源开发的先行者，也是世界海洋工程装备产业发展的引领者，在海洋工程装备开发、设计、工程总包等方面占据垄断地位。我国海洋

工程装备制造业起步较晚，与欧美、日韩等发达国家存在较大差距，但随着国内外海洋工程装备需求的增长，特别是我国对开发和经略海洋的日益重视，海洋工程装备业成为我国加快培育和发展的战略性新兴产业，得到了国家政策的大力扶持，国内众多企业包括造船企业纷纷涉足海工装备产业，在钻井船、自升式和半潜式钻井平台建造领域已占有一席之地。《中国海洋经济发展报告(2013)》显示，近 10 年来，海洋工程装备制造等海洋新兴产业整体年均增长速度超过 28%，成为海洋经济中增速最快的产业，未来，其将继续引领海洋经济快速发展。《报告》提出，在发展海工装备制造业方面，将重点突破海洋深水油气钻探、生产作业装备和海工辅助船的设计制造核心技术，重点发展半潜式钻井平台、钻井船、半潜式生产平台、浮式生产储卸装置、水下采油树等海工装备。

广西由于经济较落后，工业基础薄弱等原因，海洋工程装备制造工业发展严重滞后，在沿海地区处于后列，高端人才缺乏、技术创新能力低下是广西海洋工程装备业的软肋，也是制约其发展的主要原因。在当前的国家战略布局中，广西将建设成为沿海地区新的增长极、面向东盟服务西南中南地区的国际大通道，在"一带一路"倡议中承担重要使命，并成为国家开发和经略南海的重要前沿阵地，与此相应，海洋渔业、海洋交通运输、海洋油气开采乃至海洋国防事业的大发展均需要强大的海洋工程装备业提供支持。国家批复实施的《广西北部湾经济区发展规划（2014 年修订）》提出建设广西沿海海洋工程装备制造基地，而防城港钢铁基地、南宁机械装备制造基地以及新材料、汽车、修造船、电子信息等产业基地的建设将为海洋工程装备制造业的发展提供良好的产业配套环境。

（二）广西海洋工程装备业建设重点

1. 集装箱修造项目

针对北部湾地区海运业的发展需求，引入、建立集装箱制造企业，为集装箱运输业务的发展提供支持，并形成对沿海钢铁基地的产业链延伸。根据北部湾港口建设规划，重点在防城港、钦州建设集装箱制造生产线以及集装箱 CFS 项目，针对本区域大量的海（水）产品、水果等农产品运输需求，发展各类冷藏箱制造，此外，配套发展集装箱修理、拆解、回收利用项目。

2. 海洋工程装备及服务基地项目

面向北部湾及南海资源开发的需求，在防城港建设海洋工程装备制造项目，针对南海区特殊海况，生产适应南海环境的海洋工程船、油气钻井平台、LNG 船等海洋工程装备。配套建设海洋工程服务基地，为各类海洋工程建设提供管理协调、物资补给、设备修理、人员培训休整等后勤服务。

3. 通用航空及游艇项目

在钦州建设北部湾通用航空及船艇产业园，发展通用航空设备、整机制造以及各类游艇、救生艇、工作船的生产制造，提高自主研发能力，实行订制生产模式。建设配套服务基地和附属设施，具备通航服务和设备维修能力。促进通用航空及船艇产业园与钦州新能源汽车制造基地融合发展，共同利用产业配套体系，开展共性技术协同研发和共用共享。

4. LNG 储运及冷能利用项目

围绕 LNG 储运，在防城港建设 LNG 码头、LNG 储罐以及装车设备，形成完善的 LNG 运输、储存、中转体系。利用 LNG 冷能，建设大型冷库以及液氧、液氮、液氢生产项目。

十一、海洋生物医药业现状分析

（一）广西海洋生物医药业发展形势

海洋有着与陆地迥异的自然环境，形成了地球上生物种类和数量最为丰富的生态系统，许多生物含有特殊的功能成分，具有较高的药用和保健价值，海洋生物医药业便是以海洋生物为原料提取有效成分，进行海洋生物化学药品、保健品和基因工程药物的生产活动。随着人类健康需求的提高和对海洋生物资源认识的不断加深，越来越多的国家开始重视海洋生物医药产业。进入新世纪之后，我国的海洋生物医药产业也开始迅速发展，市场规模由 2001 年的 5.7 亿元增至 2010 年的 67 亿元，年均增长 12% 以上，2012 年，随着国家相关政策的有力实施，海洋生物医药业继续保持较快增长态势，全年实现增加值 172 亿元。在我国的"十二五"规划中，生物医药产业被列为七大战略性新兴产业之一予以重点扶持。同时，山东、广东、福建、江苏、上海等沿海省市纷纷加大了对海洋生物医药行业的投入，将其作为蓝色经济增长点加以重点推动。尽管海洋生物医药产业迎来了蓬勃发展的良好势头，但受海洋开发技术和生物医药技术的限制，许多海洋生物的药用价值还未被发现或无法利用，产业规模仍然较小，并面临一系列问题，仍存在巨大的发展空间。

广西北部湾海域地处南亚热带、热带气候区，水深较浅，水质洁净，沿岸滩涂及近海拥有众多的鱼类、贝类、甲壳类、头足类及藻类生物资源，是我国生物多样性最为丰富的海区之一。广西海洋生物医药业起始于 20 世纪 80 年代，至今已有近 30 年的历史。2004 年广西首个以海洋生物为资源的制药加工基地在北海市建成投产，是国家海洋生物科技园的一期工程，园区依托北部湾丰富的海水珍珠、海藻、动物甲壳等资源，生产药品、保健品、生物农药等产品。经过 20 多年的发展，广西已有海洋生物、药品、保健品及化妆品企业 30 余家，主要集中在北海和钦州两地，在海洋生物药品及保健品研发、生产及产品推广方面初具成效。但海洋生物医药业规模仍然较小，2014 年实现增加值 0.6 亿元，仅占主要

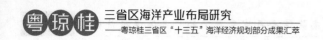
海洋产业总产值的 0.1%，对海洋生物资源的利用程度很低。

（二）广西海洋生物医药业发展重点

广西海洋生物医药产业应立足于北部湾及南海地区的生物资源，重点开发具有优势或特色的医用或保健产品；建立海洋生物医药产业园区，引导相关企业集聚发展，构建研发、测试、创业孵化、知识产权交易等配套服务体系。一方面依托海洋渔业及海（水）产品加工业，推进海洋生物制品精深加工，加强对海洋生物功能活性物质的研究，开发高附加值的海洋生物营养品、功能食品、保健品和新型营养源产品等，开展海洋医用材料、创伤修复产品的研发与产业化，提高海（水）产品加工业的资源利用率和综合效益；另一方面通过引入相关科研单位或创新型企业以及购买专利等方式，开发基于海洋生物的抗肿瘤、抗心血管疾病的活性物质或疫苗，以及基于生物基因工程的创新药物，进而带动相关海洋生物的产业化开发和人工化养殖。

第四节　广西海洋经济发展的目标与原则

一、指导思想

牢固树立和贯彻落实创新、协调、绿色、开放、共享的发展理念，围绕国家"一带一路"建设、海洋强国和广西"两个建成"的战略目标，紧紧抓住打造中国—东盟自贸区升级版、构建西南、中南新的战略支点和西南地区面向东盟的出海大通道以及建设"一带一路"有机衔接的重要门户等发展机遇，主动适应并引领海洋经济发展新常态。以保护海洋生态环境为前提，以提高海洋经济质量效益为核心，以优化海洋产业布局为重点，以强化海洋科技创新为动力，以完善沿海基础设施体系为支撑，结合广西实施"双核驱动"和"三区统筹"战略，推进北海市国家级海洋生态文明示范区建设，构建具有广西特色的海洋产业体系和空间发展格局，促进海洋领域军民融合深度发展，提升全民海洋意识，扩大海洋民生福祉，开创海洋经济强区新局面。

二、发展思路与定位

（一）总体思路

围绕国家"一带一路"建设和广西"两个建成"的战略目标，紧紧抓住打造中国—东盟自贸区升级版、构建西南、中南新的战略支点以及建设"一带一路"有机衔接的重要门户等发展机遇，以区域开放合作为重点，以海洋科技创新为动力，以提升海洋经济综合实力为核心，以转变海洋经济增长方式为主线，结合广西实施"双核驱动"和"三区统筹"战略，加快发展现代海洋产业，全面优化海洋经济空间开发格局，提升海洋科技创新能力，保护海洋生态环境，建设海洋生态文明，不断增强海洋资源环境支撑能力和海洋经济的协调掌控能力，促进广西海洋经济全面、协调、可持续发展，努力把广西建设成为海洋经济发达、海洋生态文明、海洋管理先进的海洋强区。

（二）具体思路

未来几年，我国将进入海洋经济加快发展、发展战略转型和发展方式转变的关键时期。面对日益高涨的国际国内海洋开发浪潮和复杂多变的国内外政治经济环境，必须从可持续发展和全面建成小康社会的战略需求出发，以更加开放的视野、陆海双向的思维，以重大项目和重大改革为抓手，切实推动海洋经济发展方式转变和综合实力提升，为推动广西经济社会发展发挥重要支撑带动作用。应新形势要求，"十三五"时期，广西海洋经济发展应着重在如下 6 方面有所突破：

1. 在"强"上有大的突破

实施海洋强国战略无疑将是贯穿"十三五"时期海洋发展的主旋律。为认真贯彻落实"建设海洋强国"战略部署，广西壮族自治区提出"加快发展海洋经济，推进海洋强区建设"，将海洋经济发展列为当前工作的重点。具体到经济领域，应有两方面含义，其一是着力提升海洋经济实力，不断提高广西海洋经济在全国的影响力；其二是陆海统筹，以海洋经济发展引领沿海地区经济水平再上新台阶。

2. 在"新"上求更大地发展

这主要是从产业角度考虑。"新"首先是指新活力。尽管"十三五"时期，广西海洋主要产业比重将进一步变化，但滨海旅游、海洋交通运输、海洋渔业三大产业的支柱地位仍难以改变，海洋工程建筑、海洋油气、海洋船舶等产业的重要支撑作用也将继续，也就是说，传统产业仍将是广西海洋经济发展的主力。因此，必须正视"十二五"时期上述产业中存在的突出问题，通过采用新技术、新机制等为传统产业注入源源不断的新活力，使传统产业发展呈现新面貌。其次是指科技创新，必须立足广西现有基础和优势，瞄准海洋经济发展方向和新领域，加强海洋科技创新，加大科技人才培养力度，为提升广西涉海产业发展空间形成支撑，切实加大科技成果转化能力和水平。最后，要积极发展海洋新兴产业，特别是海洋生物制药、海水淡化，以及服务于海洋经济发展的涉海金融、贸易等现代海洋服务业。

3. 以突出"特色"拓空间

随着海洋经济深入发展，沿海各省之间海洋经济发展分化日益明显。"十三五"时期，能否在空间布局上抓出特色、抓出成效是关系广西海洋经济发展的重要因素。北海、钦州、防城港三个沿海城市应按照海洋经济体量、所处位置、资源优势，进一步明确特色化的海洋经济发展路径和方向，引导和推动生产要素向相应地区集聚，打造形成功能清晰、定位明确、

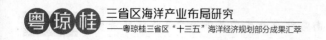

特色突显的海洋经济发展格局，应从省级层面对其海洋经济给予更有针对性的引导和支持。

4. 紧抓全方位扩大开放之路

"21世纪海上丝绸之路"建设既是"十三五"时期我国海洋经济发展的重要机遇，也是重要任务，而广西又是21世纪海上丝绸之路与丝绸之路经济带有机衔接的重要门户。只有通过"走出去"战略，与东盟国家开展务实合作，才能为广西海洋经济支柱产业拓宽通道、拓展空间；同时，通过同步的引进来，才能为海洋传统产业转型升级、海洋新兴产业发展提供更加有力的技术人才和服务支持。"十三五"时期广西海洋经济发展必须树立国际视野，依靠自身区位优势，建立全方位开放的发展模式，紧紧融入和服务"一带一路"，特别是"21世纪海上丝绸之路"倡议，并从中实现更大发展。

5. 与生态文明建设互促共进

生态环境是"十三五"时期我国海洋经济发展的"紧箍咒"，更是海洋经济提质增资、拓展空间的基本保障。只有把生态环境搞好了，占广西海洋经济重头的滨海旅游业、海洋渔业等才有发展的基础；只有与生态文明建设协同推进，实现绿色发展，各类海洋产业才有发展的载体和壮大的可能性；地区经济发展进一步强调绿色、可持续的大环境中，只有强化生态环境约束，广西各类海洋产业才有提质增效的动力和向外拓展的可能性。与此同时，生态文明建设关于空间规划等任务的提出，也为实现陆海统筹、促进海洋经济特色化发展提供了重要的机遇和政策环境。

6. 在体制机制上有所突破

党的十八大作出全面深化改革的重大战略部署，在各方面的努力推动下，多项改革陆续开展。涉海领域改革也正陆续破题，"十三五"时期，是各项改革任务开花结果的重要时期。因此在海洋经济领域，广西应着力在健全海洋综合管理机制、完善市场化资源配置、完善海洋科研和成果产业化体制机制、健全海洋生态环境防治机制等方面深化改革，务求取得实实在在的成效。

（三）发展定位

根据国家对广西参与"一带一路"建设的重要定位和将广西打造成为西南、中南地区发展新的战略支点的要求，发挥广西与东盟国家陆海相邻的独特区位优势及地处热带且环境良好的综合优势，立足于广西沿海的资源禀赋基础，结合广西海洋经济发展需求和未来的发展趋势，科学将其定位为"一区、一中心、两基地、三平台"（全国海洋生态文明示范区，中国—东盟区域性国际航运物流中心，国际滨海旅游休闲度假基地、南海区重要的海洋工程装备制造基地，海上丝绸之路经贸合作平台、人文合作平台、海洋合作平台）。

三、发展原则

（一）立足沿海，辐射发展

充分利用沿海城市的区位优势，构建面向东盟的海上国际大通道，加速陆海联运物流体系发展，对接粤港澳台、东盟大市场，辐射内陆城市，构建更有活力的开放型海洋经济体系。

（二）海陆统筹，江海联动

实施海岸带综合管理，统筹陆海资源配置、陆海经济布局以及陆海环境整治和灾害防治。以陆域为依托，以海洋为拓展空间，以海洋资源可持续利用为重点，形成陆海联动发展新格局。通过建设以北部湾港为枢纽的西南、中南运输网络，再加以建设平陆运河，实现真正的江海联动，形成完善河海陆集疏运体系。

（三）绿色增长，持续发展

加强海洋生态文明建设，切实保护海域环境，坚持合理开发、集约利用海洋资源，推进海洋生态经济和循环经济发展，在实现海洋经济增长的同时，保证海洋资源环境的可持续利用。

（四）科教兴海、创新驱动

加强海洋人才培养和引进，推进海洋人才队伍建设，打造海洋科技创新平台，支持海洋科技产学研用协同创新，建设海洋科技专业园区，强化海洋科技研发和成果转化。

（五）国际合作，共赢发展

实施积极主动的开放带动战略，推进泛北部湾区域海洋经济合作，积极参与"一带一路"尤其是中国—东盟自由贸易区建设，在共赢中谋求发展。

（六）公平普惠，共享发展

坚持公平普惠，建立健全海洋公共服务体系；扎实推进推新渔村建设，做好渔民的转产转业工作；推进亲海平台、滨海绿道等公共设施的建设，全面提升海洋公共设施均等化水平，共享海洋文明建设成果。

四、经济发展的目标及趋势

海洋经济实力显著增强，成为全区经济持续发展的蓝色引擎；产业结构与空间布局得到优化，现代海洋产业体系基本形成；海洋科技实力不断增强，海洋生态文明建设成果显著；海洋法制建设稳步推进，机制体制不断完善，综合管理水平持续提高；建成立足北部湾辐射西南、中南地区的蓝色增长极、北部湾区域性国际航运中心、全国海洋生态文明综合示范区、高水平的北部湾国际旅游度假区及海洋经济合作开放区，基本实现海洋强区的目标。

（一）发展目标

1. 海洋经济总量显著增加

"十三五"时期，广西海洋经济继续保持快速发展，年均增速超过 10.5%（现价增速）。广西海洋生产总值力争超过 1800 亿，占地区生产总值比重超过 7%，基本形成具有广西特色的现代海洋经济体系。

2. 海洋产业结构持续优化

广西海洋经济发展质量进一步提高，海洋产业结构更趋合理。海洋第三产业增加值年均增长 15% 以上，占海洋生产总值比重接近 50%。海洋渔业、海洋交通运输、滨海旅游等传统优势产业内生动力增强，海洋工程装备制造、海洋药物和生物制品等新兴产业逐步发展壮大，形成新的经济增长点。

3. 海洋经济空间布局更加完善

助推钦州、北海、防城港三市特色海洋产业错位发展，把握开发节奏，保持开发强度，形成合理有序的开发格局，将沿海地区建设成为深化改革的先行区。打造一批海洋新兴产业集聚区，建成若干个海洋经济强县（市、区），初步形成海陆联动、协调发展的空间格局。

4. 海洋科技创新能力稳步提升

建成若干海洋产业科技园，涉海高新技术企业培育和扶持力度得到增强。海洋科技对海洋经济的贡献率达到 60%，海洋科技成果转化率显著提高。

5. 海洋生态文明建设效果显著

海洋生态保护与修复工作全面开展，海洋环境和珍稀物种得到有效保护；重要海洋生态系统、重点海域污染物排放总量得到全面、有效监控，海洋生态环境质量保持优良。海洋环境和资源系统的服务能力明显增强。北海、防城港、钦州三市总磷、总氮排放量比 2010年分别削减 7% 和 8%，较清洁以上海域面积达到 80%，近岸海域水质全部达到海洋功能区划和环境功能区域目标，自然岸线保有率不低于 40%，海洋保护区面积达到海洋功能区划范围总面积的 11% 以上，北海市国家级海洋生态文明示范区加快建设。

（二）发展趋势

1. 海洋经济由规模速度型增长向质量效率型增长转变

从发展方式来看，旧状态是规模速度型粗放增长，而新常态是质量效率型集约增长。

"十二五"期间，广西海洋经济发展仍普遍重规模轻质量，海洋经济仍然继续粗放式增长方式。陆源污染物入海排放仍未得到有效控制，海洋生态环境恶化的趋势还没有得到有效遏制，广西环境压力和环境风险逐年加大，海域资源的使用和管理尚未做到集约节约和生态利用。但是这种过度依靠要素驱动的海洋经济快速增长模式已难以为继，"十三五"时期广西将面临提高海洋经济发展质量的重要任务。

2. 科技和创新成为推动海洋经济增长的主要动力

从增长动力来看，旧状态主要是靠资源驱动、投资驱动推动海洋经济增长，而新常态是强调创新驱动推动经济增长。"十二五"期间，广西海洋科技对海洋经济发展的支撑力度明显增强，但是海洋科技创新能力仍不能满足海洋产业结构调整升级和经济发展方式转变的需要。"十三五"时期广西海洋经济增长需要更多依靠市场对资源的配置作用和科学技术的进步，创新将成为驱动发展的新引擎，通过强化海洋科技研发和成果转化，不断提高海洋产业的生产效率和附加值。

3. 海洋产业结构由中低端向中高端过渡

从产业结构来看，旧状态是低端水平海洋产业结构；而新常态是追求中高端水平海洋产业结构。"十二五"期间广西的海洋产业结构不够优化，传统海洋产业比重偏大，海洋新兴产业非常薄弱，有些重要的战略性新兴海洋产业尚未起步。"十三五"时期广西的海洋产业结构将不断提升，产业布局将进一步优化。广西将加快传统产业转型升级，重点培育海洋新兴产业，大力发展现代海洋服务业，促进海洋产业业态由低端向中高端发展。

第十一章　自由贸易区建设与广西海洋产业布局

第一节　广西海洋产业集群升级转型对策研究

一个国家或者地区的竞争优势在于其产业优势，产业竞争的优势在于产业集群优势。产业集群化发展，既能够创造良好的竞争环境，又能够提高产业的创新能力。产业集群的发展，需要充分利用好技术扩散效应和结构优化效应，增强海洋经济试验区的区域效应的竞争力，用资源整合效果来判断政策侧重点。

海洋产业集群升级转型，本质上是产业发展方式转变基础上的创新能力升级现象，通过完善产业集群的网络结构和内部治理机制，实现资源要素的优化配置和组合升级，实现可持续发展的海洋经济过程。其主要特征是产城联动性强、产业竞争力强，城市容纳力大，商贸经济发展好，以临港重化工业为主要支撑，城市各功能配套发展，形成集群效应。广西海洋产业集群升级转型，不仅包括海洋增长方式的转变，还包括产业结构的调整，大力发展海洋重点产业，优化海洋产业结构，在发展经济的同时又要重视海洋生态环境的保护，实现广西海洋经济的可持续发展，建设集约型附加值高的海洋产业。

一、围绕一个中心：尊重产业发展规律，推动产业结构向高级阶段演进

（一）培育产业龙头，完善产业体系

产业龙头具备较强的"市场营销，拓展空间"的能力、"组织生产，延伸链条"的能力、"科技开发，发展工业"的能力、"创造财富，培养人才"的能力，通过重点培育广西海洋产业龙头，完善海洋产业链条，成熟后形成产业集群的优势，以此开展相关支持工作。海洋产业集群发展初期，资金、技术、原料或配件、人才会相对比较欠缺，可以通过海洋产业园区的建设，为海洋龙头企业的发展提供载体，同时加大基础设施以及生活设施的建设，形成吸引科技、资金、人才的良好机制。广西海洋产业在集群化发展的进程中培育海洋产业龙头应该做到以下几点。

1. 严格避免同构性重复建设

在区域、城市、产业区层面实现企业间以及企业与政府之间的有序的分工、协作、配套体系，大力提高生产经营的效率和区域产业核心竞争力。

2. 着力推进优势产业集群发展

充分利用海洋资源优势,围绕重点海洋产业进一步拉长产业链,提升产业核心竞争力。

3. 加快推进钦州、防城港、北海等重点建设项目

争取尽快建成投产,发挥示范带动作用。

4. 加大政策扶持力度,通过特色海洋产业园区的建设为产业集群发展提供载体

通过规范高效的管理运行机制,对企业在资源占用、税费优惠、招商引资、人才引进、项目建设、融资投资、技术创新、品牌创建、市场拓展等等各个方面的相关扶持政策和措施予以明确,并贯彻执行到位。

(二)重点发展海洋主导产业

海洋主导产业和重点产业是海洋产业发展的关键。但是许多地区对海洋主导产业和重点产业的认识不清晰,制约了地区海洋经济的发展以及海洋产业转型升级的进程。广西应该要加大对海洋主导产业的投入和政策扶持力度,从资源消耗型产业结构到技术、资金密集型的产业结构演进。因此,广西要实现海洋产业集群升级转型,首先应该要确定海洋主导产业和重点产业,从而带动海洋整体经济的全面发展。

1. 滨海旅游业

滨海旅游业是广西海洋经济发展的重点产业之一。发展滨海旅游业应该要依托广西优越的地理条件和丰富的海洋资源,挖掘广西巨大的旅游开发潜力,广西各滨海城市发挥各自的优势,推出有本地特色的旅游项目。积极建立环北部湾旅游合作机制和加强与东盟各国便利的旅游机制,建立海南、广东、广西等三省区的南方特色的旅游合作,广西、云南、贵州等三地的少数民族特色的旅游合作,以及广西、东盟等不同国家异域风情的旅游合作,开发并完善三种旅游合作机制。

2. 海洋交通运输业

广西发展海洋交通运输业主要从几方面着手:

(1)完善海洋交通设施建设。广西在海洋产业发展中应该抓好相关配套设施建设,密切国内和国外的交通联系,加强疏港道路和港口的建设,着力构建内外直达、海陆相连的综合性广西海陆交通体系。在广西铁路建设方面,建立完善的通港铁路、货运站、货运配送中心、仓库、停车场等。在广西公路建设方面,应该要合理规划疏港公路的建设,建设连接港口与港口直达的公路。

(2)建设现代物流平台。在现代物流方面,应该围绕广西海洋经济的开发建设步伐,大力发展。通过现有物流资源的大力整合，形成一批现代化、社会化、专业化的物流配送企业，使广西沿海城市的现代物流服务体系与海洋经济发展相适应。引进和培育国内外知名物流企业，尤其是与东南亚等国家的物流企业合作，建立完善的交通运输网络，推动第三方物流发展，逐步打造环北部湾的大型物流中心，为广西海洋产业集群升级转型提供物流支持。

（3）建设专业化和标准化的港口。广西政府应该鼓励主要的港口按照国际标准提高港口的核心竞争力。例如，广西北部湾港包括防城港、钦州港、北海港，地处华南经济圈、西南经济圈与东盟经济圈的结合部，应该大力改善港口的集疏运条件，提高港口的吞吐能力。防城港作为最西南端的深水良港，重点发展企沙港区、江山港区，筹建茅岭、竹山等中小港口群，加快推进重吨级深水码头群和深水航道等建设，形成一批专用公共泊位和干散货码头。

（三）积极培育壮大海洋新兴产业

1. 发挥政策资源的乘数效应和制度的 "规制效应"

新兴海洋产业在其发展初期，大多是缺少竞争优势的弱势产业，对这些产业的政策培育和政策扶持是其快速发展的必要条件。政府对新兴产业的培育和扶持集中表现在政策资源的乘数效应和制度的 "规制效应"，政府的政策和制度不但引导和助推新技术研发，而且政府可以通过政策和制度的调整短时间内人为地创造 "新兴" 市场。中国在各种新能源（太阳能、风能、乙醇等）市场上的快速发展得益于政府的税收、补贴和信贷等政策杠杆的使用，很大程度是政府在创造市场和激发需求，有时候政策的问题并不是市场所能解决的。新兴海洋产业的发展必然伴随着海洋产业科技投入体制、产业投融资体系、财税体制以及知识产权管理体制等系统的更深刻、更广泛的变革，取代原来那种低层级、僵化的多头管理海洋体制和产业运作模式，建立监管立体化、执法规范化、管理信息化、反应快速化的海洋产业综合管理体系。

2. 促进海洋新兴制造业与新兴服务业联动发展

新兴海洋产业布局要避免 "重制造、轻技术、轻服务业" 的倾向，应力促海洋新兴制造业与新兴服务业联动发展。广西在承接国际海洋新兴制造业转移，加强与南海周边国家、地区的科技合作，力争通过战略性海洋新兴产业为先导在深海油气、海洋生物、海洋重装备制造等高附加值制造方面率先取得突破。顺应海洋产业升级和国内消费升级趋势，进一步突出滨海旅游与娱乐、港航服务、海洋金融等产业的战略地位，提升其价值链，抢占海洋产业战略制高点。

（四）优化三大海洋产业的结构

根据广西海洋经济发展实际，本研究认为，应当稳定发展第一产业，大力发展第二产业，重点加快发展第三产业，处理好三次产业发展的关系，这样才能更好地推动广西海洋产业集群升级转型。

1. 稳定发展第一产业，是确保渔民收入和基本生活水平逐步提高的基础

当然在第一产业比重逐步降低情况下，必须通过设备和技术的投入，实现数量渔业向质量渔业的转变，扶持远洋捕捞骨干企业，实现水产养殖集约化，改变投入产出比低的状况。事实上根据发达国家产业结构现代化情况看，第一产业比重降至一位数后再降的空间不大。由此可见，广西海洋产业结构中，第一产业的生产率若无明显提高，稳定中求其自身技术水平上档次是必须的。

2. 大力发展第二产业

加快发展传统的二次产业部门，提高其科技投入，使其自身素质升级，表现在大力发展新兴的具有高级科技含量的二次产业部门。比如培育精深加工渔业产品的骨干企业及拳头产品，当然更要培育海洋生物制药、化工和食品制造加工的骨干企业和拳头产品。

3. 合理布局，统筹兼顾三次产业结构优化升级

在资源重组前提下，突出抓好重点产业的落实，以其牵动相关产业的发展。统筹兼顾、重点突出，历来是发展生产力的成功经验。重点产业通常是生产力布局中具有牵一发动全身的作用或者是填补生产力布局中的空白点以及薄弱环节，具有避免"木桶效应"的作用。抓住重点就有利于加快生产要素资源的合理流动与重组，有利于推进产业结构的顺利优化和升级。

二、注重三大协调

（一）注重区域协调

1. 合理利用地区的资源，加强地区间的海洋产业合作

广西沿海地区由于海洋资源禀赋条件不同，各个地区的海洋产业集群的转型升级的影响因素具有差异性。因此，沿海各个地区应该从自身资源条件出发，发展该地区的优势产业。如：北海应该发挥该地区在自然景观上的优势，大力发展滨海旅游业。钦州、防城港则应该利用得天独厚的地理位置和资源优势，大力发展海洋运输业，促进本地区海洋第三产业的发展，依托于各个地区的海洋优势产业，建立海洋产业整合支撑体系，实现地区间的分工和协作。海洋产业布局中突出特色，集中重点，建立跨地区统筹协调机制，构建特色鲜明、错位竞争、合作共赢的海洋产业发展格局。要避免对现有项目的无序争夺，避免低水平重复建设和恶性竞争，发挥区域竞争的正面效应。要统筹区域协调发展的规划布局，调整和优化区域空间结构，加强各区域间的资源整合和产业互动。通过提升和优化环北部湾海洋经济区的核心作用，构建北部湾海洋经济区，形成广西海洋综合开发新格局。发展壮大环北部湾增长极，发挥临海区位和资源优势，重点发展临海石化工业、特色产业和配套产业，形成分工合理、优势互补、协调发展的区域海洋经济新格局。同时，积极推动构建粤琼桂、中国—东南亚两大海洋经济合作圈，在两大经济圈间加强资源共享、市场共拓和优势互补。

2. 加快区域统筹发展，协调区域平衡

在广西海洋产业的转型升级过程中，应该充分考虑国家海洋经济的宏观建设规划与广西海洋经济层面的准确定位，突出传统优势产业和龙头城市的带头作用，结合产业调整和城市规划，实现资源供应的合理规划建设。同时，要考虑广西海洋产业的资源禀赋和环境特点，应该合理布局各海洋产业和主要城市，统筹广西东西南北均衡发展，通过合作效应与强化带动作用，逐步实现广西的海洋产业集群的升级转型。

（二）注重陆海统筹

海陆产业具有较强的技术经济依赖性和相关性，海洋产业要统筹海陆分工与协作，整合两种资源，坚持错位发展，构建海陆生态协调、海陆产业结构优化升级的支撑体系。从资源条件看，广西的海洋资源总量、海洋经济产值及沿海产业基础设施为发展海洋产业提供了明显的比较优势。

1. 注重统筹滨海开发与海岛、海域的综合利用

广西沿海地区海洋开发大多集中于滨海陆地和围垦区域，近年来海岛开发逐步加强，但对海洋专属经济区和大陆架范围内的海域开发相对滞后，公海资源利用微乎其微。广西濒临南海，背靠北部湾地区，具有很强的区位优势和拥有丰富的海洋资源，利用现代科技开发利用这些海洋新资源是海洋产业发展的源泉，也是克服近海资源约束的必然要求。为此，应跳出沿海开发范畴，拓宽海洋经济发展思路，在加强海洋科技实力和陆海联动的基础上，以南海开发战略为支点，使广西的海洋产业真正走向大洋，实现蓝色崛起。通过海岸带、近海海域及深海海域的三带开发与保护，充分利用海洋资源，优化配置海洋资源，从而延伸海洋经济腹地，引领从陆地走向海洋，海洋引领陆地，有利于促进区域协调发展，实现海陆联动发展，保证集群的整体实力水平。

2. 注重统筹临海重化、海洋运输产业与滨海城市化发展

广西的临海产业布局中存在较明显的重化取向，对海岸带可持续发展带来较大压力。从国际经验上看，发达沿海经济最终将走向服务业主导和城市经济主导。从区域经济的发展趋势看，单一功能型工业集聚区已经不适应发展需要，综合性多功能产业集聚区成为新趋势。因此，滨海地区应高度重视城市生态化与工业化的互动融合，通过人才、科技、信

息和金融等高端要素集聚，促进海洋产业的转型升级，打造海洋产业发展的综合平台。同时，对海洋资源的充分利用，包括对岸线资源、海水资源、海洋生物、油气资源等的利用，可以带动海洋工程装备、海洋油气、海洋生物、临港工业、造船石化等产业以及配套产业和服务业的发展。海洋产业涵盖了一、二、三产业，从海洋延伸到了陆地，成为一个全面的产业体系，形成临海主体发展区和内陆联动区之间的同步协调和对接融合。

3. 注重统筹海洋产业竞争与沿海各经济圈的合作

需要充分发挥钦州、防城港、北海的区位和政策优势，和由此带来的源源不断的人流、物流、资金流、信息流和商品流，建立保税区、物流园区和临港工业基地，促进物流、航运服务、海洋船舶、海洋工程装备、石化、钢铁等相关产业发展，使港口成为沿海地区发展的一个个节点，由点成线，由线成面，形成沿海海洋产业带。发展主导产业比如临港工业、船舶制造、海上运输、渔业旅游业等等，根据地方特色，因地制宜，整合资源，延长产业链，发展适合区域发展的产业，形成特色鲜明、辐射力大的海洋产业集聚区和产业集群，形成竞争优势。海洋经济相对落后地区要根据自身的资源和经济、社会基本情况，着重在区域内寻找和培育带动产业发展关联程度最大的主导产业，优先保证其发展。形成分工合理、优势互补、协调发展的区域海洋经济新格局。同时，积极推动构建粤琼桂、中国—东盟海洋经济合作圈，加强资源共享、市场共拓和优势互补。

（三）注重人海协调

伴随着广西海洋开发与利用的不断深入展开，一系列海洋资源环境生态问题日益凸显，具体表现为：近岸海域污染问题突出，废弃物的资源化和再利用形势紧迫；围海造地，港湾淤积，湿地萎缩；海域污染与海岸侵蚀造成海洋资源逐渐枯竭，海洋生物资源逐渐衰退等。针对上述问题，应加强保护海洋资源环境，实施可持续发展战略，走可持续发展道路，发展海洋循环经济。坚持海洋开发和保护并重、生态与效益并重，按照"布局合理、集约高效、科学规范"的原则，真正做到依法管海、科学用海，优化海洋资源利用，集约发展海洋产业。严格遵循自然生态规律，根据海洋资源再生能力和海洋环境承载能力，科学设置海域的功能。在海洋产业发展和用海项目建设过程中，坚决克服海洋开发行为的随意性、盲目性，建立良好的海洋开发秩序，合理配置海域资源，最大限度地发挥海洋资源的整体效益，使海洋经济发展规模、速度与资源环境承载力相适应，经济、生态和效益相统一，努力实现资源利用科学化、海洋环境生态化，增强海洋产业的全面、协调、可持续发展能力。

1. 创新海洋开发和用海管理机制

大力推进集中集约用海，对集中集约用海区域的建设用海项目实行整体规划、统一论证；创新海域保护与开发利用机制，探索开展凭海域使用权证书按程序办理项目基本建设手续试点工作，做好海域使用管理与土地管理的衔接，完善海域使用权招挂拍制度，试行海域使用权证换发土地使用权证制度；合理安排围填海年度计划指标，优先保障示范区项目建设用海，对列入国家级重点的建设项目，开辟用海审批绿色通道。

2. 建立海岸带保护利用管理协调机制

加强海岸带的保护与利用，统一管理广西海岸带资源保护与开发利用，明确海岸带功能定位，优化海岸带资源配置，集中集约开发海岸带资源，提高海岸带利用效率。倡导科学生态的海域开发方式，注重保护海岸带自然地貌，鼓励发展人工岛式、多突堤式填海方式，严格限制顺岸推进的填海方式。开展海岸带综合整治和生态环境修复工程，加强海洋典型生物海岸带保护力度。加大海岸带使用监管整治力度，清理乱占乱用、占而不用、多占少用等违法违规行为，确保海岸带资源有序、有偿、适度利用。

3. 建立入海排污总量控制制度

坚持海陆统筹、河海兼顾、部门联动，在已开展的海洋环境承载力研究和海域环境容量研究的基础上，以改善海域环境质量、保证沿海社会经济可持续发展为目标，在广西率先试点实施入海排污总量控制制度，从源头治理出发，严格控制陆源污染物排海总量。

4. 建设现代海洋环境监测监管体系

重点发展海洋浮标在线监测、岛基观测监测基地、岸基污染物入海监测站、无人机应急监测、无人船在线监测、地波雷达等现代海洋环境观测监测新技术、新手段，建成"天上看、地上巡、网上查"的全方位立体化、全海域覆盖的在线监测观测监管体系，为海洋生态文明科学管理提供技术支撑。

5. 建设"科技海洋"综合平台

在统一标准规范下，有步骤地逐一开展信息化建设，实现海洋与渔业管理全面信息化。以"科技海洋"信息基础框架建设为核心，以海洋与渔业专题信息应用系统建设为主体，建成集海洋与渔业信息采集、信息传输交换、海洋与渔业综合管理、执法与监管、行政审批、辅助决策支持与公众信息服务一体化，广西海洋系统上下贯通、左右连接、运转协调、便捷高效的比较完整的海洋与渔业信息化体系，最大程度地发挥海洋与渔业信息资源在经济和社会发展中的作用，为海洋生态文明示范区资源的合理开发、渔业资源的合理利用、海洋环境保护、海洋经济的持续发展、海洋防灾减灾等提供有效、科学的基础信息。

三、构筑六大支撑体系

（一）市场支撑体系

只有形成完善的市场支撑体系，产业集群的发展和升级才有源泉和动力。产业集群的发展和完善的市场支撑体系是密不可分的，因此为实现海洋产业的发展必须构建出完善的市场支撑体系。广西有着丰富的海产品资源,大力发展海洋渔业、海洋工业具有极强的市场潜力和竞争优势。近年来,随着经济的发展,广西的海洋产业已慢慢发展起来,但尚未形成一个集结带。而海洋产业群的形成不但有利于海产品的深加工,而且有利于剩余劳动力的转移。对广西海洋产业集群升级转型,需要在培育、创造和引导市场需求上努力,要加大市场营销力度,积极开拓国内外市场,争创国内国际品牌,打造出受市场欢迎的品牌;要充分利用社会信息网络,关注现代物流配送企业的发展及电子商务走向;要以营销拓市场,以市场树品牌,以品牌促发展,扩大广西海产品在国内外市场的影响,塑造良好的广西海洋产业形象。并且,广西要利用各地具有地域特色的海洋产业群,整合众多企业的资源,逐渐形成具有竞争力和影响力的专业交易市场,使广西海洋产业在良性轨道上互动。同时,广西要完善要素市场,提供方便而迅捷的融资支持、空间支持,同时注重培养、引进相关的人才,建立专业的人才市场。

（二）金融支撑体系

1. 构建海洋产业金融支持评估体系和预警系统

海洋产业的发展离不开资金的支持,政府对产业的扶持也主要体现在政策投入和资金投入上。由政府为海洋产业提供政策性金融支持,由财政引导和支持风险高、外部性强、创新周期长的创新活动。建立有效的海洋产业金融支持评估体系和预警系统海洋产业的发展要形成技术资本、产业资本和金融资本的有机耦合系统。政府要建立新的风险分担与化解机制,加强对关键性、集成性、基础性和共性技术等的核心技术领域进行突破,跳出低层次竞争,靠技术赢得市场。同时还要注重产业链整体技术突破和联动发展,加强技术与市场应用的互动性来提升科技成果的转换率,关键是要把握新时期技术经济新范式的内在要求和发展趋势。政府要吸引风险投资资金向海洋产业,尤其是海洋新兴战略产业倾斜或建立海洋产业风险投资基金,通过多种渠道筹措,发挥金融杠杆的作用,大量吸引民间资本的进入,把新兴海洋产业推向社会化、产业化。

2. "项目+资源配置+政策设计+制度性执行"

把海洋产业作为调整产业经济的新标杠,通过政策、资金和市场三个要素强化海洋产业的带动性和关联度,以"项目+资源配置+政策设计+制度性执行"来推动海洋产业经济系统的创新和运作,引导海洋产业进行合理的空间布局和产业集聚。加强对传统产业的知识渗透和技术改造,统筹规划产业布局、结构调整、发展规模和建设时序,在最有基础、最优条件的领域率先突破。海洋产业经济系统要立足构建基于广西的情况和区域特色、创新海洋产业组织模式和产业运营机制,突破收益递减规律的限制,激活内在的"产业基因",保持产业综合要素产出率的动态提升。加强广西海洋科技创新平台建设,率先构建具有国际竞争力的海洋科技创新和技术成果高效转化示范区。

3. 创新财政投资机制

创新财政投资机制，综合运用国债、担保、贴息、保险等金融工具，带动社会资金投入海洋开发建设。自治区及沿海市、县、区财政要形成对海洋科技、教育、文化、防灾减灾等公益性事业投入的正常增长机制。按照集中财力办大事的原则，加强对各涉海部门的海洋经济发展相关专项资金的整合和统筹安排。积极引入市场因素，鼓励社会资本进入海洋开发领域，健全多元化投入机制，形成投资主体多元化、资金来源多渠道、组织经营多形式的发展模式。全力推进银企合作，开辟海洋产业发展专项贷款，对海洋开发重点项目优先安排、重点扶持。对海域、港口岸线、无居民岛屿等资源的经营性开发实行使用权公开招标、拍卖，创新海域使用权抵押贷款制度，拓宽融资渠道。积极争取和合理利用国际金融组织、外国政府贷款以及民间基金，支持符合国家政策的重大项目建设。

（三）科技支撑体系

1. 实行高新技术先导与重点突破战略

高科技性是海洋产业的基本特征，海洋产业以海洋科技领域革命性的突破为先导，寻求"弯道超车"的机会。海洋科技革新需要积累和沉淀，必须要有一个长效的技术和人力资本储备激励机制。广西应整合资源进行产、学、研的联合，建立一批海洋产业国家研发中心、重点国家实验室、海洋产业技术检测和评估平台，从政府、企业、社会三个层面来激发海洋产业科技研发系统的活力，实行高新技术先导和重点突破战略。

2. 建立长期稳定的科技投入机制

加大政府财政预算，形成长期稳定的科技投入机制；探索设立海洋发展基金，鼓励金融资本、民间资本等以多种形式进入海洋科技风险投资领域；积极引进和选择外资进入海洋开发领域。政府通过财政、税收等行政、经济手段，以集约化的"捆绑"政策，共同设立"技术开发基金""新产品试制基金""新技术开发投资基金"等研发模式，海洋高校、科研机构可以技术成果、专利入股，海洋高校、科研机构凡以承包、兼并、合资等形式建立的科技先导企业（包括中试基地），加强与高校、科研机构、企业共同投资，共担险，利益共享，推进广西涉海高校、科研机构成为面向新兴海洋产业建设的主战场。通过各项优惠政策及法规，促进海洋高校、科研机构对企业以承包、兼并、合资、独资等形式，建立研究开发机构或企业。

3. 整合资源，构筑平台

要整合资源，构筑平台。建立产学研紧密结合的科技自主创新体系，推动涉海类大专院校学科建设；依托主导海洋产业，加快建立海洋高新技术产业研发集聚基地和研发中心；探索各种行之有效的开发方式，充分发挥科技园区和科技兴海示范区的集聚效应和辐射效应，加速科技成果的产业化。

4. 加快海洋技术的开发和转化

培育大型涉海企业或龙头企业，同时鼓励中小高科技企业、民营科技企业享受高新技术产业发展的扶持政策，加快海洋技术的开发和转化，并提高以企业为主体的技术创新能力，为发展高端海洋技术产业化注入生机与活力。

（四）人才支撑体系

人是发展海洋经济的主体，科学发展必须以人为本，把人才工作作为促进经济社会发展的一项根本性工作来抓。坚持"人才强海"、"科教兴海"战略，加大人才开发资金的投入，增强海洋产业自主创新能力。搭建海洋科技公共服务和资源共享的平台，抓好培养、吸引和使用三个环节，培育海洋科学研究与技术开发的人才链，初步形成广西海洋科技的研发与创新型的人力资源体系。同时，要完善海洋科技与管理人才的培养、激励和使用机制，积极引进、培养海洋科技人才和海洋管理人才，逐步建立一支具有创新能力的海洋人才队伍和一支带教能力强的高技能人才梯队，为广西海洋经济的发展提供智力支持。加强人才市场建设，积极培育海洋类企业对人才吸引的主体地位，加强人才的多元载体建设，提高人才承载力。做好区域内海洋类人才的引进规划，大力引进海外留学人员、中高级专家以及各类科学技术和经营管理人才，重点引进海洋高新技术产业、支柱产业、新兴产业等急需的高层次海洋类人才，特别是带技术、带项目、带资金的优秀创新人才和领军人物。

大力实施"科教兴海"战略，积极推进海洋意识及涉海人员的教育和培训体制改革，尤其要进一步深化海洋部门的干部人事制度改革，健全党政领导干部公开选拔、竞争上岗等各项制度。建立人才资源库，培育海洋人力资本，发展多层次、多种类的人才市场、中介服务体系和人才市场服务水平。围绕广西海洋经济结构的调整优化和海洋产业升级，以高层次人才为重点，实施产业和区域人才集聚战略。在人才激励上积极推动知识、技术、专利、品牌、管理等要素参与分配，以及创新人才的培养、选拔、激励、评价机制和奖励制度，营造有利于优秀人才脱颖而出的海洋管理环境。具体措施为：

1. 加强职业教育培训

根据海洋产业发展需求，合理调整职教专业设置，重点发展石油化工、新材料、电子信息、生物医药、商贸物流、旅游管理、商务会展等专业。优化现有职教资源配置，结合广西工业园区建设和发展需求，设立教学点或实训、科研基地，按设置标准和国重要求，深入推进技工院校对接产业园工程，支持鼓励技工院校与园区企业共建一批校区和实训基地（中心），开展技能提升培训，进行产品研发和工艺改进等。

2. 加强高级人才培养

重点加强与粤港澳地区知名高校合作，吸引投资办学，通过探索创建分校区或联合共建二级学院，开展定向委托与联合培养海洋人才工作，建设服务广西的海洋人才教育培训基地，为海洋经济发展提供高层次人才保障。制定海洋高校、科研机构与企业的专业对口培训计划。定期派技术人员到高校、科研机构实行专业培训，参与专门研究开发以及实验发展等项目，高校、科研机构的研究开发人员定期到专业对口企业(中试基地)挂职或兼职，实际掌握生产工艺技术环节和市场需求。通过企业与高校、科研机构人才双向培训和交流，密切企、校、所的合作，促进科研成果的转化和人才资源的开发。建立以涉海性大学或科研院所为中心的海洋新兴产业培训中心，政府每年拨部分专款或提取发展基金，作为专业人才培训费用。同时，制定各项促进人才合理流动的政策规定，吸引国内外海洋新兴产业发展人才，逐步建立起一支"开放、流动、竞争、协作"的海洋人才队伍。加强国际交流合作是促进海洋产业技术研发的重要途径，要善于借鉴国际上先进国家海洋技术的研究模式和经验。做大做强涉海类院校和海洋学科群，大力培育引进海洋科技领军人才和海洋技术应用型人才，增强海洋产业发展的人才支撑。

3. 加强劳动者技能培训

推动企业足额提取并专项用于职工教育培训经费。紧密结合重点功能区建设，打造国家级实训基地、技能大师工作室以及农村劳动力转移就业技能培训示范区。健全职业培训公共服务，加快形成以订单式培养为主的服务模式，面向农村转移劳动力和异地务工人员开设新市民城市融入方面的课程。打造一支与产业发展相协调的规模大、素质优、层次高、结构合理的人才队伍，加强海洋人才教育，实施高级人才工程。加强在职人员的培训，整合海洋科技队伍，组建产学研机构体系。加大对人才的培养、引进和扶持力度，优化人才队伍整体结构，加强高层次研发人才、工程技术人才、行政管理人才的培养和引进工作，培养学科带头人和创新型人才。

4. 开展订单式人才培养和技能培训模式

开展订单式人才培养和技能培训模式，引导高等院校与企业合作，结合产业和企业发展需要，培养各类专业技能型和科研型人才，形成以技师、高级技师为骨干、中高级技师为主体的技能型人才队伍，建立以一流科学家、工程师为核心的多层次的科研型人才队伍。建立健全人才使用、评价和激励机制，推进人才环境建设，消除政策性、体制性和机制性障碍，形成科技规模效益，使得人才汇聚、人尽其才、才尽其用。

（五）基础设施支撑体系

根据"一带一路"走向，广西处于极好的位置，要牢牢抓住"一带一路"机遇，中巴、孟中印缅两个经济走廊与推进"一带一路"建设关联紧密，要进一步推动广西与东南亚的合作，取得更大进展。

1. 基础设施互联互通是"一带一路"建设的优先领域

抓住交通基础设施的关键通道、关键节点和重点工程，优先打通缺失路段，畅通瓶颈路段，配套完善道路安全防护设施和交通管理设施设备，提升道路通达水平。基础设施互联互通是"一带一路"建设的优先领域。在尊重相关国家主权和安全关切的基础上，广西宜加强基础设施建设规划、技术标准体系的对接，共同推进国际骨干通道建设，逐步形成连接中国与东南亚的基础设施网络。强化基础设施绿色低碳化建设和运营管理，在建设中充分考虑气候变化影响。抓住交通基础设施的关键通道、关键节点和重点工程，优先打通缺失路段，畅通瓶颈路段，配套完善道路安全防护设施和交通管理设施设备，提升道路通达水平。推进建立统一的全程运输协调机制，促进国际通关、换装、多式联运有机衔接，逐步形成兼容规范的运输规则，实现国际运输便利化。推动口岸基础设施建设，畅通陆水联运通道，推进港口合作建设，增加海上航线和班次，加强海上物流信息化合作。拓展建立民航全面合作的平台和机制，加快提升航空基础设施水平。

2. 加强能源基础设施互联互通合作

加强能源基础设施互联互通合作，共同维护输油、输气管道等运输通道安全，推进跨境电力与输电通道建设，积极开展区域电网升级改造合作。

3. 共同推进跨境光缆等通信干线网络建设

共同推进跨境光缆等通信干线网络建设，提高国际通信互联互通水平，畅通信息丝绸之路。加快推进双边跨境光缆等建设，规划建设洲际海底光缆项目，完善空中（卫星）信息通道，扩大信息交流与合作。

（六）文化服务支撑体系

1. 加强产业集群文化基础的建设

加快升级转型广西海洋产业，培养文化的凝聚力使其发挥思想高度的支持。海洋产业集群的升级转型不仅要上升到政策高度，更要提升到思想观念与意识的高度，有意识促进产业集群网络的建设和主动加入合作与竞争的队伍中。政府和企业要加强这个观念，通过各种宣传和教育，增强居民海洋意识，主要途径有政府应当加强产业集群文化基础的建设，宣传海洋产业集群的相关文化，营造良好的文化氛围，促进海洋产业集群网络的建设和发展，使海洋产业在市场中的作用得到发挥。

2. 海洋产业发展中积极融入文化因素

在各海洋产业发展中，各企业要积极融入文化因素。通过公共关系的功能，在各海洋

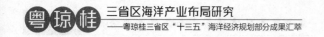

产业发展中积极融入各种各样的文化元素，将地域文化特色与主流价值观念渗透到每个产业的发展中。尤其是海洋旅游业，通过差异化来提升自身品位与品牌意识，制定文化口号，加强文化引领的号召力和凝聚力。

第二节 广西海洋经济发展体制机制改革创新研究

一、总体思路

（一）广西海洋经济发展体制与机制改革创新的基本原则

1. 综合协调原则

广西海洋行政管理体制改革必须立足于现阶段的基本情况，与当前广西经济、社会、文化等发展保持一致，强调改革的指导性与协调性和把握全局的原则，不断推进广西国民经济的发展，维护和保障广西海洋权益的实现。不断完善广西海洋行政管理体制要求统筹兼顾、综合协调地对海洋进行管理。

2. 总揽分别原则

首先，广西海洋行政管理体制改革需要宏观层面的总体设计，制定出长期方案与短期计划相结合、自治区政府与下级政府相协调的整体方案。然后，要实行分层规划与设计，对海洋主管部门与下级政府及地方海洋行政机构的改革，既要明确目标的一致性，又要在实施过程中体现不同层级的针对性。其次，要实行分类指导，由于经济、文化、社会环境的不同所以要求政府改革需要适应地区实情，进行分类专门化指导。最后，要采取分步实施，既要达成海洋经济发展管理体制改革总体目标，又得充分考虑到改革具体过程中的可操作性，最大限度地避免因措施不当带来的负面效应。

3. 精简高效原则

精简高效是大部制改革的必然要求。在大部制背景下，广西行政管理机构应力求精简、高效，实现用最小的行政成本带来最大的行政效能。现阶段广西海洋经济发展管理体制改革必须符合精简高效的原则，按照《国务院机构改革和职能转变方案》改革和调整各级海洋行政主管部门的机构设置与人员配置，减少机构层次、理顺权责关系、精简部门人员、优化体制结构、提高行政效率。随着海洋经济的发展，涉海事务的覆盖范围也会不断扩大。广西海洋经济发展管理工作接下来的任务，是把某些不需要政府负责的涉海事务交给企事业单位、社会团体和非政府组织去管理。在建立健全各种海洋行政管理制度的基础上，采用科学管理的方法降低海洋行政管理过程中人、财、物的消耗，提高海洋行政效率。

4. 制约协调原则

制约协调原则包括两个方面的内容，一是指在海洋行政经济发展管理体制改革中，要注重决策权、执行权与监督权之间协调制约。从海洋执法层面来看，改革并非将原本海洋执法力量进行简单的合并，而是要通过建立起海洋行政决策机制、执法机制与监督机制，实现三权相互协调制约的海洋综合行政执法体制。二是指要处理好自治区政府、各市政府及海洋主管部门之间海洋行政权力三分的制约性协调。

（二）广西海洋经济发展体制和机制改革创新的目标

我国现处于并将长期处于社会主义初级阶段，这是我国当前的基本国情。它决定了现阶段我国立法、司法和行政能力相对薄弱，社会法制的不健全致使我国国民素质也有待进一步提升。因此，完善与推进广西海洋经济发展管理体制改革首先要充分考虑我国的国情现状，在总结自身实践的基础上有选择地对国外发达国家和国内各省的优秀经验进行学习和借鉴，逐步改革原有海洋行政管理体制，建立符合广西实际需要与适应国际形势发展需求的海洋行政管理体制。

目前，广西海洋行政管理体制改革的目标，是建立一个自治区实行统一领导、多部门协调合作、下级政府具体执行的海洋行政综合管理体制。在消除广西海洋经济管理体制原有弊端的基础上，适应社会主义市场经济的发展要求，从而适应广西海洋经济发展的客观要求。

（三）广西海洋经济发展体制和机制改革创新的模式（海洋综合管理体系）

根据中外海洋经济发展体制机制改革的相关经验，广西推进海洋经济发展管理体制改革应首先深入思考和分析改革过程中存在的问题，在准确把握问题的基础上制定科学的改革方略。从改革的具体思路选择来看，改革应当坚持稳步推进，坚持长远目标与阶段性目标相结合，全面推进与重点突破相结合的渐进式改革道路。同时采取建立健全相关法律的改革方法，规范行政机构职能设置的合理性与有效性，保障决策、执行和监督权力的依法行使，进一步完善行政权力的运行程序和制度，做到依法改革并通过法律保障改革的成果。首先是建立健全合法的法制机制，然后成立一个高效的海洋管理机构，组建一支统一、高效的海上执法队伍，加强海洋执法力度；同时建立海洋行政执法权力监督机制。然后加大对海洋科技投入，完善海洋科技创新体制，完善海洋经济服务体系。

二、制度选择

（一）加强海洋立法，将海洋事业发展建立在健全的法制基础上

1. 完善地方性法规和规章制度，实现海洋管理的法制化

十一届三中全会以来，国家先后颁布了《中华人民共和国领海及毗连区法》《中华人民共和国海洋环境保护法》《中华人民共和国海上交通安全法》《中华人民共和国渔业法》《中

华人民共和国矿产资源法》等海洋和涉海管理法律，以及其他相关条例和规定。这些法律法规的制定和实施，既维护了国家的主权和海洋权益，同时也促进了海洋资源的合理开发和海洋环境的有效保护，使中国的海洋综合管理初步走上了法制化轨道。与大部制改革一样，我国每一项改革都应该建立在法制基础之上，改革必须有法律制度的支撑和保障。

广西结合本地的实际情况，先后相应制定和颁布了海域使用管理办法，山口红树林生态自然保护区管理办法，北仑河口海洋自然保护区管理办法，编制了海洋功能区划，制订了蓝色计划纲要等等，为海洋事业提供了政策保障。今后还要进一步制定广西海岸带、海岛及其邻近海域综合管理法规，海洋资源管理法规，海洋环境保护及海洋自然保护区建设与管理法规，以尽快建立和健全海洋法律法规体系。

完善广西海洋经济发展体制与机制需要一个长期的、渐进式的过程，要有科学、健全、完备的法律制度体系来保障改革的实施。立法机关必须根据宪法，制定和完善有关海洋行政管理体制改革的法律，以适应改革的需要和立法上的保障。在推进广西海洋经济发展管理体制改革过程中不可避免地会涉及机构设置、人员编制、财政配置等事项和问题，只有严格根据法律法规才能保障上述事务运行的规范性。另一方面，从改革的实践表现来看，当前体制改革涉及行政机构改革与重组，也需要从制度方面为改革进程提供必要保障。改革的法制化要求注重行政权力的调整与整合，力争形成规范性文件，从行政方面推进立法，完善广西海洋经济发展体制改革的法律依据。

2. 加强地方性法规和规章制度建设

广西要抓紧制定海域使用管理、海洋环境保护和海岸带管理、渔港管理、渔业安全管理、水产品质量安全管理、无居民海岛开发与保护管理等地方性海洋法规和规章，使海洋管理切实做到依法治海、依法管海。

3. 加强海洋环境执法队伍的现代化建设，提高执法人员的素质和水平

按照统一领导、分级管理的原则，建设一支具有较高政治素质和较强保障能力的海洋执法队伍，提高海洋执法能力；加强海洋执法监察队伍建设，强化海洋监察执法监督，规范海洋执法程序。

4. 加强渔场管理，强化渔船船检工作

严厉打击"三无"和"三证不齐"渔船，治理北部湾渔场秩序混乱局面，有效保护渔业资源。"以人为本"，积极灵活地开展渔船检测工作，做好渔业安全生产监督检查。

5. 通过法制保证海洋经济规划的实施

海洋管理涉及方方面面，必须通过法制保证海洋经济规划的实施。进一步加强海洋法

制建设，依法管海、合法用海。必须在《中华人民共和国海域使用管理法》《中华人民共和国海洋环境保护法》等海洋法律制度、《全国海洋经济发展规划纲要》《广西海洋功能区划》框架下，规范海洋开发利用秩序，形成法制化体系，才能更好地促进广西海洋经济的进一步发展。因此，积极完善地方性的法律规章制度，成为广西海洋经济发展机制体制改革的前提。

（二）强化海洋管理，建立海洋资源开发与环境保护的新秩序

1. 建立健全部门协调机制

传统的海洋行政执法队伍众多，管理分散，职能重叠，重复建设造成了行政资源的极大浪费，政出多门、管理分散使得行政执法效率低下等问题十分严重。建立一个高层次和较大权威的海洋管理机构，重点统一广西海洋行政执法队伍，对原有的隶属不同部门的海洋执法队伍进行整合重建，从根本上解决政出多门、职能重叠和管理分散等问题，建立精简、高效、统一的海洋行政执法体制。海洋管理是一个系统工程，必须建立一个综合管理机制，才能合理开发海洋和充分利用海洋资源。涉海部门的协调和海洋综合管理是一个老大难的问题，有的地方采取"党政联席会议制度"，或者成立"海洋管理协调领导小组"等。广西可以利用国家现有的政策，探索海洋综合管理机制运行模式，积极探索海陆协调统筹的管理模式。

2. 设立"海洋管理协调领导小组"

广西区党委、自治区政府设立了一个"海洋管理协调领导小组"，对海洋开发的重大问题进行协调，并代表自治区委、区政府对外联系，特别是与外省、邻省、边防、军事部门的协调。目的是落实海域界线，明确各地方在海域上的责任和义务。其次，组织制订、实施海洋经济发展规划，督促和协调涉海部门落实规划任务。再次，通过授权赋予各有关部门管理海域的权限和职责。特别是对于有争议的一些问题，可以赋予农业、交通、国土、旅游、海事、渔政、海关、环保等20多个部门不同的权限和职责。

3. 将农业局下属"海洋与渔业"科室并入海洋渔业局相关处室业务

对农业局下属"海洋与渔业"科室进行体制改革，设立"海洋与渔业局"。从自治区到地方市、县的"海洋与渔业局"侧重管理海洋渔业活动，对其他有关"开发、使用海洋"的活动没有赋予权利和职责，以至于各地"海洋与渔业局"对海洋协调管理"无所作为"。还要强化"海洋管理"机构的权利和职责。广西海域面积宽，海洋开发活动多，管理事务烦琐，并涉及多个职能部门，也有必要设立"海洋管理"机构。

4. 健全协商机制

加强对海洋资源开发的协调管理，发挥海洋管理协调领导小组对海洋开发全局的基础性、综合性管理功能，建立适应海洋经济发展要求的行政协调机制，加强对自治区海洋经济重大决策、重大工程项目的协调以及政策措施的督促落实，使海洋资源在联动中开发，在联动中规范，保障海洋经济的可持续发展。

三、路径选择

（一）构筑物资储运基地，完善集疏运输网络

1. 构建大宗商品交易平台

建设大宗商品交易中心。发挥海铁联运优势，以液体化工、铁矿石、煤炭、塑料、钢材、木材、粮油、镍金属、船舶等为重点，积极打造大宗商品交易平台，力争形成若干个在环北部湾、全国甚至全球有影响力的交易平台。在钦州、防城港、北海等地统筹规划建设一批大宗散货储运基地和交割仓，完善配套设施，提高储运能力。培育引进一批中转、运输、配送等物流企业，形成集储存、交易、运输为一体的交易服务体系，着力构建大宗商品的区域性配置中心。建设战略物资储运基地。根据国家战略部署和环北部湾经济发展需要，以石油、天然气、铁矿石等战略物资为重点，在防城港、北海等地统筹规划建设一批国家战略物资储运基地，完善配套设施，提高中转储运能力。结合北部湾油气资源开发，根据广西统筹规划需要，在防城港、北海等地规划建设后方服务基地，开展转储运、加工等服务，更好地保障能源等战略安全。

2. 完善海陆联动集疏运输网络

（1）优化港口集疏运基础设施。坚持"集散并重"原则，把集装箱运输作为港口发展的重中之重，加快推进防城港、北海、钦州三个港区专业码头建设。推进集装箱陆域堆场建设，研究联动开发合作模式。在通商口岸规划建设一批大型综合性集装箱查验场站，提高查验通关效率。

（2）积极推进多式联运。以新一轮大规模铁路建设为契机，大力推进大宗货物海铁联运物流枢纽港建设。加快铁路集装箱场站和支线建设，开展海铁联运综合发展试验区建设，建立广西海铁联运信息平台。加快培育海铁联运市场，开通到昆明、贵阳、长沙等城市的集装箱班列。

（3）培育和壮大一批货运代理和船运代理企业。最大限度地发挥港口效应。推动港口联盟建设。坚持"优势互补、共同开发、互利共赢、促进融合"的方针，进一步完善与广西各临近港口联合发展机制，强化港口岸线开发、管理运营、资本技术等合作。按照"市场主导、风险分担、互利共赢"的原则，以资产运营为纽带，建立与邻近港口的合作关系，形成功能明确、优势互补、布局合理的港口联盟。深入开展北部湾港口合作，提高港口资源利用效率，提升港口在全球航运体系的物流效率和资源配置能力。

（二）强化金融和信息支撑

1. 加快发展航运服务业

扶持发展船舶交易、船舶管理、航运经纪、航运咨询、海洋培训等航运服务业，延伸产业链条、提升服务功能，建设成为环北部湾区域的航运服务集聚区。依托国际航运服务中心，加快建设广西航运金融集聚区。大力推进检验检测和法律、中介、咨询等专业服务发展，积极开展专业化、个性化中介服务。

2. 加快发展航运和物流金融服务

围绕海洋产业转型升级，大力发展航运、物流金融服务，积极发展船舶融资、航运租赁、金融仓储、航运结算、航运保险等金融服务。扩大投融资业务和渠道，探索设立海洋经济政府创投引导基金，引导民间资本参与港口航运事业。

3. 加快完善航运物流信息系统

以建设智慧港口、智慧物流为依托，提升北海等电子口岸、物流市场信息平台服务功能，进一步完善航运物流信息系统。以创新海关和国检管理体制机制为先导，全面推进电子口岸（EDI）信息系统建设，实现港口岸物流管理与国内国际口岸物流无缝衔接。推进航运物流企业信息示范工程建设，提升航运物流信息化整体水平。

四、配套政策与保障措施

（一）贯彻发展海洋经济战略，推动海洋经济体制机制创新

全面贯彻国务院关于支持环北部湾经济区和促进海洋发展的战略，深刻把握历史机遇，先行先试，创新发展，加强促进海洋经济发展的政策和法规建议，逐步消除制约海洋经济发展的突出矛盾和影响海洋经济发展的体制机制障碍。

1. 加强对海洋工作的组织领导

把发展海洋经济纳入自治区委、区政府的重要议事日程，及时研究解决海洋工作中遇到的困难和问题。充分发挥广西海洋工作领导小组的作用，加强对广西海洋经济重大决策、重大工程项目的协调领导以及政策措施的督促落实，全面统筹海洋经济发展。强化广西海洋工作领导小组办公室的职能，充实机构人员。规范各涉海管理部门的职责划分，形成职责明确、分工合理、配合协调、共同推进海洋工作的良好局面。

2. 建立起政府引导、市场运作的综合管理体制机制

围绕转变经济发展方式和海洋管理模式，逐步建立起政府引导、市场运作、陆海统筹、集约利用、可持续发展的海洋资源开发保护与综合管理体制机制。力争广西在海洋资源开

发管理机制、海洋公益服务能力建设的体制等方面有所创新。完善海洋资源有偿使用制度，探索建立统一、开放、有序的海洋资源初始产权有偿取得机制，推进海洋资源进入产权交易市场交易，对海域、港口岸线、无居民岛屿等资源的经营性开发实行使用权公开招标、拍卖、挂牌，推进有序开发。简化重点项目海域使用审批手续，实行全过程跟踪服务。建立健全海洋生态补偿机制，对海洋生态损害补偿索赔的责任主体、赔偿范围及标准、程序以及补偿赔偿金的使用管理等进行明确界定。

（二）加大资金投入与扶持，多元化投资主体

1. 设立"海洋经济发展引导资金"

加大对海洋经济发展、海洋事业发展、海洋基础设施和海洋重大专项的财政投入力度和税收优惠政策。设立"海洋经济发展引导资金"，主要用于海洋产业培植中需要做大、做强的发展项目的贴息和补助，特别是扶持海洋战略性新兴产业的发展。加大对海洋经济投资的优惠措施力度，推进投资主体多元化进程。改善金融服务，优化信贷结构，争取国家政策性贷款、债券发行、国际金融组织贷款、外国政府贷款，优先安排、重点支持一些科技成分高、经济效益好的开发项目。政策性金融机构对广西沿海各地区获国家立项的重大海洋科技专项、海洋科技创新项目、海洋科技成果转化项目、海洋高新技术产业化项目、引进技术消化吸收项目、海洋高新技术产品出口项目等给予积极的信贷支持。

2. 引导社会资本进入海洋开发领域，健全多元化投入机制

拓宽海洋基础设施建设和海洋产业发展的投、融资渠道，积极引入市场因素，鼓励和引导各类社会资本进入海洋开发领域，健全多元化投入机制，形成投资主体多元化、资金来源多渠道、组织经营多形式的发展模式。加大海洋招商引资步伐，引导创业风险投资企业投资处于种子期和起步期的高科技海洋创业企业，将北海等地海洋旅游产业再上一个台阶。积极推进与北部湾各港口在航运物流、游艇邮轮、海洋信息服务业等方面的深度合作。此外，还要创新投资区管理机制和运营模式，充分做好从其他地区"引资""引技""引人"三个角度的制度创新，鼓励广西企业参与开发建设，吸引外资企业来广西设立营运中心和研发机构，打造新一轮的两广关系，使广西成为环北部湾海洋产业对接集中区。加强对北部湾在国家海洋战略中的地位、定位和作用的研究，促进北部湾的开发与保护。

3. 各级财政要形成对海洋事业投入的正常增长机制，充分发挥财政资金的导向作用

综合运用政策性奖励、财政补助、贴息贷款等多种措施，带动社会资金投入海洋开发建设。要按照集中财力办大事的原则，加强对海洋专项资金的整合和统筹安排，重点扶持主导产业培育、基础设施建设、生态环境保护、科技研发推广等项目建设。积极引入市场因素，鼓励和引导社会资本进入海洋经济领域，健全多元化投入机制，形成投资主体多元

化、资金来源多渠道、组织经营多形式的发展模式。对海域、港口岸线、无居民海岛等资源的经营性开发实行使用权公开招标、拍卖，探索开展海域使用权抵押融资试点，建立渔民个体小额贷款服务制度，拓宽融资渠道。

（三）建立健全海洋减灾、防灾、救灾服务保障体系

在开发海洋和发展海洋经济的过程中，必须搞好海洋资源和环境保护，可以考虑从以下4个方面来着手解决。

1. 海洋环境监测能力建设

加强海洋环境监测系统的建设，完善海洋环境监测技术体系。重点实施入海河口、临海直排口、深海排放口以及港口区、养殖污水排放口等区域污染物的在线监测，建成自治区、市、县三级入海河口及直排口在线监测系统。实施海洋监测结果报告制度，及时发布海洋环境质量报告。加强海洋、环保、海事、气象、海军等部门海洋环境监测机构间的协调配合，建立统一监测与行业监测相结合的运行机制。设观测网、数据采集与通讯网、预警和服务网以及环境质量控制系统。

2. 海洋环境突发事件应急处置

完善海洋环境突发事件监测系统，提高现场数据实时自动采集、传输、处理和监测信息预警发布能力。健全海洋环境突发事件应急反应机制，加强应急专业队伍建设，完善海上污染损害应急方案，配备海上船舶溢油事故、有毒化学品泄漏事故等应急物资设备，全面提高对海洋环境突发事件的处置能力。

3. 海洋环境污染处理问题

加大对广西海洋环境保护规划落实力度，加强海域污染的治理和控制。贯彻"预防为主、防治结合""谁污染谁治理"的方针，强化环境管理措施。一是加强海域污染治理，对北部湾靠近广西及其临近海域等重点区域实施综合整治。二是严格开发项目环保审批和污染排放制度，控制入海污染物排放总量和达标。实行海上排污许可证和收费制度，建立重点海域排污总量控制制度。在控制陆源污染方面，确定主要污染物排海指标，严格限制超过规定数量的排放。切实抓好港湾等重要海域的综合整治工作；加强重点排污口的监测、监视和管理，加强海洋倾废管理。

4. 加强海域信息管理，建立海域开发利用与保护的动态监测和信息反馈机制

建立海域开发利用与保护的动态监测和信息反馈机制，利用数字影像信息等监测手段，建立以海域保护管理为主要目的的管理信息系统，完善污染监测网，健全卫星、船舶、岸站立体监视和执法体系。

（四）构建海洋科技创新体系，提高海洋科技创造能力

构建海洋科技创新体系，提高海洋的科技创新能力，建设一批海洋科技创新平台，加强涉海院校和人才队伍建设，增强科技教育对海洋经济发展的支撑引领作用。具体可以从以下 4 个方面来着手解决。

1. 加强海洋创新平台建设

依托高等院校、科研院所和骨干企业，优化配置海洋科技资源，加快建设北海海洋局等国家级、省级海洋科技创新平台，增强海洋科技创新能力和国际竞争力。围绕港口物流、海洋工程装备、风电装备、高技术船舶、海洋生物医药等领域，组建国家级或省级工程技术研究中心，建设一批设计服务、检验检测等科技公共服务平台。支持国家级科研机构在广西设立海洋科研基地，吸引一批境外科研院所到广西落户或参与研发。扶持一批海洋战略规划、勘测设计、海域评估等中介机构。完善国际科技交流合作机制，加强与东南亚及北部湾沿海周边地区的海洋科技交流合作。有重点、有步骤地建设具有产业特色、产学研紧密结合的成果转化平台。

2. 加快海洋科技成果转化

以加快突破核心技术瓶颈、显著增强竞争力为目标，以培育自主知识产权为重点，优先支持具有自主知识产权的重大科技成果转化，鼓励企业对自主拥有、购买、引进的专利技术等进行转化，不断提升海洋产业创新能力。组织优势科技力量，在海水增养殖、海水综合利用、海洋新能源、海洋工程装备制造、海洋生态环境保护与修复等重点领域研究攻关，取得一批重要科技成果并实现产业化。加快构建产业技术创新联盟，加强产学研结合，推动企业联合创新，提升广西海洋特色产业发展水平和整体竞争力。

3. 加大对海洋科技的投入力度，完善海洋科技研发机制

海洋产业发展实质上是以海洋科技实力作为支撑，必须加大海洋科技投入，才能提高海洋产业竞争力。海洋开发和海洋经济发展实质上也是一项高技术、高投入、高风险的战略行动。必须建设海洋创新体系，尤其是海洋科技自主创新能力建设，实行高技术先导战略。按产业布局要求，鼓励企业、投资机构和高校、科研院所根据产权多元化、运作市场化的原则共同组建合作实体，以产业链长、带动力强的科技成果转化项目为主建立专业园区或特色产业基地，对海洋领域重点实验室、工程技术研究中心和工程实验室的建设给予倾斜。建立多元化海洋科技投入机制，加快构筑以自主研发为核心的海洋科技创新体系。

4. 提升海洋科技创新能力

加强与涉海高校的战略合作，主动承接环北部湾科技辐射，围绕海洋经济重点领域，开展科技研究和攻关，努力形成一批国际领先的具有自主知识产权的科技成果，着力突破

海水养殖优良种质培育技术、新型装备制造等海洋产业前沿技术和共性关键技术。在应用基础研究和高新技术开发上形成创新链条，创造出自主知识产权的科技成果，引领与支撑海洋战略性新兴产业的发展，逐步形成新的经济增长点和产业集群。组织对共性海洋技术、关键海洋技术和前瞻性海洋技术进行研究开发，加强科研创新能力建设，实现重大海洋科技的创新与突破，引领海洋经济快速健康发展。建立和完善以科研中试和成果转化为主的科研示范基地，形成科学研究院所—技术开发中心—科研示范基地协调发展的海洋科技产业发展体系。搭建海洋科技成果转化、产业化的重要平台和载体，熟化实验室成果，促进广西海洋高新技术产业化的发展。

（五）加强海洋人才资源保障体系建设，为海洋经济发展提供有力支撑

1. 加大人才的培养和扶持力度

加大人才的培养和扶持力度，优化人才队伍整体结构，加强高层次海洋科技研发人才和海洋管理人才的培养和引进工作，培养学科带头人和创新型人才。

2. 加大对高校海洋研究投入建设力度

加大对广西高校海洋研究投入建设力度，以培养高层次、高技术人才为目标，实施重点学科人才培养；积极引导广西各企业与海洋类高等院校开展人才培养和技能培训，结合海洋产业和企业发展需要，培养海洋产业领域专业技能型人才。在党政机关培养一批高素质海洋经济管理人才，在海洋科研机构和大中专院校中培养一批海洋专家型人才，建立海洋人才实训基地，培养一批复合型技能人才，为广西的海洋经济发展提供人才支持和智力保障。

3. 建立人才培养、引进、使用、激励、流动、保障等方面的政策体系

研究制定广西引进人才优惠政策，建立人才培养、引进、使用、激励、流动、保障等方面的政策体系，探索吸引、用好、留住人才的办法，实施引进资金、项目与引进技术、人才相结合，充分利用外部人才资源，以重大科研项目为载体，吸引高端人才和团队进驻。不断探索新的选人育人机制，通过公开选拔、公开招聘等形式使优秀人才脱颖而出，不断壮大广西海洋管理和海洋技术人才队伍。

（六）加强海洋信息化建设，完善海洋基础空间数据库

1. 建立海洋综合管理信息系统

按照"海陆统筹，规划先行"的要求，做好海洋规划工作，严格执行海洋功能区划、海域使用论证、海洋环境影响评价、渔业捕捞许可等制度，依法审批各类海洋开发活动。加强海洋信息化建设，围绕管理信息化、服务信息化、应急指挥信息化三大重点领域，建

立海洋综合管理信息系统、海洋基础数据库系统、海洋信息平台、渔业安全生产通信指挥系统、海域使用动态监管系统、海洋基础地理信息系统以及防灾减灾预警系统等，全面提升海洋综合管理的科技水平与信息化水平。

2. 加强海域使用动态监测监视工作

开展海域、海岛基础调查，加强海域使用动态监测监视工作，完善海洋基础空间数据库，建设海洋管理基础信息系统和公众服务基础信息系统，构建统一的海洋信息综合应用平台，全面提升海洋综合管理科技水平与信息化水平；完善北海环境监测体系，对海洋环境进行全方位、动态跟踪管理，保障海洋经济在健康的环境中运行；完善海洋防灾减灾体系，保障海洋经济在安全的环境中运行；完善海洋经济运行核算与运行监测评估体系，及时掌握海洋经济的运行情况，及时提供海洋经济运行数据和评价分析材料，为决策管理提供服务。

（七）加强海洋经济社会服务体系，加强宣传和舆论工作

1. 加强海洋经济的社会服务体系建设

加强海洋经济的社会服务体系建设，营造良好的社会发展环境，大力推进发展广西海洋经济的社会服务体系建设，为相关企业发展创造良好的社会服务环境。建立金融服务体系，拓宽企业的融资渠道，特别是中小企业，解决企业资金困难不足问题。考虑建立起一定的贷款风险准备金，以降低金融机构对中小型海洋企业和民营企业的贷款风险。建立海洋信息咨询服务和市场信息服务，促使专业市场的形成。

2. 做好大众宣传和海洋普及工作

运用广播、电视、报刊、节庆等多种形式和手段，全方位宣传海洋的资源禀赋、战略价值和地位作用等，增强居民的海洋国土观、价值观、海防观、文化观，提高现代海洋意识。大力发展海洋科普教育，开辟各种科普教育基地，传播海洋风光、海洋物产、生态环境、灾害预防等知识，引导社会公众认识海洋、关注海洋。

3. 建立健全公众参与、专家论证和政府决定相结合的行政决策机制

建立健全公众参与、专家论证和政府决定相结合的行政决策机制，实现依法、科学、民主决策。加强信息系统建设，完善群众性献计献策制度。建立重大决策事项的专家咨询、咨议机构和相关制度，健全决策程序制度。制定规范的行政机关议事规则、会议制度，推进决策事项、决策依据和决策结果公开化。强化行政决策跟踪调适和责任追究。定期对决策的执行情况进行跟踪与反馈。完善行政决策监督机制，实现决策权力和决策责任的统一；加强社会舆论监督，提高大众的自觉性，积极参与，监督规划的实施。

第三节　广西海洋经济发展系列扶持及激励政策措施研究

一、激励政策措施回顾

10多年来，为促进北部湾海洋经济发展，广西出台了一些鼓励广西海洋经济发展的政策措施。归纳起来，主要有以下政策措施。

（一）海洋渔业发展方面

振兴传统海洋渔业，加快近海水域养殖开发，进一步压缩近海捕捞，加快发展远洋捕捞，加快发展水产品精深加工及配套服务产业，进一步提高海洋渔业发展水平。

（二）交通等基础设施建设方面

出台一系列政策措施，鼓励加快发展海洋交通运输业，不断完善海洋基础设施建设；发挥广西"陆海组合"的自然地理优势，开拓广西发展的新资源和经济活动空间，海陆互动，以港口为依托，形成完善的基础设施体系。

（三）海洋产业体系建设方面

出台一系列政策措施，强调以北海、钦州、防城港三市为支撑，以海洋产业为主体，打好传统产业基础，加快发展海洋传统支柱产业，包括油气、钢铁、能源等，大力发展新兴海洋产业如滨海旅游业，海洋装备制造业等。

（四）海洋环境保护方面

出台优惠政策措施，开展海洋生态调查，加强重要生态功能区的保护，加强海洋监测和赤潮监控，严格控制近海环境污染，对污染海域开展治理工作，加强海洋管理，解决用海矛盾。

（五）海洋科技发展方面

出台优惠政策措施，发展海洋科技，创办海洋科研机构，培养海洋科技人才，提高科技对海洋经济发展的贡献率。

二、激励政策措施的不足

（一）财政扶持政策不足

众所周知，海洋经济是一项高风险、高投入、高科技的经济，海洋经济的发展离不开政府的财政扶持。从市场上看，广西涉海类中小企业存在融资困难、缺乏可靠融资平台，民间资本对高科技海洋企业的投资相对较少，企业科研以及发展缺乏资金等问题。从政府来看，广西财政对涉海类企业的支持力度仍旧不足，财政补贴范围较窄，补贴力度不足，惠税和减税政策不够完善，难以通过财政政策完成对海洋产业机构的引导和调整。

（二）人才培养和科研建设政策相对不足

实现"科技兴海"，必须重视海洋人才，实现海洋经济的快速发展，首当其冲的就应该是解决人才问题。作为沿海大省区的广西，具有丰富的海洋资源和广泛的利用开发前景，然而目前广西只有为数不多的几所高校（广西师范大学、广西大学、广西医学院、广西中医学院、桂林电子科技大学等）开设有海洋类专业，甚至一些与海洋高度相关的专业从未开设，人才的数量远远不能满足广西开发利用海洋资源，发展海洋经济的需求，人才的培养迫在眉睫。海洋环境污染的治理、海洋灾害的监测、科技成果的转化以及人才价值的实现都需要专业的海洋类科研机构来完成，相较于广东省、山东省等沿海省份，广西自身科研机构较少，这也是阻碍广西海洋经济发展的重要因素之一。

（三）海洋科技对海洋经济的贡献率偏低

数据显示，科技因素在发达国家的海洋经济发展中贡献率高达80%左右，而广西更是远远低于我国30%的平均水平。在沿海11个省区市中，广西海洋科技综合竞争力排名第8，其中海洋科技实力、科技工作能力竞争力均排名第9，居于全国倒数地位。广西涉海企业以及科研单位的科研能力相对较弱，资金不足，难以取得技术的创新和突破，海洋产品的科技含量较低，海洋科学技术成果转化速度慢，海洋科技对海洋经济发展的贡献率低。海洋科技薄弱的问题一直阻碍广西科技兴海战略的实施。

（四）海洋发展缺乏完善的法律体系

《联合国海洋法公约》生效后，广西管辖海域面积高达6.28万平方千米，超过全区陆地面积的四分之一。然而随着经济的发展，海洋环境和资源问题越来越突出，对广西海洋经济发展形成了巨大的挑战。纵观广西海洋管理及使用法律体系，除《广西壮族自治区海域使用管理条例》外，适用广西具体情况的法律基本没有，法律的缺失势必带来海洋资源开发不合理、海洋资源浪费、用海矛盾、海洋环境破坏等问题。完善的海洋法律体系是广西海洋经济发展的重要保证，海洋经济的发展必须要做到有法可依。

（五）海洋综合管理问题突出

海洋综合管理是国家通过各级政府对其管辖海域内的资源、环境和权益等进行的全面的、统筹协调的监控活动。广西海洋管理体制与海洋经济发展不相适应，广西海域面积大，涉海部门较多，管理职能混乱、管理部门重叠，缺乏一个统一的海洋经济管理体制；在用海方面，缺乏合理的监管及评估机制，海洋利用缺乏科学性的指导；执法队伍缺少海洋环境监测技术保障支撑、海洋监管困难，海洋环保意识薄弱。

三、扶持激励政策措施创新设计

（一）政府扶持激励

1. 创新政府发展海洋经济观念，抓住区域合作发展机遇

随着海洋开发的深入，不同产业的矛盾、海洋资源承受力、海洋生态环境治理等问题会不断出现。解决这些问题的根本办法就是加强顶层设计、科学决策、统筹规划。统筹海洋开发决策权限，实施区域协调发展战略，加快广西海洋开发的区域论证、行业规划、科学决策，统筹区域规划布局，调整优化区域空间结构，加强资源整合和产业互动，最大限度地提高开发利用海洋的经济、社会和环境效益。抓住国家建设"21世纪海上丝绸之路"和"中国—东盟海上合作试验区"、打造"中国—东盟贸易区升级版"和"把广西建设成为我国西南中南地区开发发展新的战略支点"等重要机遇，加快我国参与东南亚区域经济合作与发展的现实进程，为造就东南亚区域经济合作关系产生积极的区域价值。

2. 完善海洋基础设施建设，实现海陆联动

发展海洋经济需要健全的基础设施网络和配套体系，包括海洋交通基础设施建设、海洋物流中心设施建设、海洋旅游设施建设。

（1）创建多元化的海洋基础设施建设资金渠道。一是加大各级财政特别是中央财政对海洋基础设施的投入力度，中央财政应对海洋经济试点省份的海洋基础设施予以专项资金支持，促进试点省份海洋开发的基础设施和重大项目建设。二是国家建立海洋综合开发基金，用于支持港口、道路、能源及供水等海洋基础设施建设。三是发挥财政资金引导作用，大力吸引民间资金投入海洋基础设施。按照"谁投资、谁受益"的原则，运用多种形式的PPP模式，以及通过贴息贷款、BOT和TOT等形式，多渠道筹措海洋基础设施建设资金，拓宽海洋基础设施建设投融资渠道，对已建成的基础设施可通过实行特许招投标方式选择和变更项目法人，也可通过经营权转让、产权置换、委托经营等方式盘活存量资产，吸引民间资本。

（2）完善交通基础设施建设。加快广西海洋经济的发展，必须打破海陆分割的二元结构，积极开辟海陆产业联动新途径。首先，要实现广西的陆地、河流与海洋的交通联动。广西的海洋运输业在海洋经济总产值中占有比较高的比重，但在全国范围内看来，仍比较落后。广西可以充分发挥陆运、河运、海运、航空运输相结合优势，优化运输结构布局，统筹规划建设港口、公路、铁路，完善重点港口之间、城市之间、沿海与内地之间的交通网络，组建具有国际竞争力的现代化运输船队，积极开拓海运市场，促进海运向专业化现代化方向发展，使广西真正成为东盟各国重要的交通枢纽。

（3）加强海洋物流中心设施建设。加强港口泊位建设，疏浚深水航道，大幅度提高港口吞吐能力；整合现有物流资源，完善物流体系，加快推进防城港、北海、钦州等物流节点城市建设，将沿海三大港口建成功能齐全、分类明确、吞吐量大、班期航线多、集疏运快捷大中小泊位相匹配的现代化大港，发挥港口对海洋经济的引领作用；统筹规划建设一批现代物流园区、专业物流基地和物流配送中心，扶持培育一批大中型综合性现代物流中心，建设与现代物流相配套的内陆中转货运网络。

（4）拓宽海洋旅游设施建设。加强旅游基础设施建设，打造滨海特色旅游休闲胜地。广西要加快旅游交通网络、交通服务场站、景区景点等基础设施和综合配套设施建设，加快推进星级酒店、旅游集散中心等项目建设，大力发展特色旅游业，推进精品海岛建设，把涠洲岛等岛屿打造成普吉岛、马尔代夫那样的高端海岛游的海岛；建立游艇会所和基地，吸引全世界各地的人来到广西投资、度假、旅游，实现广西滨海旅游业的产业升级。

3. 出台扶持政策，引导海洋产业健康发展

政策是海洋产业健康发展的必要保证，它指引着海洋产业的前进方向。广西应尽快出台海洋经济的扶持政策和加快建设海洋经济强区等决策。首先提高海洋渔业的科技附加值，推进北部湾海洋渔业结构的战略性调整，大力发展现代海水养殖，确立新产品开发为目标，以规模经营带动的水产品深加工策略，稳定、高效发展第一产业。支持鼓励海洋优势产业发展，尤其是支持海洋加工业的发展，支持通过利用外资引进技术改造传统的加工工艺，提高产品质量和技术等级，加速产品的升级换代，满足市场需求。在海洋可再生资源、海洋生物制药、海水综合利用等方面形成北部湾特色的新兴产业。全方位提升第二产业，多层次多元化发展海洋第三产业，与东南亚国家对接，共同打造跨国服务行业，在餐饮、旅游、休闲娱乐等方面产品结构不断完善、提高规模和档次，不断加强市场竞争力。通过大力发展第二、三产业来推动海洋经济产业结构升级，同时全面提升广西海洋经济综合竞争力。

4. 完善海洋法律体系

随着经济的发展，海洋环境和资源问题越来越突出，对广西海洋经济发展形成了巨大的挑战。纵观广西海洋管理及使用法律体系，除《广西壮族自治区海域使用管理条例》外，适用广西具体情况的法律基本没有，法律的缺失势必带来海洋资源开发不合理、海洋资源浪费、用海矛盾、海洋环境等问题。完善的海洋法律体系是广西海洋经济发展的重要保证，在海洋经济的发展过程中，广西应借鉴发达国家海洋经济发展的成功经验，加快立法的步伐，通过法律的手段固化和强化全国的海洋管理工作，同时应明确各涉海部门的职责，发挥全国性的海洋管理机构的作用，实行综合管理和协调管理；坚持科学的唯物主义指导思想，做到具体矛盾具体解决，制定符合本身的海洋管理及开发法律法规体系，做到有法可依。

5. 创新完善海洋经济绿色核算体系

伴随着人类对海洋的开发和利用，海洋环境面临着巨大的压力，同时对海洋资源的需求也不断加大。绿色被认为是从中扣除环境成本（包括自然资源消耗、生态破坏和污染损失）后的余额。其中环境成本包括自然资产使用额和非经济自然资产使用额。同时，由于海洋资源和污染物来源多、范围广并有较强的流动性，加上其自身的其他特性，对其进行核算有较大难度。一方面要核算海洋资源的存量、储量和流量；另一方面，还要确定海洋开发中资源消耗量及污染物产生量及海水自净或处理后的最终排放量。

环境价值总值可分为使用价值或有用价值和非使用价值或无用价值，使用价值进一步分为直接使用价值、间接使用价值和期权价值；非使用价值主要为存在价值。环境价值可通过直接市场法、替代市场法、成果参照法与或有估计法进行计量。由于海洋环境价值涉及经济学、社会学、生态学、资源学、环境学等多学科、多部门，对核算要求十分复杂。但是，海洋经济中的价值涉及生态、环境、资源、价值。因此，可以重点核算这三部分。生态价值核算通过区域生态调查来确定；矿产资源的核算可用市场价格法和收益现值法；环境价值可通过成果参照法或成本维护法来核算。

海洋经济绿色核算是国民经济绿色核算体系理论在海洋经济领域的应用之一，由于其涉及多行业、多部门、多学科，并具有复杂的相关性、关联性，包含复杂的操作过程，而且实施核算的区域发展水平和规模不同。为了满足海洋环境得到保护、海洋资源被合理利用、海洋经济快速健康发展，应及时核算海洋经济价值，广西积极推进统一核算体系，进一步完善海域使用制度，实现海洋经济的可持续发展。

6. 创新海洋经济发展的激励机制

通过利益激励和制度约束来实现激励目标，如政府对海洋产业的补贴，对涉及海洋经济企业的财政扶持等正外部性利益激励，以及运用法律法规进行惩罚的负外部性制度约束。广西海洋经济发展激励机制体系包括目标层、模式层、职能层。具体来说，激励机制目标层分为政府职能激励、涉及海洋经济企业利益激励和社会公众责任激励三个模式层，模式层下面又分为经济利益驱动、社会需求拉动、科学进步推动、责任和道德驱动以及政府引导驱动。

经济利益驱动是政府通过对相关涉海企业实行税收优惠、财政补贴，引导或激励企业按照政府设定的路径从事海洋产业活动。社会需求拉动是通过海产品消费者的购买行为把自身的消费偏好，反映给生产者，依靠"消费反作用生产"，科学、健康的消费偏好会促使生产者走可持续发展道路；科学进步推动是广西要充分发挥"科技是第一生产力"的作用，加大海洋科技成果转化和推广力度，建立支撑可持续发展的海洋技术体系，发展海洋高新技术、绿色无害化技术，探索经济、社会、海洋生态一体化发展道路；责任和道德驱动是政府、涉海企业、社会公众等主体都承担着推动社会健康可持续发展的责任，各方在实现自身利益的同时，也应把促进海洋经济可持续发展提高到道德和责任层面；政府引导驱动，政府要逐步建立起有利于可持续发展的制度和政策环境，建立健全海洋法律法规体系，加大政府投入力度。

（二）发挥市场调整的重要作用

在市场经济条件下，需求对经济增长具有巨大的拉动作用。在后金融危机时代，提高居民消费率，降低经济对投资和出口的依赖，是当前宏观调整的一项重大任务。市场规模是广西海洋产业得以生存和延续的前提。对于广西海洋经济而言，加快转变其发展方式，关键就是要扩大海洋内需，调整优化海洋消费结构。坚定不移地把扩大内需作为经济发展的长期战略方针。贯彻落实这一重要精神，转变海洋经济发展方式，必须牢牢把握扩大内需这一战略基点，充分发挥消费的基础作用和投资的关键作用。扩大海洋内需的难点、重点和潜力、动力在于优化海洋消费结构，提高海洋生活消费能力和海洋生产消费能力。一方面，要引导广大居民大胆消费、科学消费、健康消费、文明消费，更新消费观念，创新消费方式，确保科学消费持续稳定增长。另一方面，要科学规划、统筹安排海洋生产消费，海洋生产消费直接依赖海洋生产投资，海洋生产投资主要包括海洋消费资料生产投资和海洋生产资料生产投资，这两大类的生产投资必须统筹兼顾。此外，我国对外贸易 90%依赖海上运输，外经外贸结构不仅直接拉动海上运输业，而且直接影响和体现海洋经济结构，因此优化外经外贸结构十分重要。

（三）财税金融创新

1. 财政政策

（1）积极争取中央财税政策支持。争取中央海洋经济发展专项资金向广西地区倾斜，争取中央在安排预算内投资和其他专项投资时对新区的基础设施、生态建设、环境保护和社会事业项目给予倾斜。建议加大财政转移支付力度，将国家审批用海项目的海域使用金以不少于 50%的比例转移给广西落后地区，对养殖用海依法减免海域使用金。将航道、锚地、引航设施和港航信息系统建设等纳入国家基础设施规划，提高补助比例。借鉴海南国际旅游岛改革实践，争取中央支持，在广西北海设立海洋经济发展示范城市，积极筹措资金用于广西海洋经济发展基金统筹使用。

（2）加大地方财政支持力度。在海洋渔业支持方面，提高远洋渔业资源运回费补助额度，实施海洋捕捞禁休渔期渔民生活补贴，提高渔业互助保险保费财政补贴标准；在海洋生态保护方面，探索建立海洋生态补偿机制和产业转换补偿机制，进一步加大财政对重点区域海洋地质灾害治理的支持力度，对因海洋旅游业发展需要而转移的渔农产业予以相应的财政补偿。在港口物流支持方面，围绕构建国际物流枢纽和大宗商品储运中转加工交易中心，发展壮大港航物流、船舶制造、海洋工程装备、海洋旅游、远洋渔业等优势产业的要求，整合各类涉海专项资金，将部门相关的"条条"资金整合为支持海洋经济发展的"块块"资金，并设立新区海洋经济发展专项资金和海洋产业投资基金。

2. 税收政策

（1）实施海洋新兴产业发展的税收优惠。争取实施支持潮汐能等清洁能源产业发展的税收优惠。研究确定船舶及海工产业优先发展产业指导目录，并按减 15% 税率征收企业所得税。对海洋新兴产业给予免征自用土地的城镇土地使用税和自用房产的房产税等优惠，经批准围填海形成的土地准许 5 年免征、5 年减半征收城镇土地使用税。对国家鼓励类涉海产业实施高新技术产业相关优惠政策，降低企业所得税税率。对省区内注册企业开展离岸贸易、离岸金融业务的参照技术先进型服务企业，开展海外船舶融资租赁业务的实行出口退税试点。建立包括码头、仓库、交易区"三合一"的保税旅游小商品交易区，按国际惯例实行游客购物离岛退税政策，游客在交易区内购买进口商品享受零关税，境外游客在交易区定点商场购买的特定商品实行出境退税；对从事旅游产业的开发商、经营商的进口自用设备实行区内保税。

（2）研究制定海洋资源、生态环境保护以及灾害治理的税收政策。试点海洋资源税改革，完善海洋矿产资源有偿使用制度，探索海洋资源性产品成本和收益的财税分配机制。推行海洋企业和项目建设的税收、收费、用地、用水、用电等优惠政策，扶持和引导新兴产业快速健康发展；另一方面，要注重产业支持政策的"链条化"、协同化，完善产业链相关企业的支持政策，加速推进新兴产业发展。

3. 金融政策扶持

（1）立足海洋产业行业类别和发展阶段构建全方位的投融资支持体系。无论从短期动态还是从长期均衡分析来看，金融产业集聚对海洋经济具有显著正向促进作用，但冲击幅度相对较小，说明金融在促进广西海洋经济发展的力度有待进一步提高，建议立足涉海行业及其发展阶段资金需求差异采取分层次的投融资策略：针对涉海经济中的第一产业和战略性初期产业，亟须政府发挥主导作用，加大财政性建设资金的倾斜力度，确保相关配套资金落实到位。针对涉海经济中的第二、三产业，政府适度引导，更多的交由市场进行市场化融资；针对涉海经济中的高新技术产业，在成长初期亟须政府资金投入，在成长中期鼓励不同类型的战略投资者介入，快速形成一种集合民间资本、金融资本、企业、政府等四个主体共同参与的多元化海洋经济发展新格局。

（2）围绕资本市场探索海洋经济发展多元化的融资渠道。应紧抓股票市场、债券市场和产业风险投资市场等资本市场发展机遇拓宽融资渠道。股票市场方面：充分利用创业板市场和中小企业板市场机会，推动发展初期的海洋电力、生物制药等高科技中小企业直接上市融资；债券市场方面，应把握好债券市场发展契机，可探索经由金融机构发行的债券开辟海洋产业，逐步研发出适应市场需求的涉海企业债券品种；产业风险投资方面，金融监管部门应从健全产业风险投资监管制度入手，以沿边金融综合改革为契机，找准试点，在涉海产业风险投资方面先行先试。

4. 完善风险控制机制

海洋经济是具有高风险性的经济，海洋经济的发展需要完善相关的风险控制机制。

（1）保险机制创新。海洋产业和海洋产品的高风险性决定着单独的经济或市场主体难以支撑海洋经济的发展，必须从根本上进行制度创新：广西应探讨建立一种跨银行、保险、企业互助体、政府等四个主体共担风险的担保机制，将以往单纯由企业互助承担，或者银行承担的坏账风险，分散到政府、银行、保险、企业互助体等相关各方。通过共保体的制度创新，可以让相关各方找准角色定位，共同构建海洋科技型企业的风险保障体系。比如政府，着重在组织、引导，使共保体正常运转，并对其他三方进行协调、监督。银行应把住风险识别的第一道关，只有通过银行前期专业的风险识别，做好前期风险识别与风险评估，才有可能为后续的保险保障开辟平坦的道路。而互保体，一方面应提供风险保障基金与保险费；另一方面应保证互保体稳定的、同质化的风险，使得风险管理成为可能。如果互保体风险没统一标准，就有可能损害低风险的互保体成员。

（2）风险产品创新。传统企财险、货运险等产品只能满足海洋科技型企业一般的风险保障需求，而对新兴的涉海企业融资需求无能为力，为此需要商业保险公司进行产品创新，以满足市场需求。目前，产品创新主要集中在涉海企业启动阶段与运营阶段。启动阶段主要是包括提供贷款风险保障的产品；运营阶段主要是提供货物、服务、资金流动过程中的各类风险保障，包括自然灾害风险、人为职业责任风险、信用保证风险、应收账款信用风险等，通过形式多样的风险产品，共同应对海洋经济发展的挑战，降低海洋经济发展的风险。

（四）海洋科技创新

1. 海洋科技创新，提高海洋产品科技含量

科学技术是第一生产力，科技创新是转变海洋经济发展方式的基础性、战略性工程，是提高海洋经济科技贡献率的根本路径。加快转变海洋经济发展方式，必须大力推进科技协同创新建设，加快构建海洋科技创新体系，形成科技、教育、生产相结合，研究、开发、推广为一体的新格局。

为改变海洋科技薄弱问题，广西实行科技兴海战略势在必行。一方面，进一步加大对涉海企业及科研单位资金投入，支持和鼓励技术创新与突破，加强先进实用技术的开发、

示范和推广，提高海洋产业的科技含量；引进国内外海洋高新技术，加快科技成果转化，建立一个海洋高新技术产业基地和海洋新技术开发试验区，发展北部湾特色海洋产业，大力提升海洋经济的附加值。另一方面，鼓励开展重大海洋科技专项工程研究；奖励海洋技术的创新与应用，保护海洋技术的自主知识产权，将海洋科学技术成果转化为海洋科技产品，提高海洋科技对海洋经济的贡献率，推动海洋经济健康快速发展。

2. 培养海洋发展专业人才

当今世界，海洋产业的发展、海洋经济的竞争，关键是海洋科技人才的竞争。海洋经济高层次人才是海洋经济快速发展的基础资源，高素质人才是海洋经济发展的主要保障。广西进一步壮大升级海洋产业发展目标，必须解决海洋产业发展对人才的需求问题。一方面，广西必须加快海洋高等教育的发展，加大海洋经济管理人才和科技人才的培养力度，重视各级研发机构重视学术带头人和技术带头人的培养，使更多的高科技领军人才脱颖而出。另一方面，投入一定的资金引进国外先进人才到广西工作，以老带新，先带后的方式，建立人才梯队，实现科技兴海的人才保障。必须构建为海洋经济培养高素质人才的学科专业群和相配套的研究平台，把海洋人才队伍的建设摆在更加突出的位置，大力实施海洋产业人才优先战略，扩充总量，优化结构，完善管理，提高素质，全面推进海洋人才体系建设。

3. 海洋科研机构

海洋经济归根结底是科技经济，海洋经济的发展水平高低，与科研能力和科技成果的转化率息息相关。广西要做到科教兴海，首先，要构建海洋科技创新研发体系，加强产学研合作。建设一批广西壮族自治区的区级重点实验室和区域性水产试验中心，同时与高等院校、科研院所建立合作关系，大力推进广西海洋生物资源综合开发技术、海洋工程技术、海洋矿产资源开发技术、海洋监测及灾害预报预警技术等高新技术的研发工作。在提升与整合现有涉海研究机构的基础上，应积极探索设立高层次综合性海洋研究机构，这既是提升广西海洋经济研究能力的紧迫任务，也是国家战略对广西提出的新要求，同时还是加快转变海洋经济发展方式的现实需要。可参照中国南海研究院的模式，争取由国家相关部委、省政府与市政府共同投资，新建一家高层次、综合性研究机构，为省区政府下属单位，并按照互利共赢、分工合作、突出特色的原则，通过战略联盟、课题管理等形式，逐步整合现有的研究机构。该机构的主要任务除了开展海洋经济宏观发展战略、模式及海洋工程技术研究之外，更应承担起海洋人才教育和培养的重任。

4. 创建海洋产业科技园

积极推动广西海洋高新技术产业园区建设，由政府牵头通过提供完善的园区基础设施和公共服务平台，吸引和培育海洋高新技术企业，为海洋高新技术产业发展营造良好的发展环境。给予发展海洋高新技术产业为主导的海洋经济特色园区适当的土地倾斜政策，拓展发展空间。政府应加大资金投入，建设基础设施和配套设施，搭建研发平台、孵化基地和促进中心，为入园企业提供相应技术、人才服务，吸引相关科技创新型企业入园发展。

（五）海洋管理创新

1. 创建新的海洋经济协会（政府创办的组织和企业自建的组织）

建立广西地区海洋经济合作组织，并充分发挥其职能作用，对建立广西海洋经济综合管理模式具有重大建设性意义。这不但要有政府的支持，为合作组织创造相应的外部环境，而且还要有合作组织自身的建设。至少要确保做到以下几个方面：

（1）制度保障与法律支撑——国家必须赋予合作组织相应的法律地位。海洋经济合作组织是涉海企业或沿海地方政府为维护其共同的利益而自愿组成的社会团体，必须从法律法规上确立海洋经济合作组织的地位、性质、权利、义务，他们的行为要受到法律的保护。这是建立海洋经济合作组织首先需要解决的问题。为此，要根据市场经济发展的需要和现阶段海洋经济合作组织的实际情况，逐步制定系统、配套的法律法规体系，使海洋经济合作组织的发展纳入法制化轨道，做到有法可依、有章可循。明确海洋经济合作组织的法律地位，规范政府监管的行为，加强政府运用法律手段对海洋经济合作组织进行管理的能力。同时，要加强对海洋经济合作组织监管的执法力度，对海洋经济合作组织的违规违法行为，要坚决惩处，做到违法必究、执法必严。

（2）改革现有海洋经济组织的管理体制，赋予合作组织广阔的生存空间和管理权利。在海洋经济组织管理体制改革中，想要发挥广西海洋经济合作组织在海洋资源管理中的重要作用，政府就必须赋予合作组织一定的资源管理分配权，使其承担相关的管理职能，这就要求海洋经济组织管理体制的整体设计中应有海洋经济合作组织的位置，要赋予其一定的权利，这包括参与制定涉海产业政策，制定行业管理政策和行业标准的权力等。不能使其成为行政部门的附庸，也不能让其在政府与个体私营主的夹缝中生存。只有海洋经济合作组织拥有一定的权利和资源，它对海洋经济才具有一定的吸引力和约束力。

（3）合作组织内部的决策必须引进市场机制和竞争机制。首先，海洋经济合作组织要改变对政府部门的依赖思想，明确自身的社会角色，增强自身的独立意识。其次，海洋经济合作组织要加强内部自律，建立健全管理体制，包括决策体制、财务控制制度以及各项规章制度，使其日常运作有章可循，提高海洋经济合作组织管理的科学性和民主性。再次，海洋经济合作组织要加快信息化建设，提高信息的透明度，以开放的姿态接受公众的监督和质询。再次，合作组织可创新建立类似股份公司的董事会制和监事会制，进行民主决策，才能使得工作制度规范有序，政策制定公平、公正，确保海洋经济合作组织可持续发展，切实发挥自律作用。

（4）提高合作组织的综合服务能力，以此增强合作组织的吸引力。广西在发展海洋经济的过程中，对海洋资源的科学管理可增强对涉海主体协同组合的约束力，如果海洋经济组织不遵守相关行业法规，组合就可以限制或取消其相关的涉海资源的使用权，这是海洋经济协同组合的硬约束；而广西海洋经济协同组合的服务功能为其成员提供了软激励，即组合通过提供多项价格优惠以及免费服务，大大增强了组合的吸引力。对照当前的涉海经济协会，在海洋资源管理方面既没有分配权，又不能为其成员提供具有实质意义的优惠价格或免费服务，从而降低了海洋经济协会的约束力和吸引力。

2. 保护环境，实现海洋经济发展与环境保护的双赢

（1）随着广西海洋经济的快速发展，环境压力日趋加大，海洋经济的可持续发展受到严重威胁，为了有效保护海洋生态环境，实现海洋经济的可持续发展，海洋环境保护已成为海洋管理、开发、利用中的重要问题。必须按照以预防为主、防治结合、综合治理的原则；以科学发展观统领海洋经济发展；以建设海洋经济强区为目标，不断加强海洋环境保护工作。海洋环境保护工作必须随着海洋经济的发展而迅速跟进，做到让涉海行政部门及社会各界系统全面了解当前海洋生态环境的现状及其发展变化趋势，从而做出正确决策。坚持海洋资源集约利用与有效的环境污染治理两手抓，实现广西海洋经济可持续发展与环境保护的双赢。

（2）以改善海洋环境质量、提升海洋生态服务功能为目标，实施分类管理。实施最严格的源头保护制度，落实环境影响评价制度，未依法进行环境影响评价的开发利用规划不得组织实施、建设项目不得开发建设。严格执行海洋伏季休渔制度，控制近海捕捞强度，减少渔船数量和功率总量。加强物种保护，新建一批水生生物自然保护区和水产种质资源保护区。制定海洋生态损害赔偿和损失补偿相关规定。完善海洋生态环境监管和执法机制，加强海洋突发环境事件应急管理。严格实施《水污染防治行动计划》及相关污染防治规划，加强近岸海域环境保护，制定实施近岸海域污染防治方案，建立水污染防治联动协作机制，探索建立陆海统筹的海洋生态环境保护修复机制。

3. 提高海洋监测能力

（1）加强海洋环境监测能力建设，建立健全海洋环境监测体系，积极开展海洋环境监测能力的标准化建设，加强对各种海洋开发活动的环境跟踪监测。

（2）完善海洋环境监测管理制度。广西海洋局和环境保护部门应重视完善海洋环境监测的管理制度，切实履行好国家赋予的管理海洋环境监测的有关职责，并认真落实各项国家进行的重要措施，加大对监测行为的规范力度，加强海洋环境监测工作，保持良好的监测秩序。以此为基础，加强各部门之间的职责协调，不断提高海洋环境监测工作的水平；建设高素质的监测队伍，积极引进先进人才，提高监测队伍的整体水平。

（3）监测联网实现资料共享。结合广西当前的海洋环境监测机构发展情况，应建设一个以广西海洋局为主体，以各市级监测系统为辅助，并结合交通、环保、石油、海军、水利等部门的监测机构，形成一个合理分工、相互协调的高效全国海洋环境监测网络。不断提升服务能力，实现海洋环境监测资料的共享。要充分利用信息技术的优势，强化海洋环境监测数据的处理，不断提升信息产品的加工与服务水平，提高资源的利用率，为海洋环境监测工作的开展提供可靠的数据。

4. 提高海洋综合管理能力

（1）要加大对海洋开发的综合规划，完善并严格执行海洋法律法规，健全海洋管理机构机制；整合关系密切且职责相近的海洋管理与渔业管理部门，设立一专门管理机构，统筹海洋资源的管理职能，建成责权一致、分工合理、决策科学、执行顺畅、监督有力的海洋行政管理体制；严格审批标准和制度，重大涉海项目的生态环境影响要实行事先评估，不合格的予以淘汰，强化所属部门对海洋经济工作的管理，积极贯彻落实各项海洋发展政策。

（2）进一步完善海域使用管理的法律制度，科学配置海域空间资源，逐步建成多职能的海上监察执法队伍，形成空中、海面、岸站一体化海洋监察管理体系；按照海洋功能区的划分科学用海，加强监督监管，加大执法力度。新建海洋生物珍惜品种生物自然保护区，进一步建立健全海洋生态环境监管和执法机制，加强海洋突发事件应急管理。

第四节 广西海洋经济发展的具体建议

一、优化海洋经济空间布局

依据广西海洋资源禀赋和产业发展基础，按照"海陆联动、优势集聚、功能明晰"的要求，坚持资源共享、优势互补、错位发展、合理分工的原则，优化海洋经济区域布局，拓展蓝色经济空间，形成"一带三域五区多片"海洋经济新格局。

（一）打造北部湾海洋综合产业带

以沿海陆地和近岸海域为主，打造"S"形海洋综合产业带。依托沿海港口、铁路、高速公路网，推进海洋产业集聚。重点发展海洋生物医药、海洋工程装备制造、海水综合利用、海洋可再生能源等海洋新兴产业，推进海洋渔业转型升级，加快滨海旅游、海洋文化、涉海金融等服务业发展步伐。实施产一业一城融合发展战略，拓展蓝色经济空间和辐射经济腹地，发挥海洋产业规模效应和增强产业的带动力。科学开发岸线资源，构筑蓝色生态屏障，推动海洋产业生态化、低碳化发展。深化与东盟之间海洋产业间协作，构建广西对接东盟的丝路新通道。

（二）协同推进三大海洋经济增长域

明确北海、钦州、防城港三市的功能定位，强化错位发展，形成优势互补、各具特色的协同发展格局。北海市着重发展电子信息、石化、新材料等临海先进制造业，积极发展海洋生物医药产业，建设高水平滨海旅游度假区和中国—东盟水产品生产加工贸易集散中心、高新技术与海洋经济合作示范区；钦州市着重发展石化、装备制造等现代临港产业，积极发展海洋生物医药和港航服务业；防城港市着重发展钢铁、有色金属、核电等龙头临港工业，突出发展沿边贸易和生态旅游，推进北部湾现代物流中心建设。

（三）建设五大海洋产业聚集区

在现有的海洋园区基础上，以实现广西海洋产业持续性发展为目标，重点发展现代渔业、现代港口、滨海旅游、现代海洋服务业、海洋新兴产业等五大集聚区。发挥地缘优势，盘活海洋资源，增强产业集聚区的环境资源承载力，保障产业用海用地需求，使聚集区发展为支撑广西海洋经济发展的重要载体。

（四）强化对陆域多片的辐射力

延伸海洋经济上下游产业链，以南宁、柳州、梧州、玉林为节点，拓宽海洋经济腹地范围，加速陆域经济"下海"。南宁发挥科研中心和交通枢纽优势，加快发展海洋科技服务、海洋船舶制造，培育壮大海洋生物制药；柳州和梧州以先进制造业基地为依托，发展海洋船舶制造，玉林发展集装箱和柴油机制造。

二、加快发展现代海洋产业

"十三五"广西海洋产业发展必须立足区域特色，依托"一带一路"门户建设和中南、西南新支点打造，推进海洋经济创新发展示范城市建设，聚焦填补海洋产业发展短板、培育新的发展动能、提升区域发展比较优势。加快提升转型海洋传统产业，重点发展战略性海洋新兴产业，全面提升海洋服务业，培育壮大相关海洋产业。

（一）提升发展海洋传统产业

1. 现代海洋渔业

（1）升级改造海水养殖业，促进传统养殖朝生态化、低碳化、清洁化的方向发展。建设水产原良种场和区域育种中心，大力发展海水养殖种业；积极发展对虾、卵形鲳鲹、大蚝、文蛤、锯缘青蟹、方格星虫等特色名贵品种养殖，建设名特优水产育苗、养殖基地。推进海洋牧场建设，争取建立国家级海洋牧场示范区。大力发展深水养殖和循环水养殖，打造绿色食品养殖基地。着力打造休闲渔业，扶持一批特色户，形成一批特色村。

（2）提升南海外海和越洋捕捞能力，提高渔船装备和技术水平，建设一批具有国际竞争力的远洋渔业企业和海外远洋渔业基地。配合国家南海战略实施，完善南沙渔场作业持续保障能力。依托中国—东盟渔业合作网络，建立沿海和境外远洋渔业综合基地。

（3）延伸传统渔业产业链，发展海水产品精深加工和冷链仓储；加强水产品质量安全监督，建立水产品质量安全信用评价体系。依托产业园区，形成水产品加工企业集群，创建国家级水产品出口基地；振兴南珠产业，制定行业标准；创新渔业经营管理机制，发展壮大渔业行业协会。建设现代综合渔港，整治或迁建外沙内港和地角、电建、南澫、涠洲等渔港，加快营盘、企沙中心渔港、沙田、电建、龙门、犀牛脚一级渔港等续建工程建设。

（4）重点建设中国—东盟（北部湾）现代渔港、水产品加工集中区、水产品交易中心和冷链物流中心项目，建立水产品冷冻加工基地，打造集水产品采购交易、冷链物流、加工配送、信息集成、保税仓储、远洋捕捞服务、电商平台等于一体的国家级水产品生产加工贸易集散中心和服务于华南、西南和中南的海产品和渔需品贸易配送中心。

2. 海洋交通运输业

充分利用广西北部湾优良的港口条件和比较优势，以国际、国内航运市场为导向，进一步整合资源、优化布局、拓展功能、创新体制、开放合作，打造国家综合运输体系的重要枢纽，努力把广西北部湾港建成面向东盟的区域性国际航运中心。

（1）继续壮大海洋运输业。大力发展大型集装箱船、散货船和特种运输船等，鼓励发展大动力、高效益的运输船舶。推进航运企业重组和改造，培育壮大优势企业，鼓励企业向集团化、规模化方向发展。深化港口开放合作，加强和扩大与国内外港口、航运公司的联系与合作，特别是拓展与泛北部湾东盟国家主要港口的合作，大力引进国内外大型港航企业，实现区内海运企业与国内外海运企业强强联合。

完善河海陆联运体系，大力发展沿海运输、远洋运输，积极发展海铁联运、海陆联运、江海联运等运输方式，建成以防城港域为主的大宗散货运输体系，以钦州港域为主的集装箱和石油化工运输体系，以北海港域为中心的国际邮轮旅客、商贸和清洁型物资运输体系。加快北部湾港航资源整合和协同发展，积极开展"水水中转"、国际中转以及沿海内支线运输业务，完善以梧州港域为节点的西江黄金水道运输体系，布局完善面向东盟的集装箱运输网络，积极培育远洋班轮航线，构建覆盖全球的海运网络。稳步发展海上客运业，强化水路、铁路、公路和民航等多种运输方式高效衔接，旅客便捷换乘的旅客运输网络。

（2）培育现代港口物流业。加快推进防城港、北海、钦州等物流节点城市建设，统筹规划建设一批现代物流园区、专业物流基地和物流配送中心，扶持培育一批大中型综合性现代物流中心，建设与现代物流相配套的内陆中转货运网络。积极吸引境外和央属大型航运、物流企业入驻，推动广西北部湾国际港务集团和广西沿海铁路公司联合建立物流平台公司。培育专业市场，发展电子商务和中远期现货市场。

完善广西电子口岸国际贸易单一窗口公共信息平台，建设中国—东盟边境贸易国检试验区，探索中国—东盟"两国一检"通关模式。加快推进钦州港综合物流加工区建设，完善口岸联检设施，推行"就近报关、口岸验放"和"铁海联运"的通关模式，积极构建适应进口货物属地验放的快速转关通道，打造西南出海重要门户。加快建设中国—东盟（北海）区域性物流中心，设立内陆"无水港"，建立集装箱拆装基地。实施"互联网+高效物流"战略，加快培育物流新业态，着力构建由大宗商品交易平台、海陆联动集疏运网络、金融和信息支撑系统组成的"三位一体"港航物流服务体系，打造一批现代物流聚集区。

（3）加强港口码头航道建设。推进超大能力的深水航道、专业化深水位泊位、集装箱码头及与临海产业发展配套的专业码头建设，加快推进防城港30万吨级码头、钦州港20万吨级集装箱码头、石步岭邮轮母港的建设，打造广西北部湾现代化港口群，形成区域内具有重要影响力的国际大港。加紧建设一批深水航道及40万吨级矿石码头和20万吨级集装箱码头。力争实现港口吞吐能力达4.5亿吨，集装箱吞吐能力达到千万级标箱规模。进一步加强港口设施技术改造，提高泊位装卸机械化、自动化水平，健全港航服务保障体系。

3. 海洋船舶修造业

主动承接长三角、珠三角地区船舶修造业转移，加大对东南亚等船舶新兴市场的开发力度，培育发展轻型飞机、水上飞机和无人飞机等智能装备制造业。大力发展高端船舶修造业，利用企沙半岛钢铁基地的支撑优势以及钦州湾东西两条进港航道的便利条件，在防城港云约江口和钦州港三墩发展大型海洋工程和船舶修造基地；结合铁山港产业发展规划，在北海铁山港雷田和石头埠建设"修、造、配套产业"一体化的船舶修造基地。重点发展货轮修理及制造、公务船舶修理及制造、环保型油轮、海洋石油平台三用工作船、化学品船、集装箱船、特种船舶的修理及制造。全面提升梧州、柳州等西江沿岸城市重要的造船企业海洋船舶修造能力。

4. 海洋工程建筑业

加快防城港企沙东岛和企沙南岛作业区以及钦州三墩扩区的前期工作。建设铁山港第二跨海大桥、北海市西村港跨海大桥、龙门跨海大桥及连接线道路工程、广西滨海公路、涠洲岛环岛路等项目。加快一批货客运码头的扩建，建设北海邮轮母港及相关配套基础设施。推动重大港口泊位项目的前期工作。加快实施一批航道疏浚工程。继续推进合浦县百曲围海堤和钦州康熙岭围整治工程和一批海堤标准化建设和海堤整治加固工程。

5. 海洋盐业及盐化工业

大幅调整现有盐场布局，进一步优化海盐产业结构，提高工艺技术和装备水平，提高产品科技含量和经济附加值。开展海洋盐化工业关键技术攻关，加快盐业产品升级换代。积极发展盐化工业，开发高附加值、高技术含量的钾、溴、镁等系列产品和苦卤、海水综合利用，拉长产业链。

（二）重点培育海洋新兴产业

1. 海洋生物医药

积极加强与国家海洋药物工程技术研究中心等科研机构的合作，构建海洋生物医药产业研究和开发平台，建立北部湾海洋生物医药研发及产业化基地，推动形成水产品育苗育种、海洋生物医药、保健品、生物材料、生物农药等生物制品产业集群。加强医用海洋动植物的养殖和栽培，重点开发抗肿瘤、抗心脑血管疾病、抗病毒等海洋创新药物。积极发展以珍珠系列药品、微藻保健品和鲎试剂等为代表的海洋生物制药和生物制品，开发一批具有自主知识产权的海洋生物医药和保健产品，加快建设海洋药物研发中心和药理检测平台，培育一批具有较强竞争力的生物医药企业。

2. 海洋工程装备制造业

建设高附加值海洋工程平台、海洋工程模块以及大型一体化上层组块，提高甲板机械、大型海洋钢结构、浮式生产储油船等研发和生产进度。加快发展港口机械装备制造业，重点发展集装箱、集装单元器具、物料整理设施、输送机械及系统、自动化立体仓库等产品，打造华南港口物流机械制造特色基地。提高深水半潜式钻井平台、深水大型铺管船、浮式液化天然气生产储卸装置等海洋工程装备总装建造能力，延伸发展深远海关键装备设计建造技术。开展深水勘察船、大型半潜运输船、多缆运输船等海工装备相关配套系统和设备制造技术攻关。依托广西沿海的电子产业园、出口加工区、高新技术园区，重点发展船舶电子等海洋仪器设备制造业。加快打造沿海海工装备生态产业园，壮大沿海地区的海工装备产业集群。

3. 海水综合利用业

支持临海石化、火电、造纸、钢铁等高耗水行业推广应用海水循环冷却技术，发展海水淡化作为工业用纯水等，节约宝贵的淡水资源。鼓励远洋渔船上推广小型移动式应急淡化装置及相关技术。加快在涠洲岛、斜阳岛等有居民海岛发展可再生能源与海水淡化结合工艺与技术，满足海岛居民生活用水需求。积极在滨海区域开展海水冲厕及中水技术应用示范，有效替代淡水资源。积极探索海水化学资源和卤水资源综合利用，培育海水化学资源利用的产业链。

4. 海洋可再生能源产业

充分利用广西北部湾沿海白龙尾半岛和涠洲岛较丰富的风能资源，科学布局近岸海域风电场，推广海滩及海岛风力发电。充分应用沿海丰富的光伏能源，合理开发渔光互补。积极推进沿岸潮汐能、波浪能等海洋清洁能源的实验开发，打造重要的海洋能研究与开发基地。

（三）大力发展现代海洋服务业

1. 滨海旅游业

编制《广西壮族自治区滨海旅游发展规划》，以本土化和国际化为导向，加快构建广西沿海滨海旅游发展新格局。将滨海旅游业打造成为广西沿海的主导产业，合力构筑泛北部湾国际旅游集散中心、东盟国际旅游合作示范区，建成具有区域特色的滨海休闲宜居城市和中国海洋休闲度假旅游目的地。

完善沿海旅游基础设施，扶持一批景区创 4A 和 5A 滨海旅游景区，合理发展红树林、珊瑚礁生态旅游。建设北部湾国际旅游度假区，发展以海洋文化为主题的新兴旅游业态，推进合浦汉文化和东兴京族文化主题公园建设，扩大海洋节庆品牌影响力。利用海洋休闲及渔村资源发展海上垂钓、渔业观光、精品渔村等休闲渔业。积极与东盟国家合作，推出广西—东盟跨国游精品线路、自由行、落地签、免税购物等业务，构建中国—东盟滨海旅游合作圈。

完善游艇基地建设，建设游艇俱乐部，发展以游艇和帆船为主体的海上运动休闲旅游。以发展跨国旅游为重点，加快打造区域性国际滨海休闲度假旅游目的地和泛北部湾邮轮游艇基地，逐步发挥北海和防城港作为北部湾旅游圈中心城市的枢纽和辐射功能。完善北海和防城港邮轮停靠港配套设施，打造北部湾跨国海上黄金旅游线路和泛北部湾国际邮轮旅游线路，大力发展邮轮经济。

2. 海洋文化与会展服务业

大力推进文化与旅游、商贸服务的深度融合。加强文物、非物质文化遗产和历史文化名城、名镇、名村的保护利用，推进联合申报海上丝绸之路世界文化遗产，力争建立海上丝绸之路文化产业园。积极推进城市博物馆、海洋博物馆、珍稀海洋物种生态园、海洋科技博物馆、游艇产业与游艇展示馆、海洋文化历史博物馆、海洋渔业与渔民风情博物馆、渔民民俗文化村、滨海影视基地等项目的建设。深入实施艺术精品工程，进一步挖掘坭兴陶文化资源；积极承办国际帆船赛等体育赛事。培育特色会展品牌，推动"北海国际海滩旅游文化节""北海国际珍珠节""钦州蚝情节""钦州白海豚节""钦州观潮节""京族哈节""中越边境旅游节"等特色海洋会展活动与"中国—东盟博览会""泛北部湾经济合作论坛"

"中国—中南半岛经济走廊发展论坛"有机衔接。以会议、展览、商务、旅游、信息发布和学术交流等为主题,培育和引进一系列具有国际影响力的品牌展览及各类会议(论坛)。

3. 涉海金融服务业

以工业园区、产业基地和项目建设为载体,积极发展涉海金融服务业。加强金融对沿海城市海洋产业的扶持,特别是中小型海洋高新科技企业。探索设立海洋产业发展基金,发挥金融的杠杆作用,大力推进海洋综合开发、基础设施和相关涉海产业等重大项目建设。积极践行国家开发性金融支持海洋经济发展试点,做好项目评审和推荐工作,并结合本地实际探索地方投融资服务平台、园区模式融资、财政贴息等领域的创新试验。密切银企合作,扩大涉海企业信贷资金规模,完善海域使用权抵押贷款制度,争取更多的信贷资金进入海洋经济领域。拓宽海洋经济融资渠道,支持符合条件的涉海企业以发行股票、公司债券等方式筹集资金。支持组建航运金融租赁公司、航运保险机构。加快与东盟国家的金融合作,打造区域性金融服务中心。推进渔业互助保险工作,扩大渔船互保面。

4. 海洋信息服务业

以"智慧海洋"为核心,有效整合现有信息平台和业务系统,加强海洋信息化基础体系和应用体系建设,完善海洋电子政务信息平台,健全信息发布制度,提高海洋信息的公益性服务能力。统一规划和建设各项海洋数据安全传输与通信网络,加强陆地与海岛、海岛与海岛间的基础传输网络建设,不断提高网络化水平。全面开展广西北部湾海域矿产资源调查与评价及岸线、海底测绘等,建立海洋综合信息服务保障体系。

5. 海洋科研教育服务业

积极推动海洋重点实验室、工程技术中心、技术转移中心、监测预报中心等建设,加快建设第四海洋研究所、中国—东盟国家海洋科技联合研发中心等事业机构。加大海洋科研攻关,突破一批产业关键共性和配套技术。加强先进实用技术的开发、示范和推广,积极推动海洋科技成果产业化。大力支持广西高校建立海洋学院或开设海洋专业课程,建立现代海洋教育体系,形成具有较高水平和办学特色的海洋人才培养体系,为海洋经济发展需要培养应用型、技能型、复合型海洋人才。依托海洋产业龙头骨干企业,建立国家级、自治区级海洋技术和产品研发创新平台,积极组织区内企事业单位申报国家科技兴海工程中心和示范基地等。加快引进或培养海洋学科带头人和创新型人才,有效发挥领军人物的作用,打造优势学科团队。在有条件的研究教学机构,设立博士后工作站。

6. 海洋应急产业

依托广西现有涉海突发事件和自然灾害的监测预警体系和服务产品,积极研发海洋灾害、赤潮等监测预警系统和设备;推进海上溢油应急、水上应急救援、突发环境事件应急处置等产品开发和服务；开展风险评估、隐患排查、消防安全、安防工程、应急管理市场咨询等应急服务；开展紧急医疗救援、交通救援、应急物流、工程抢险、安全生产、航空救援、海洋生态损害应急处置、网络与信息安全等应急服务。

（四）扶持壮大相关海洋产业

加大对相关海洋产业的扶持力度，提高其对海洋产业的支撑能力。自治区要加大财政投入，发挥金融对产业发展的杠杆作用，通过政策引导和市场调节，加快相关海洋产业的发展。

（五）着力发展临海工业

落实"中国制造2025"，促进临海工业实现低碳化、集约化和高端化发展。依托港口，加快石化、钢铁、有色金属、化工、粮油食品、装备制造等产业集群。建设北部湾加工贸易产业带，承接长三角、珠三角产业转移，以电子信息、新材料等高端制造业为核心，培育若干年产值超千亿元的临海产业集群。

1. 坚持临海油气及石化产业的优化发展

配合国家做好北部湾油气资源勘探开发，发展相关配套产业，形成石化产业集聚发展。推进沿海液化天然气（LNG）项目建设，加快原油、成品油支干线管道和天然气输配管网建设。坚持原油炼化、天然气开发与石化工业上下游产业的联动发展，推进沿岸大型油港和储油战略基地建设。以中石化铁山港及中石油钦州港炼化一体化项目、广西（北海）LNG项目后续工程、中海油广西（防城港）LNG储运库项目为重点，形成油气勘探开发、炼油、石油化工和精细化工的链式发展，提升石化产业集群对北海和钦州相关工业的辐射和牵引能力。同时，积极谋划和争取在广西沿海建设国家深海大洋矿产油气资源开发接纳加工基地。

2. 推动热电产业的联动循环发展

合理布局能源产业，控制电厂装机规模，严格执行环境影响评价。依托北海电厂二期、钦州电厂、防城港电厂、防城港红沙核电、神华国华广投北海能源基地等项目建设，引导热电联产项目与海水综合利用相结合，鼓励新建电厂依托临海区位优势，探索循环产业链发展模式。加快推进防城港市东湾热电联产项目和企沙工业区循环经济项目的建设，实现产业的生态化、清洁化和低碳化。

3. 加快临海高端制造产业的集聚发展

加强海洋科研与产业化基地建设，培育一批高新技术涉海企业和品牌，建设具有较强自主创新能力和国际竞争力的产业集群。力争将沿海三个工业园区、铁山港临海工业区升格为国家级开发区，完善铁山港（临海）工业区和龙港新城（玉林—北海香港产业园）基础设施，加快发展先进制造业，探索建立跨境经济合作区和进口资源加工区。逐步建设成为我国承接东部产业转型示范基地、中西部面向东盟的重要高新技术产业基地。

三、建设海洋生态文明

坚持陆海统筹、河海兼顾，完善海洋生态环境保护协调合作机制，合理开发利用海洋资源，优化布局临海（临港）项目，积极发展生态经济和循环经济，大力推进海洋产业节能减排，科学利用海洋环境容量，保护珍稀海洋资源和海洋生态环境，严格划定海洋生态红线，建成全海域覆盖的在线监测观测监管体系，探索海洋生态补偿机制，促进海洋经济可持续发展和海洋资源的可持续利用。

（一）加强海洋生态保护与建设

划定海洋生态红线，推动三娘湾白海豚、大风江红树林、廉州湾红树林等海洋保护区域的建设；大力保护海洋生物资源及物种，修复受损的海洋生态系统；建立海洋生态补偿机制，确保海洋生态安全，增强海洋资源和环境可持续发展能力。推进国家及自治区级自然保护区、国家级海洋公园和国家湿地公园的建设与维护。支持钦州申报和创建国家级海洋生态文明区，加快北海国家级海洋生态文明示范区建设，重点保护红树林、海草床、珊瑚礁以及重要经济鱼类的产卵场与孵育场等敏感生态系统。恢复并提升受损湿地生态系统和敏感海洋生态系统功能，提高海洋生态环境质量，有效恢复海洋生物资源。加强海岸侵蚀防治，保护海岸景观和生态功能。防治外来物种入侵，确保海洋生态安全。

（二）加大海洋污染防控力度

加强海洋监测、防灾减灾能力建设，有效提升海洋环境保护管理能力。加强近岸海域环境质量控制管理，充分发挥《广西海洋功能区划》中确定的功能区作用，全面提高海洋功能区环境质量的管理水平。严控陆源污染物排海，实行"河长"负责制，加强对南流江、钦江、西门江、防城江等主要入海河流的监管；依据污染排放对不同海洋功能区的不同影响，制定差异化的陆源污染控制目标，减轻和控制沿海工业、城镇生活污水、农业污水对海洋环境的污染。防治港口与船舶污染，提升船舶污染事故应急处置能力，建设绿色港口，协同推进船舶污染物接收处置设施建设；加强海洋倾倒区的监测、监督与管理，合理利用海域的纳污能力。实施海域污染整治工程，以茅尾海、钦州湾、廉州湾和防城港东湾、西湾等为重点，试点并推广入海污染物总量控制制度。

（三）强化海岸带和海岛生态保护与科学利用

确立"保护优先、合理开发"的原则，实行统一规划、综合管理、保护为主、严格限制；制订有关海岛开发利用及管理的制度规范；率先开展海岸带系统资源价值评估工作，倡导科学生态的海域开发方式；对填海工程要审慎论证，依法审批，实施自然岸线保有率目标控制制度；加强海岛的管理，特别是无居民岛屿；开展涠洲岛、北海银滩、茅尾海、防城港湾、京族三岛和北仑河口等综合整治，推广示范性多功能生态海堤。

（四）推进海洋生态经济、循环经济和节能减排

1. 建设海洋循环经济示范区

围绕海水养殖业、海水利用业和海洋化工等领域，促进企业间废物交换与利用、物质和能量梯级利用，构建产业园区循环经济产业链；依托铁山港工业区石化产业园，实施工业循环经济示范工程，构筑区域性生态利用和循环产业体系；建设钦州三墩循环经济示范岛，推进资源综合利用和循环经济示范基地建设。鼓励企业加大对海洋资源循环利用技术研发和应用方面的投入，参与相关国际交流与合作，引进国外先进技术和模式，积极开展有关信息咨询、技术推广。

2. 推进海洋产业节能减排

推广节能环保发展模式，支持传统高耗能、高污染企业通过技术改造创新，淘汰落后生产工艺装置，加大节能环保设备的投入，降低单位产出能耗和污染物排放量。在湿地、红树林和海岛等典型海洋生态区，鼓励发展生态渔业、生态旅游、海洋清洁能源等高效生态产业。

四、全面对接"一带一路"建设，推动区域经济大融合

以东盟国家为重点，着力打造面向东盟开放合作的新门户新枢纽。

（一）积极推进"一带一路"有机衔接重要门户建设

1. 创建监管服务新模式，实现口岸"大通关"

重点打造以"虚拟海港"和"虚拟空港"为核心的两大口岸核心功能城市，建设配套服务区和口岸特殊功能区，将现有港口码头、保税物流、保税加工、商品展贸及相关业务的优惠政策拓展延伸至区域内。

2. 建设双边海洋合作示范区

以中马"两国双园"以及与越南、泰国、印度尼西亚、柬埔寨等合作园区为基础，在港口及配套、高端制造、经贸、旅游等领域，进一步积极与文莱、新加坡等国合作，构建一批跨境"双园"合作示范区。通过建设城际高速铁路和公路，建立环北部湾港口各口岸互动沿海枢纽通道，深化拓展与粤琼港澳台海洋经济合作领域。积极建设中国—东盟海洋渔业走廊、远洋渔业基地、现代产业示范区，形成北部湾多式联运商贸加工战略门户群。钦州重点建设国家级集装箱中心站，打造千万标箱集装箱干线港、区域性国际航运中心和

区域性流通节点门户城市；北海打造临海电子信息、石油化工、临港新材料、滨海旅游等国际产业合作集聚基地重要门户；防城港充分利用东兴口岸，通过建设高速铁路公路建立凭祥、爱店、水口、龙邦等国家一级陆路口岸通道，重点打造跨境（边境）商贸加工合作区建设，打造沿边金融创新示范区，中越跨境沿边旅游合作区试点。

（二）全面推进"一带一路"通道建设

1. 加快建设中国—东盟港口城市合作网络，实施海上互联互通工程

探索与周边港口建立全面战略伙伴合作关系，加强港口集装箱联运与国际中转、邮轮客运等合作。新增或加密国际班轮航线，培育一批远洋航线。探索建立面向东盟的国际海事合作平台和机制，设立北部湾航运交易所。重点建设专业化泊位和深水航道，形成服务内地、对接东盟、面向全球的海上大通道。

2. 拓展对西南、中南的联通度和集散辐射面

加快珠江—西江黄金水道内河通航能力，构建沟通西南地区与粤港澳的水上通道，实现江海联动；加快南宁航空中转枢纽建设，拓展与沿线国家民航合作，构建干支衔接、便捷快速的空中走廊，尽快形成江海联运、水陆并进、空港衔接、海铁联运"四位一体"的立体交通运输体系。

（三）建设边海经济带，形成面向西南中南的战略支点

1. 充分利用中国—东盟博览会、泛北部湾论坛等平台

积极参与大湄公河次区域合作，深化双边、多边交流，实现政策、规划之间的衔接，打造政策沟通支点。建设中国—东盟海上通道、中国—中南半岛陆路通道、中国—东盟信息港，构建面向东盟的互联互通支点。加快推进东兴、凭祥国家重点开发开放试验区建设和跨境经济合作，完善口岸和保税物流体系，打造现代商贸物流支点。

2. 大力发展口岸经济，建设边海经济带

设立专门机构，统一管理广西边境口岸地区和沿海口岸区，积极向国家争取实行特殊的监管政策、经济政策和行政管理措施，加快项目、资金、人才、规划和政策的聚焦，营造自由贸易的市场环境，打造国际水准的口岸都市区。升级改造沿边公路，建设东兴—合浦—广州沿海铁路；尽快完善口岸工作联席会议制度，实现物资、人员出入境的便利化，实现通关、物流、贸易管理与服务等计算机系统的互联互通和信息共享，推进口岸管理现代化。

（四）密切加深与东盟国家的海洋人文交流

实施"中国—东盟科技伙伴计划"，推动海洋科技人才和项目交流，建设中国—东盟联

合大学，吸引沿线国家人才等到广西研修培训，合力打造人力资源区域性国际培训基地。以"一带一路"沿线国家为重点，促进沿海城市、港口之间缔结友好城市和姊妹港，建立中国—东盟文化交流中心。以"共建 21 世纪海上丝绸之路，促进中国—东盟文化合作"为主题，中国与东盟国家轮流举办"中国—东盟文化交流年"和"中国—东盟文化交流博览会"，邀请东盟国家联合举办以"艺术文化"为主题的涉海节庆会展；推动海上考古合作，共同申请古代海上丝绸之路文化遗产名录。建设中国—东盟无障碍海洋旅游合作区域，尽早实现旅游交通、通关、结算、服务等标准体系有效对接，突破国界区划分割，实现中国与东盟国家旅游业的协同发展。

（五）联合共建中国—东盟海上合作综合试验区

联合广东、海南与东盟沿海国家共同建设中国—东盟海上合作综合试验区，加强各方在海上互联互通、海洋渔业、海洋环保、海洋科技、航道安全、海上搜救、防灾减灾等领域的合作，并争取得到亚洲基础设施投资银行基金、中国—东盟海上合作基金、国家丝路基金的支持。重点选择与越南在双方共同认可、低敏感度的北部湾口区域，开展海洋资源联合调查、海洋生态保护、海洋资源开发、海洋联合执法、海上联合搜救等方面的合作，与越南探索建立海上合作试验区。建成中国—东盟智库网络、广西"一带一路"智库联盟，推进实施"中国—东盟科技伙伴计划"，支持联合研究中心（实验室）建设。

五、提高海洋经济宏观调控能力和服务水平

强化海洋经济规划指导与调节，大力推进广西海洋经济监测与评估系统建设，提升海洋公共服务与防灾减灾能力建设，加大海洋科技创新和成果转化力度，完善海洋法制及加强海洋行政执法能力，建立与海洋经济发展转型相适应的调节与服务体系。

（一）建立促进海洋经济发展的组织协调机制

各有关部门要加强对海洋经济管理的统筹协调与沟通，成立促进海洋经济发展工作领导小组，定期就海洋经济发展的新情况进行会商，提出优化海洋经济结构、调整产业布局等相关问题；协调开展海洋经济发展相关项目管理和推进工作。

（二）强化海洋经济规划指导与约束力

科学编制实施海洋经济发展规划和海洋功能区划，强化规划区划对海洋开发活动的指导与约束作用。积极践行"多规合一"，促进海洋经济规划与社会经济发展规划以及相关涉海规划的衔接配合。加强对海洋经济结构调整关键领域和薄弱环节的指导，引导海洋传统产业改造升级，着力扶持海洋新兴产业和海洋服务业发展。加强围填海管理，严格控制围填海规模。

（三）推进海洋经济运行监测与评估

健全广西海洋经济统计制度，推进市级海洋经济核算工作。推广第一次广西海洋经济调查经验，推进广西海洋经济运行监测与评估能力建设，加强海洋经济运行分析评估和海洋经济重大问题研究，适时提出有关海洋经济发展的政策建议，提高辅助决策能力和社会服务水平。

（四）加强海洋科技创新和成果转化能力

依托北海海洋产业科技园区、北海文化创意产业园、防城港江平海洋产业园、钦州高新区等的建设和改造，建设区域性海洋科技创新和转移聚集区。通过争取在广西设立国家级海洋科研机构、中国—东盟海洋科研合作基地以及加强与国家和先进省市海洋科研单位的合作，继续建设海洋领域重点实验室，强化海洋科技创新平台建设，优化海洋科技资源配置。深化海洋科技管理机制改革，加大对海洋科研的投入，加强关键技术和共性技术的攻关力度，形成一批具有自主知识产权的海洋科技创新成果。创新科技成果转化机制，加快成果转化和推广步伐。加强与科研院所合作，推进海洋产、学、研、用一体化，构建现代海洋产业创业基地、海洋科技成果转化基地和新型产业孵化基地，建设海洋科技成果交易中心，促进科技成果流动和产业化。鼓励企业、社会团体和个人创办海洋科技中介机构和服务组织，建立以技术咨询、技术交易、风险资本市场、人才和信息沟通等为主要内容的科技服务网络，营造良好的科技创新环境。

（五）提升海洋公共服务和防灾减灾能力

完善监测海洋预警机制。深化北部湾地区海洋灾害应急联动协作机制，整合气象、水文、地震、环保、安全监管、国土资源、卫生、海洋、救助、海事等监测体系，加强互联互通，进一步完善功能、科学布点、强化装备、提高监测预警水平。加强海洋灾害监测系统建设，建立资源、环境、灾害和管理信息集成系统，提高现场数据实时自动采集能力、传输能力、处理能力和监测信息预警发布能力，实现各涉海部门之间的信息共享。建立健全海上搜救体系建设，开展市民风险防范和自救互救教育。建立涉海企业生产事故应急体系。

（六）强化海洋法制建设和执法管控能力

建立健全广西海洋综合管理法规体系，抓紧制定海域管理和海洋保护、港口管理、渔业管理、海洋灾害防治、海岛开发与保护等地方性海洋法规和规章，做到依法行政，把海洋开发和管理活动纳入法制化轨道。健全涉海执法管理机构，规范海洋执法程序，加强海监、海事、海警、渔政、公安边防等部门的协调配合，形成海洋主体化监督与执法管理模式。加快推进海上执法体制机制改革，提高海洋执法队伍的综合素质和水平，完善执法基础设施，提升执法装备水平，全面提高海洋开发、控制、综合管理能力。

六、保障措施

做好与国家海洋产业政策的衔接，完善财税、投融资、用岛用海、人才引进和培养等方面的政策体系。建立规划落实和监督检查机制，确保完成规划提出的各项任务。加强舆论引导，增强海洋发展意识。

（一）完善政策体系

做好与国家海洋产业政策的衔接，完善财税、投融资、用海用岛、人才引进与培养等方面的政策体系。发挥政策在发展海洋经济中的引导作用，出台一系列海洋扶持和激励政策，引导海洋产业健康发展。

（二）加强规划组织实施和检查

有关部门要按照职能分工，加强对规划实施的指导、检查和监督，提高综合调控能力，加强涉海产业发展的统筹协调，强化对海洋经济发展中重大决策的执行、重大工程项目的协调、重大政策措施的落实，建立定期会商制度和部门落实机制，确保完成规划提出的各项任务。建立健全规划评估机制，将规划的落实情况纳入各级相关部门的考核机制中。完善社会监督机制，加强对规划实施情况的督促检查，及时研究解决实施过程中出现的新情况、新问题。

（三）创新海洋管理体制机制

深化海洋行政管理体制改革，创新海洋联合执法模式。按照产学研用一体化要求，探索协同创新模式与机制。改革海洋行政审批制度，探索设立沿海三市行政审批局。深化北部湾港口管理局的垂直管理机制，由自治区北部湾办、交通运输厅牵头，建立完善北部湾港口综合协调联席会议制度。加快海洋资源管理的供给侧改革，闲置围填海资源消纳90%以上。加快推动广西海洋资源产权交易中心建设。

（四）大力发展海洋科研教育

加大海洋教育和科研投入，筹建北部湾大学、国家海洋局第四海洋研究所，建设海洋职业技术教育基地，打造高水平海洋科技创新智库。加强与东部沿海地区重点高校、科研院联合创办海洋技术研究中心。依托海洋产业龙头骨干企业，建立海洋技术和产品研发创新平台，加快重点产业领域学科带头人和创新型人才的引进培养。依托广西院校、科学院所，加快建设海洋领域重点实验室、工程（技术）研究中心和监测中心，构建现代海洋教育体系。

（五）增强海洋发展意识

充分利用广播电视、网络、报刊等各类媒介，宣传贯彻《中华人民共和国海域使用管

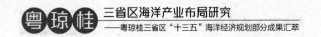

理法》《中华人民共和国海洋环境保护法》《中华人民共和国海岛保护法》等法律，普及海洋法律知识。开展海洋意识、海洋知识、海洋认识进学校、进教材、进课堂的"三识三进"活动，打造一批以海洋教育为特色的中小学校和幼儿园。建设海洋意识教育基地。

第十二章　北部湾—东盟区域海洋产业协作

第一节　北部湾—东盟区域经济合作的现状

一、发展现状概述

北部湾位于中国南海西北部，湾顶（北面）是广西，东南为广东雷州半岛和海南，西面是越南，总面积近 13 万平方千米。从行政区划上看，环北部湾的城市组群主要有广东的湛江市、茂名市和阳江市，海南的海口市、三亚市，广西的北海市、钦州市、防城港市，越南的下龙市、海防市等。20 世纪 80 年代末，以重点建设中国西南出海大通道为契机，广西将北海、钦州、防城港等沿海地区作为重点开发区域，在北海、钦州、防城港经济迅速发展的同时也出现了各自为政、分散投资、重复投资现象。为加强协作，广西将首府南宁市与北海、钦州、防城港统一规划，提出建立"南（宁）北（海）钦（州）防（城港）经济区"并进行了专项规划。

2000 年底由广东湛江、广西北海、海南海口三市发起，在湛江成立了"北部湾经济合作组织"。然而由于合作组织成员中没有一个能带动其他地区发展的、具有强大的综合渗透实力和辐射带动作用的特大中心城市，城市之间的互补合作并不明显。2002 年的《中国与东盟全面经济合作框架协议》推动了北部湾区域经济合作，2003 年中国—东盟博览会永久落户南宁，2004 年越南总理潘文凯访华，提出中越合作建设"环北部湾经济圈"的建议。2005 年 3 月十届全国人大三次会议上广西代表团提出"一号议案"，即《关于请求国家支持加快推进构建环北部湾经济合作圈的议案》，这份议案要求国家将环北部湾经济合作圈纳入国家总体战略，2008 年 1 月国家正式批准实施《广西北部湾经济区发展规划》，标志着北部湾经济区开发纳入了国家发展战略。

二、主要经济合作成果

（一）形成了便捷的交通网络

北部湾—东盟区域近年来重视公共基础设施建设，努力推动北部湾—东盟区域交通体系建设，初步形成了较便捷的交通网络。

（二）初步形成了一定的工业基础

经过近年一系列优惠政策支持，环北部湾城市已形成了一定的工业基础，尤其是临港工业发展较快。如2008年3月国家发展改革委同意广东与宝钢、广西与武钢开展广东湛江钢铁基地和广西防城港钢铁基地项目前期工作，落实《钢铁产业发展政策》提出的"东南沿海地区应充分利用深水良港条件，结合产业重组和城市钢厂的搬迁，建设大型钢铁联合企业"将有力带动环北部湾沿岸临港工业的发展；经过多年发展，海口的生物制药、汽车机械、水产品加工等行业的迅速发展，显示出巨大的潜力，引起国内外投资者的关注；湛江的石化、钢铁等大型项目建设标志着工业在经济中将占主导地位；茂名在重点工业中，将依托附近深水大港发展大规模重化工业。

（三）滨海旅游业各具特色

北部湾的阳光、海水、沙滩、绿色和空气等构成了极具魅力的热带滨海旅游特色，发展滨海旅游业潜力极大。如广东湛江、茂名、阳江，拥有清澈的海水、洁白的沙滩，有中国大陆最完美的浅海珊瑚礁；广西北海以南亚热带海洋系列景观和滨海沙滩资源为代表，钦州有"南国蓬莱"之称的"七十二泾"、麻蓝岛；防城港有十万大山、海岛沙滩，东兴与越南芒街"上山下海又出国"的跨国旅游；海南岛有集自然风光、人文景观、民族风情、珍稀动植物于一体的旅游业。

（四）中越海洋油气开发加速

2005年10月，中国海洋石油总公司和越南石油总公司签署了关于北部湾油气合作的框架协议，加强了两国共同开发海洋油气资源的合作关系。

三、存在的主要问题

（一）北部湾—东盟区域内部开放度较低

在北部湾—东盟区域，中越两国间相互开放不够。在中国粤琼桂三省区，北海市、防城港市和湛江市同属中国14个沿海开放港口城市，海南省是对外开放的特区省，但彼此之间在经济、政治、人才、信息上都缺少交流。这样就很难一致采取有效措施推动整个区域开放开发水平。

（二）北部湾—东盟区域经济的辐射带动作用尚未显露出来

海南省作为中国最大的经济特区，但是却没"特"出来。湛江、北海、钦州、防城港都具有背靠大西南、面向东南亚的优势，都应在这两大地带之间发挥辐射带动作用，现实中这种辐射带动很不够。

（三）北部湾—东盟区域经济合作的后发优势缺少有效的发展策略与对策

北部湾—东盟区域内各地都具有相似的优势与劣势，相似的区位，都面临着同一片海，拥有相似的资源和相似的发展问题。如不加强在发展策略与对策上的协调与合作，北部湾地区势必陷入恶性竞争。

（四）行政隶属关系复杂，区内同构竞争激烈，区域中心城市尚未形成

北部湾—东盟区域共 20 多个城市，区域内部的行政关系十分复杂。行政区划上的条块分割，行政管理上的各自为政，使各城市间横向联系较弱，各省市之间界限明显，经济尚缺乏互补，协调难度大。在北部湾—东盟区域十几个港口城市中，目前还缺乏能够起带动、凝聚作用，能组织和扶植区域内城市经济分工与协作的区域中心城市。相同的海洋资源等资源条件，使得地区间在一定程度上产业结构雷同、竞争加剧。如区域内各港口的飞速发展，形成多条南下出海通道，造成分流、截流西南物资，港口建设以及与之相联的临海工业建设合力不足。区域内无序竞争加剧，既牺牲各地的比较优势和分工效益，还制约了区域整体综合经济实力和区域对外竞争力。

（五）没有形成统一的区域市场，产业尚待整合

北部湾—东盟区域内行政壁垒较多，地区封锁、地方保护比较严重，生产要素、商品、服务难以在区域内自由流动，各类资源难以优化配置，产业没有合理分工，产业整合度低，资源优势与产业结构互补性不强，恶性竞争时有发生。

（六）亟待构建合作框架与机制

目前北部湾—东盟区域经济合作中起主导作用的是地方政府，越南地方政府只少量参与，合作还处于地方政府框架，制订的合作协议大多是用于宏观指导、提纲挈领性的制度框架，而具体的合作框架与机制亟待建立。

（七）机构不健全也没有体现相应功能

目前粤琼桂沿海城市的经济协作重视境外合作而轻视区内联合；有些地方的经济协作无专门机构，或经协机构与经济技术发展公司合二为一，工作人员的精力主要放在公司业务而忽视组织管理工作；有的经协机构被定为"事业"性质，不属于政府机构，其权限和组织协调能力很小，难以有效的展开工作；有的机构人员岗位不落实，或以临时借调人员充任，人员流动性大，素质普遍偏低，无法发挥经协应有的作用促进区域经济发展。

（八）政府唱独角戏，缺少企业的参与

现阶段北部湾—东盟区域经济合作主要是政府主导型的经济合作。政府在合作中一直处于主角的地位，所签订的都是政府间的框架协定。由于政府主导型的区域合作不是长远之策，政府主导型合作向政府引导型合作转变是必然趋势。

第二节　北部湾—东盟区域经济合作的建议

区域合作中建立若干个经济走廊的模式，是区域经济发展的成功经验。我们建议，改变目前北部湾—东盟区域经济合作存在的主要问题，进一步提高区域开放度和辐射带动作用，克服区域内的同构竞争，形成统一的区域市场，实现产业整合，形成较强的产业基础，必须尽快以雷州半岛为开发轴，将包括广东湛江市、茂名市、阳江市纳入北部湾经济开发区域。这是推动北部湾—东盟区域经济合作的切入点和启动点，对构建北部湾—东盟经济合作区域具有重要意义。为此，特提出以下建议。

一、依托广东省经济、科技、资本等实力让粤西在北部湾—东盟合作中占有重要一席

北部湾—东盟区域经济是中国—东盟合作框架下的次区域经济合作。在21世纪中国沿海经济发展战略格局中北部湾经济区是重要的一环，但与环渤海经济圈、长江三角洲、闽南三角洲和珠江三角洲几个经济区相比，却是最薄弱的区域。北部湾经济区能否建成继环渤海湾、长江三角洲、珠江三角洲之后的又一个新的经济增长极？主要取决于北部湾—东盟经济合作的协调、有序发展，必须选准战略基点。北部湾—东盟经济合作一直以广西唱主角，但从目前GDP及人口综合素质看，南宁、北海、钦州、防城港这几个城市综合实力都不强，无法承担起作为单一的增长极核的重任。相对整体城市群和支撑腹地而言，广东的综合经济实力、城市发展规模水平、科技教育文化水平、交通运输能力、区位优势、人口与消费力等因素均有较大的优势，北部湾—东盟经济区建设需要广东的积极参与，而雷州半岛恰是广东参与北部湾建设的桥头堡，其建设和开发价值巨大。

依靠广东庞大的经济总量，以湛江为支撑腹地的雷州半岛经济体或粤西城市群，充分激发区位、地理、港口、交通、海洋与生态等优势，尽可能成为北部湾—东盟经济区的区域中心与增长极，产生巨大的辐射力，使发达地区与不发达地区形成连接，形成大的通道经济。

二、以洛湛铁路建设为机遇强化以雷州半岛为开发基轴的现代产业布局

以雷州半岛为轴，以洛湛铁路为延伸的出海通道，是顺应国际经济发展战略演变的需要，有利于我国东、中、西部地区参与全球区域经济与国际分工。以雷州半岛为开发基轴，突显了粤西参与北部湾—东盟经济区的结点潜力区位价值，使粤西开发具备了沿海、沿线、沿边开发的广阔前景。以雷州半岛为基点，以湛江港为中心的围绕雷州半岛的港口群体系为弧点，以洛湛铁路为主轴和三茂铁路、粤海铁路体系为发展轴线，以325国道、207国道、广湛高速、渝湛高速公路等公路体系为辅轴，对环北部湾进行点轴式梯度推进和开发

建设。以雷州半岛为轴的"核心城市群梯度网轴辐射"开发建设，将实现西南环北部湾经济区和东南珠三角落经济圈、西北南贵昆经济圈和成渝经济圈、中部的长株潭经济圈，及中原经济圈和武汉经济圈的多重融合。将极大促进西部大开发，加快中部崛起，实现东部环北部湾及泛珠三角经济合作，推动中国区域经济发展的协同。加速沿线地方经济发展，开发利用沿线的资源和产业，提高了华南、华北、中原与中南地区的能源交流和南下出海的铁路运输能力，缓和南北运输能力紧张矛盾，提高华南地区铁路抗灾能力。

三、以雷州半岛为开发轴培育网络化的港口城市群系统

（一）培育以雷州半岛为开发轴、网络化的港口城市群系统

粤西各市要积极参与到北部湾—东盟经济分工与协作当中，形成由若干重要城市组成的城市群系统。湛江市、茂名市、阳江市是广东重要的 3 个沿海城市。3 市的经济发展现状与政策措施不尽相同，但彼此紧密相连，气候物产、经济资源和人文社会等有很大的共通性，经济发展模式和发展目标相似，传递效应很强，由此决定 3 市不仅是北部湾—东盟区域经济中的竞争对手，更是抱团进入北部湾—东盟市场的战略伙伴。各市发展差距不大，应建立多中心、网络化的城市群系统，与其他港口城市共同形成网络化的城市群系统，促进区域协调发展。

（二）发挥湛江作为粤西未来区域性中心城市的功能

在北部湾—东盟区域，湛江有着区内其他城市无法取代的区位优势，处在泛亚大陆桥南线的中点，加上其深水大港的条件以及黎湛铁路、粤海铁路、洛（阳）湛（江）铁路、渝（重庆）湛（江）高速公路等网络，广东应重视和积极支持湛江市发展，让湛江成为大珠三角经济向西南辐射的结点。

（三）加强粤西海洋产业合作

北部湾—东盟拥有着共同的海域，海洋产业是发展重点。应加强粤西在远洋捕捞、海产品加工及远洋运输等方面的合作，在海洋开发和保护上采取有效对策，将粤西打造成为全球最大的海洋产业基地。

（四）粤西港口带动作用，构建合理的港口体系

合理建设、协调分工，改善港口集疏运条件，发展以港口为中心的交通运输业。拓展腹地，开拓海向腹地货源。加快沿海港口群及其配套设施的现代化建设，提高管理水平和服务质量，逐步形成能适应大西南进出口所需要的综合集、疏、运能力，以运输拉动商贸等第三产业，借助发达的第三产业促进物流、人流、信息流、资金流及相应的市场体系的形成发展。构建以湛江港为枢纽港，其他港口为喂给港的港口发展体系。

四、以雷州半岛为开发轴构建北部湾—东盟区域滨海旅游体系

以雷州半岛为开发轴，优化北部湾—东盟区域旅游产业结构，连接海南、广西、广东和越南等地，建立北部湾—东盟旅游圈协同发展机制，精心组织旅游线路，合理配置旅游产品，配套形成合理的空间发展格局。以雷州半岛为开发轴形成北部湾—东盟整体旅游市场。

五、突破行政壁垒，加强政府合作

（一）以更加开放的视野创造要素自由流动和优化配置的环境

制定符合要素区域流动需要的产业政策和社会保障政策，使市场经济中的生产要素自由流动，经济在空间上的扩张完全按照市场规律操作。北部湾—东盟区域经济合作涉及11个国家的制度和法律体系，中国各省市区之间也存在着比较严重的行政壁垒。必须建立国家层面上的协调机构，加大对合作的支持和引导力度。各国政府应该在适当的时候成立专门的机构，对区域合作进行协调管理。通过权威机构以国家的名义对北部湾—东盟区域经济合作进行规划，确保合作目标的一致性。

（二）构建市场为主、政府为辅的合作平台

北部湾—东盟区域经济合作的重点是构建区域内资源配置的市场运行规则与机制。企业应是北部湾—东盟区域经济合作的主要载体，并正确发挥政府的调节作用。从企业、政府两个层面推进体制改革，发挥市场的主体作用和政府的辅助角色。

（三）制定北部湾—东盟区域经济合作规划

从北部湾—东盟区域经济整体及合作各方制定完善的合作规划。从短期、中长期和长期三个层面上对区域经济合作的目标、内容和具体运行做出说明，明确各成员的发展重点和方向。

（四）建立地区间的利益协调机制

从区域整体利益出发，对区域内各地区间分工合作的经济利益制定相应的协调机制。为区域内各方发展创造一个相对公平的竞争环境，使各方都具有同等的发展机会和分享经济利益的权利。同时根据利益兼顾、适当补偿的原则，通过多种途径对参与区域分工与合作而蒙受损失的一方，以及缺乏自我发展能力而处于缓慢增长状态的落后地区，在资金、技术、人才和政策上给予一定的支持和相应的补偿。

六、加强北部湾—东盟区域基础设施建设

（1）做好整体规划，调整好利益关系，避免重复建设，保证相互衔接，在资金、用

地等方面给予政策支持。确保交通设施完备通畅、信息交换平台互联互通、要素市场完整高效。统一、完备的基础设施条件是北部湾—东盟区域经济合作顺利开展的基础条件。通过合作建设区域基础设施，有效地减少内部消耗，发挥各自优势，实现整体效益的最大化。

（2）通过投资自由化和贸易自由化，扩大区域贸易和工业、农业、矿业、旅游业等方面的合作，形成中国与东盟各国更大范围的优势互补。

（3）进一步推动亚太地区经济合作组织、西南经济圈、华南经济圈、粤港澳经济圈的多层次经济合作，发挥核心经济区域作用。

（4）形成区域比较优势与产业分工体系，加速各方生产要素的多重循环，产生市场拓展和产业联动的功能，加强相互之间的经济渗透与一体化。

（5）将西南出海大通道建设与西部大开发战略有机结合，实现我国东中西三大地带生产力转移，为中国经济快速持续发展提供新的增长点。以雷州半岛为开发轴的粤西经济带，将成为沟通中国西部、中部、东部三大经济地带的中介纽带。其合作开发必然带来港口城市的大发展，以港口为依托的一系列经济合作形式的大发展，促使中国西部、中部、东部三大经济地带与东南亚各国丰富的自然资源、各具特色的货物的大流通，产生互通有无、互补短长的经济互动。

主要参考文献

KennethWhite. 2010. 加拿大海洋经济与海洋产业研究[J]. 经济资料译丛，2010（1）：73-103.

Y.Shields 等. 2010. 爱尔兰海洋经济和资源[J]. 经济资料译丛，2010（1）：113-131.

卜凡静，王茜. 2012. 发展海洋高等教育优化海洋人才结构[J]. 科技信息，302.

常玉苗. 2013. 我国海洋产业集群发展测度及创新发展研究[J]. 中国渔业经济，31（2）：100-105.

陈本良. 2000. 加强海洋资源产业建设，促进北部湾区域海洋经济发展[J]. 南方经济，2000(8).

陈凤桂，王金坑，蒋金龙. 2014. 海洋生态文明探析[J]. 海洋开发与管理，2014(11)：70-76.

陈建华. 2009. 对海洋生态文明建设的思考[J]. 海洋开发与管理，2009(04):40-42.

陈亮，苏冬，鲍小东. 2002. 广东北部湾划界渔场面积锐减 10 万渔民将另谋财路[EB/OL]. http://news.sina.com.cn/c/2002-08-08/
0739663964.html

陈章. 1998. 环境保护与海洋可持续发展南海资源开发研究[M]. 广州：广东经济出版社，1998.

崔如波. 2004. 构建循环经济发展模式[J]. 探索，2004（5）：86-88.

邓俊英，张继承，李晓燕. 2014. 对我国海洋可持续发展的政策建议[J]. 海洋开发与管理，2014（2）：16-20.

杜强. 2014. 推进福建海洋生态文明建设研究[J]. 福建论坛(人文社会科学版)，2014(09):132—137.

樊勇明，杜莉. 2001. 公共经济学[M]. 上海：复旦大学出版社.

冯士筰，王修林，高艳. 2002. 适应新形势加快海洋科学教育的发展[J]. 中国大学教学，2002(2)：23—25.

高艳波，柴玉萍. 2011. 发展绿色海洋技术支持海洋经济可持续发展[J]. 海洋开发与管理，2011(9).

龚源海，何真. 1998. 面向 21 世纪广东海洋科技教育的探讨[J]. 高教探索，1998(4)：44—47.

勾维民. 2005. 海洋经济崛起与我国海洋高等教育发展[J]. 高等农业教育，(5)：14—17.

广东省海洋与渔业局. 2007. 2006 年全省海洋与渔业经济概况[EB/OL]. (2007-12-28)http://www.gdofa.gov.cn/asp/detail/detail_ read.
asp?newsid=8784.

广东省海洋与渔业局. 2015. 2014 年广东省海洋环境状况公报［R］.

郭莉，苏敬勤. 2004. 产业生态化发展的路径选择:生态工业园和区域副产品交换[J]. 创新管理，25（8）：73-77.

国家海洋局. 2006. 2005 中国海洋统计年鉴[M]. 北京：海洋出版社.

国家海洋局. 2014. 2013 年中国海洋环境状况公报［EB/OL］. (2014—03—24)http://www.soa.gov.cn/ zwgk/hygb/zghyhjzlgb/201403/
t20140324_31065.html.

国家海洋局. 2016. 2015 年海洋经济统计公报[N]，中国海洋报，2016-3-3(1-2).

韩立民. 2007. 海洋产业结构与布局的理论和实证研究[M]. 青岛：中国海洋大学出版社.

韩玲冰. 2001. 江苏海洋经济发展支柱产业选择[D]. 河海大学.

何广顺，刘彬. 2007. 海洋经济成为上海龙头产业[N]. 中国海洋报，2007—11—13(3).

何异煌，朱坚真，陆日东，等. 1996. 开发先导的跨越发展[M]. 南宁：广西人民出版社：183.

胡敏仁. 2005. 宁波市北仑区海洋经济产业预测与空间布局研究[D]. 同济大学.

黄蕾. 2006. 新西兰海洋保护区政策评述[J]. 国际瞭望，(7).

黄勤. 2002. 论区域主导产业[D]. 四川大学.

黄水源，周妤. 2000. 湛江建设区域性中心城市经济社会发展战略研究[M]. 北京：中国文联出版社.

黄选高. 2002. 环北部湾战略与广西发展研究[J]. 改革与战略，2002(12).

匡林. 1999. 外部性:旅游业环境破坏的一种理论分析[J]. 桂林旅游高等专科学校学报，1999(3).

李方林，曹传琪. 2006. 基于 SWOT 分析的区域主导产业选择指标体系[J]. 当代经理人，2006(5).

李慧明等. 2009. 产业生态化及其实施路径选择——我国生态文明建设的重要内容[J]. 南开学报（哲学社会科学版）, 2009（3）: 34-42.

李慧明等. 2005. 论循环经济与产业生态系统之构建[J]. 现代财经, 25（4）: 8-11.

李靖宇, 张晨瑶, 任洨燕. 2013. 关于中国面向世界建设海洋强国的战略推进构想[J]. 经济研究参考, 2013(20):10-21.

李靖宇, 赵伟等. 2010. 中国海洋经济开发论——从海洋区域经济开发到海洋产业经济开发的战略导向[M]. 北京: 教育出版社.

李靖宇. 2006. 关于中国海陆经济与海域经济协调发展的战略思考[J]. 太平洋学报, 2006(2).

李珠江, 朱坚真. 2007. 21世纪中国海洋经济发展战略[M]. 北京: 经济科学出版社.

厉无畏, 王慧敏. 2002. 产业发展的趋势研判与理性思考[J]. 中国工业经济, 2002（4）: 6.

厉无畏. 2008. 中国产业生态化发展的实现途径[J]. 绿叶, 2008（12）:49-55.

梁松. 1999. 南海资源与环境研究文集[M]. 广州: 中山大学出版社.

林坤邑. 2013. 滨海旅游产业开发的外部性解读[J]. 发展研究, 2013(4).

林年冬. 2005. 浅议广东省海洋经济与海洋高等教育的互动发展[J]. 海洋开发与管理, 2005(2): 103-107.

刘赐贵. 2012. 加强海洋生态文明建设, 促进海洋经济可持续发展[N]. 人民日报, 2012-06-07(07).

刘家沂. 2007. 构建海洋生态文明的战略思考[J]. 今日中国论坛, 2007(12):44-46.

刘家沂. 2009. 生态文明与海洋生态安全的战略认识[J]. 太平洋学报, 2009(10):68-74.

刘健. 2014. 浅谈我国海洋生态文明建设基本问题[J]. 中国海洋大学学报(社会科学版), 2014(02):29-32.

刘李胜等. 1995. 中国自由经济区的难题与求解[M]. 北京: 中国经济出版社.

刘平昌. 2003. 坚持"两个率先"战略培养海洋科技人才[J]. 天津市职工现代企业管理学院学报, 2003(4): 51-52.

刘容子. 1996. 多样性的海洋生物资源[J]. 科学中国人, 1996(10).

刘松影, 宋增华. 2003. 河北省海洋教育问题初探[J]. 唐山师范学院学报, 25(4)82-85.

刘文翠, 蒋刚林. 2013. 中国——东盟金融合作现状与制约因素分析[J]. 新疆财经大学学报, 2013（3）: 19.

柳岸林. 2005. 中国与东盟渔业合作的新进展及建议[J]. 南方水产, 2005(1).

鹿守本. 2001. 海岸带管理模式研究[J]. 海洋管理, 2001(1): 30-37.

罗新颖. 2015. 加强海洋生态文明建设的若干思考[J]. 发展研究, 2015(04):77-80.

马彩华, 赵志远, 游奎. 2010. 略论海洋生态文明建设与公众参与[J]. 中国软科学, 2010(S1):172-177.

马婧. 2007. 国际海洋生物资源保护的新趋势——建立海洋自然保护区[J]. 农业经济问题, 2007(8).

内陆水产编辑部. 2007. 泛珠区域联手构建渔业科合作平台[J]. 内陆水产, 2007(10).

潘树红. 2006. 发展海洋科技政策的基本原则与实施措施[J]. 海洋开发与管理, 2006(3): 63-66.

潘文卿. 2002. 一个基于可持续发展的产业结构优化模型[J]. 系统工程理论与实践, 2002(10).

钱宏林. 1997. 海洋——中国21世纪可持续发展战略的必然选择[J]. 海洋开发与管理, 1997(4):37.

曲菲菲. 2013. 我国水产品加工业竞争力及影响因素分析[D]. 中国海洋大学.

任品德等. 2007. 广东海洋产业可持续发展策略研究[J]. 海洋开发与管理, 2007（3）:37-41.

任勇等. 2005. 我国循环经济的发展模式[J]. 中国人口·资源与环境, 15（5）: 137-142.

芮明杰. 2005. 产业经济学[M]. 上海: 上海财经大学出版社.

沈瑞生等. 2005. 中国海岸带环境问题及其可持续发展对策[J]. 地域研究与开发, 24(3): 124-128.

师银燕, 朱坚真. 2007. 论广东省海洋产业发展与产业结构优化[J]. 海洋开发与管理, 2007(24): 147-152.

宋立清. 2006. 我国沿海渔民转产转业的成本收益模型分析[J]. 中国渔业经济, 2006(5).

宋立清. 2005. 我国沿海渔民转产转业问题的成因分析[J]. 中国渔业经济, 2005(5).

孙明菲. 2012. 滨海旅游城市宜游度评价研究[D]. 华侨大学.

童军锋, 高锡永. 2002. 贻贝软罐头加典技术与要点[J]. 北京水产, 2002(1).

汪长江, 刘洁. 2010. 关于发展我国海洋经济的若干分析与思考[J]. 管理世界, 2010(2).

王爱香, 韩立民. 2003. 我国渔业发展面临的问题与对策建议[J]. 农业经济问题, 2003(6).

王丹，鹿红．2015．论我国海洋生态文明建设的理论基础和现实诉求[J]．理论月刊，2015(01):26-29．

王芳，杨金森．2001．发展海洋科技建设21世纪海洋强国[J]．国土资源，2001(4):27—30．

王芳．2000．北部湾海洋资源环境条件评述及开发战略构想[J]．资源·产业，2000(1)．

王海兰．2011．基于可持续发展的海洋产业生态化问题研究[J]港口经济，2011（10）：37-41．

王明宏．2005．牢固树立科学发展观，积极发展循环经济[J]．前沿，2005（1）：22-23．

王琪，张川．2005．海洋管理制度的现状分析及其变革取向[J]．中国海洋大学学报(社会科学版)，2005(06):13-17．

王诗成．2001．论近海资源和海洋可持续发展战略[J]．海洋开发与管理，2001(4):14—19．

王长云．2009．中国海洋药物资源及其药用研究调查[J]．中国海洋大学学报，2009(4)．

魏宏森，殷兴军．1997．海洋高技术发展及其对海洋生态环境影响的案例分析与政策研究[J]．环境科学进展，5（3）：42-49．

温宪元，刘毅，严若谷．2014．走向海洋强国的粤澳发展战略[J]．新经济，2014（1）：12-17．

吴燕翎．2010．实现我国海洋经济可持续发展的政策路径探析[J]．科协论坛，2010（10）：148-149．

伍业锋，施平．2006．中国沿海地区海洋科技竞争力分析与排名[J]．上海经济研究，2006(2)：26—33．

向晓梅．2011．启动南海战略，加快蓝色崛起[J]．新经济，2011(12)：82-83．

肖淼元．2014．广州（湛江）产业转移工业园区税收征管研究[D]．湖南大学．

忻佩忠．2006．沿海捕捞渔民转产转业的实证分析与政策研究[D]．浙江大学．

徐清梅，张思锋，牛玲，雍岚．2002．中国城市群问题研究[J]．城市问题，2002(1)．

徐质斌．2007．海洋统计分组与指标改进研究[J]．统计研究，2007(5)．

许国新．1999．加快渔业产业化的影响因素分析与建议[J]．农业经济问题，1999(3)．

阎小培等．1994．地理区域城市——永无止境的探索[M]．广州：广东高等教育出版社．

阳昌寿．2001．区域主导产业理论与实证研究[D]．西南财经大学．

杨黎明．2005．绍兴海洋捕捞渔民转产转业调查与研究[J]．中国渔业经济，2005(2)．

杨萍等．2002．马氏珠母贝肉软罐头的研制[J]．水产科技情报，2002(3)．

杨贤庆等．2001．冷冻海鲜虾饼加工技术[J]．制冷，2001(3)．

殷克东，李兴东．2011．我国沿海11省市海洋经济综合实力的测评[J]．统计与决策，2011(3)：85-89．

殷文伟，贝自燕．2006．浙江海洋高等教育发展SWOT分析及对策建议[J]．浙江海洋学院学报（人文科学版），23(3)：118—121．

于淑文，李百齐．2008．以科学发展观为指导大力加强海岸带管理[J]．中国行政管理，2008(12)：81-82．

俞树彪．2012．舟山群岛新区推进海洋生态文明建设的战略思考[J]．未来与发展，2012(01):104-108．

张莉．2009．广东建设海洋经济强省研究[J]．太平洋学报，2009(8)：83-91．

张青年．1998．中国海岸带的资源环境及可持续发展[J]．湖北大学学报(自然科学版)，20（3）：302-306．

张权．2003．河北省海洋经济发展研究[D]．天津大学．

张士海，陈万灵．2006．中国与东盟渔业合作的框架与机制[J]．海洋开发与管理，2006(1)．

张耀光，魏东岚，王国力．2005．中国海洋经济省际空间差异与海洋经济强省建设[J]．地理研究，2005(3)．

张永义．2000．2000年南海海洋资源综合开发战略研讨会论文集[M]，北京：海洋出版社．

赵波，张秀利．2006．区域主导产业的选择基准研[J]．商业时代学术评论，2006(15)．

赵明利，伍业锋，施平．2005．从"综合"角度看我国海岸带综合管理存在的问题[J]．海洋开发与管理，2005(4):17—22．

郑冬梅．2008．海洋生态文明建设——厦门的调查与思考[J]．中共福建省委党校学报，2008(11):64-70．

郑贵斌．2005．推动沿海海洋经济集成创新发展的思考[J]．中国人口·资源与环境，2005(15)．

郑淑英．2002．科技在海洋强国战略中的地位与作用[J]．海洋开发与管理，2002(2)：41—43．

钟凯凯，应业炬．2004．我国海洋高等教育现状分析与发展思考[J]．高等农业教育，2004(11)：13—16．

周运源，黄展鹏．2011．论新时期粤东经济发展与港澳台合作[J]．广东经济，2011（3）：24-29．

朱峰．2008．泛北部湾海洋经济综合体的构建与发展空间[J]．广西经济管理干部学院学报，2008(3)．

朱红伟．2008．论产业生态化理论面临的困境及其目标的实现[J]．现代财经，2008（9）:20-25．

朱坚真，高世昌．2002．构建中国—东盟自由贸易区产业协作系统的思考[J]．桂海论丛，2002(18)．

朱坚真，张力．2010．中国三大半岛的比较分析与区域协调——兼论以雷州半岛为轴的北部湾开发[J]．太平洋学报，2010(18)．

朱坚真．2001．北部湾海洋资源开发与环境保护机理研究[J]．海洋开发与管理，2001(2)．

朱坚真．1994．北部湾沿海地区协调发展问题研究[M]．南宁：广西人民出版社．

朱坚真．1997．北部湾沿海港泊建设与货流量平衡问题研究[M]．北京：经济管理出版社．

朱坚真．1997．差距与对策[M]．南宁：广西人民出版社．

朱坚真．2004．高等教育发展结构优先论[J]．当代教育论坛，2004(7)：16—20．

朱坚真．2006．广东海洋生物资源开发与保护机制研究[M]．北京：海洋出版社．

朱坚真．2012．海岸带经济与管理[M]．北京：经济科学出版社．

朱坚真．2012．海洋国防经济学[M]．北京：经济科学出版社．

朱坚真．2011．海洋环境经济学[M]．北京：经济科学出版社．

朱坚真．2010．海洋经济学[M]．北京：高等教育出版社．

朱坚真．2010．海洋资源经济学[M]．北京：经济科学出版社．

朱坚真．2012．加快中国海洋产业转型升级[J]．珠江水运，2012（18）：22-25．

朱坚真．2013．雷州半岛暨广东海洋经济发展研究[M]．北京：经济科学出版社．

朱坚真．2001．略论西南出海大通道与南海海洋资源开发战略的有机结合[J]．海洋开发与管理，2001(3)．

朱坚真．2013．南海发展问题研究[M]．北京：经济科学出版社．

朱坚真．2011．南海权益岛屿专题研究报告[M]．北京：海洋出版社．

朱坚真．2003．南海周边国家及地区产业协作系统研究[M]．北京：海洋出版社．

朱坚真．2013．南海综合开发与海洋经济强省建设[M]．北京：经济科学出版社．

朱坚真．2001．我国空间投资布局的基本原则与思路[J]．改革与战略，2001(3)．

朱坚真．2001．中国西部开发论[M]．北京：华文出版社．

朱坚真等．1994．广西区域经济政策与地区发展方略[M]．南宁：广西人民出版社．

朱坚真等．1995．广西中小城市发展问题研究[M]．南宁：广西人民出版社．

朱坚真等．2007．粤西沿海产业带建设与基本思路[J]．经济研究思考，2007（70）：24-27．

朱瑾．2006．首届全国海洋科技大会在京召开[J]．海洋世界，2006(10)：20．

后　记

　　《粤琼桂三省区海洋产业布局研究——粤琼桂三省区"十三五"海洋经济规划部分成果汇萃》，旨在为适应不断发展的国际国内海洋管理理论与实践需要，为涉海类高等院校、科研院所大学生、研究生以及海洋管理人才培训提供理论联系实际的海洋经济管理基础材料，以期待解决涉海类高等院校、科研院所大学生、研究生教学以及海洋管理人才培训工作中遇到的难题，起到抛砖引玉的作用。同时，本书也可以作为社会各界人士了解和认识海洋管理学理论与实践的普及读物。本书的特色是：既有一定的海洋经济管理理论，又注意与实践相结合；既努力反映国内外海洋管理学实践与理论发展的新成就，又创造性地发展相关理论；既反映当前海洋管理理论和实际存在的问题，又着重论述解决问题的思路与办法；既学习吸收前人的研究成果，又不拘泥于权威；既吸收国外海洋管理理论研究成果，又以中国海洋管理学理论与实践为中心，突出中国特色。语言文字简洁明确，可读性强，既符合学术规范的要求，又达到通俗易懂的目的。集中体现了中共中央、国务院建设海洋强国和中国特色社会主义海洋事业的战略部署，以专题研究形式向涉海类高等院校、科研院所大学生、研究生以及社会各界介绍海洋经济管理学知识技能。本书是朱坚真团队深耕南海区域发展的实践和理论于一体的成果，对广东、广西都有专门的篇章详细论述，而海南的专门篇章因研究资料与内容的保密性，故没有进一步展开。

　　本书由广东海洋大学副校长朱坚真教授策划编写大纲，组织广东海洋大学管理学院、经济学院、海洋经济与管理研究中心等部分教师和研究生分工协作、完成汇编。本书汇编之前的南海区域海洋经济规划研究成果，得到了国家海洋局、广西壮族自治区海洋局、广东省海洋与渔业厅、海南省海洋与渔业厅等单位的大力支持，也得到了国家海洋信息中心、国家海洋局北海分局、国家海洋局东海分局、国家海洋局南海分局，以及中国海洋大学、上海海洋大学、广东海洋大学、大连海洋大学、浙江海洋大学、海南大学、辽宁师范大学、广西钦州学院、海南热带海洋学院等单位的教师、科研工作者和管理者的帮助与支持，尤其是不少领导和专家学者在成果论证或鉴定会上就如何编制好规划和本书提出了不少有益的建议。朱坚真、刘汉斌、周珊珊、张彤彤、何梦羽分别对各地规划稿进行了节选和整理，并分别完成了阶段性修订；在此基础上，由朱坚真对全书进行统筹与修正。对共同参与各地规划研究和撰写的人员，我们在此深表谢意。

　　本书的编辑出版，得到了广东省普通高校人文社会科学重点研究基地——广东海洋大学海洋经济与管理研究中心、中央支持地方财政基金、广东海洋大学经济学院、管理学院、教务处和继续教育学院资金支持。与此同时，海洋出版社领导和编辑一直关注和支持本科研成果的编辑出版，并为此付出了艰辛劳动。在编制规划过程中，我们参考了近些年来出版的相关专著、教材、学术论文、官方文件、领导讲话和相关规划材料等，在此我们一并致以崇高的敬意和谢意！

海洋经济管理学科及其理论体系的成熟与进一步完善，需要广大科研、教学工作者和管理工作者不懈的共同努力。本书中难免存在一些不足甚至错误之处，恳请广大专家学者与读者批评指正。